JN226727

クロスセクショナル統計シリーズ

11

心理学・社会学のための データ分析入門

SPSSマスターガイド

塩谷芳也・上原俊介・大渕憲一
［著］

照井伸彦・小谷元子・赤間陽二・花輪公雄
［編］

共立出版

本シリーズの刊行にあたって

　現代社会では，各種センサーによるデータがネットワークを経由して収集・アーカイブされることにより，データの量と種類とが爆発的と表現できるほど急激に増加している．このデータを取り巻く環境の劇変を背景として，学問領域では既存理論の検証や新理論の構築のための分析手法が格段に進展し，実務（応用）領域においては政策評価や行動予測のための分析が従来にも増して重要になってきている．その共通の方法が統計学である．

　さらに，コンピュータの発達とともに計算環境がより一層身近なものとなり，高度な統計分析手法が机の上で手軽に実行できるようになったことも現代社会の特徴である．これら多様な分析手法を適切に使いこなすためには，統計的方法の性質を理解したうえで，分析目的に応じた手法を選択・適用し，なおかつその結果を正しく解釈しなければならない．

　本シリーズでは，統計学の考え方や各種分析方法の基礎理論からはじめ，さまざまな分野で行われている最新の統計分析を領域横断的—クロスセクショナル—に鳥瞰する．各々の学問分野で取り上げられている「統計学」を論ずることは，統計分析の理解や経験を深めるばかりでなく，対象に関する異なる視点の獲得や理論・分析法の新しい組合せの発見など，学際的研究の広がりも期待できるものとなろう．

　本シリーズの執筆陣には，東北大学において教育研究に携わる研究者を中心として配置した．すなわち，読者層を共通に想定しながら総合大学の利点を生かしたクロスセクショナルなチーム編成をとっている点が本シリーズを特徴づけている．

　また，本シリーズでは，統計学の基礎から最先端の理論や適用例まで，幅広

く扱っていることも特徴的である．さまざまな経験と興味を持つ読者の方々に，本シリーズをお届けしたい．そして「クロスセクショナル統計」を楽しんでいただけけることを，編集委員一同願っている．

編集委員会　　照井 伸彦

小谷 元子

赤間 陽二

花輪 公雄

はじめに

　文科系の学問分野でも次第に実証研究が重視され，大学教育においてもその比重が高まりつつある．そのような状況の中で，心理学と社会学は早期から実証研究を取り入れ，これを発展させてきた．これらの分野では，大学・大学院課程においても統計学を学生の学ぶべき必須科目と位置付けられてきたが，しかし，学習者が文科系の学生であることから数学を苦手にする者も少なくないことが，この分野の研究者養成教育においてネックとなってきた．学生だけでなく，文科系研究者の中には，統計分析に疎いことを不自由に感じているものも少なくないであろう．

　近年は，統計ソフトが発達してきたこともあり，統計分析の理論的仕組みを知らなくてもデータさえあれば分析だけはできるようになった．この便利さの半面，高度な分析を行なっているにもかかわらず，必ずしも適当とは思われない使い方がされていたり，結果の解釈に疑問を感じさせるような研究報告が見られることもある．こうした事情を反映して，文科系の研究者や学生を読者対象とした統計書も多数作られてきた．中には，工夫の凝らされた優れた書籍もあるが，総じて，"帯に短し，襷に長し"の感を拭えないというのが正直な感想である．数学的解説に深入りし過ぎて文科系読者が付いていけそうもないようなもの，ハウツー書物に留まって，前述の弊害を助長しそうなものも目につくのである．

　本書は，文科系における長年の研究実践と学生指導の経験を基に，著者たちが，文科系研究者とこれを志す学生たちにとって真に役立つ統計書を目指し，研究データの統計分析に必要な知識と手法を体系的に解説したものである．具体的な執筆方針は下記の通りである．

(1) 数式は最小限にとどめ，その上で，数学に詳しくない読者でも統計学の基礎的考え方と概念を理解できるよう説明を心掛ける．

(2) 心理学・社会学の主要な研究パラダイム（探索研究と仮説検証，実験と調査，尺度構成など）を論じた上で，読者をそれぞれに対応した統計分析法に導く．

(3) 統計分析法としては，できる限り最新のものも紹介する．

(4) 分析の具体例では，この分野で最もよく使われている統計解析ソフト SPSS（IBM SPSS バージョン 22–28）や Amos（SPSS Amos Graphics バージョン 28）を使用し，コマンドや出力を例示しながら，読者が自分自身の研究に直ちに応用できるような実践的手引きを目指す．

本書が上記の方針を十分に実現しているかどうかは，読者の判断に委ねるしかないが，執筆者としては，本書が日本における文科系の実証研究の発展に資するものであることを願っている．

2024 年 7 月

著者一同

目　　次

第 I 部

統計分析の基礎

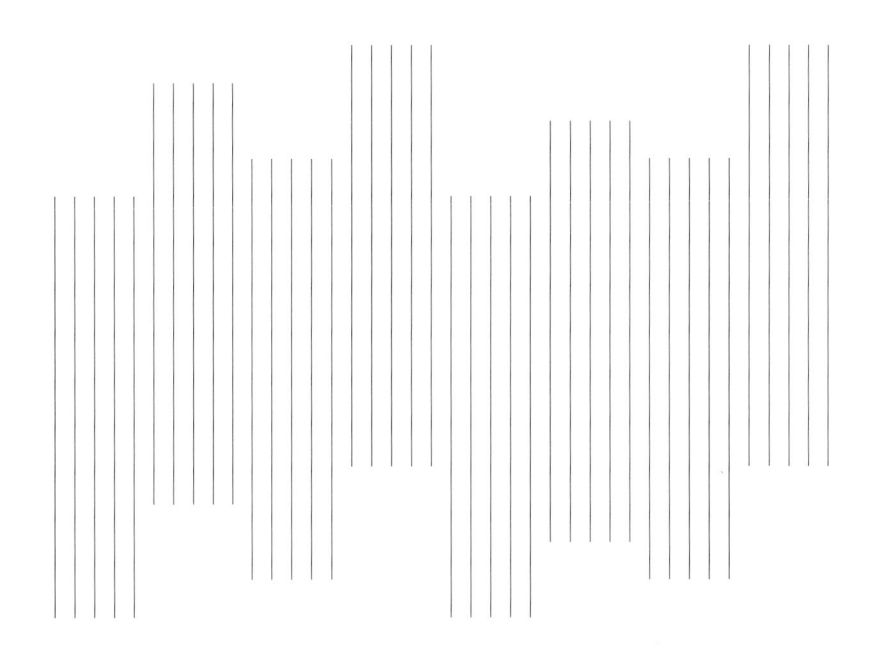

第 I 部では，統計分析の基礎的問題について解説する．第 1 章では，仮説検証とい
う観点から心理学・社会学の研究方法を分類・整理し，データ収集法としての実験と
調査の特徴について解説する．第 2 章では，データ収集における測定の問題を扱う．
測定の適切さを評価する 2 つの視点と測定の 4 水準について説明する．第 3 章では，
収集されたデータのまとめ方について，具体例を示しながら解説する．記述統計と総
称されるもっとも基本的なデータ整理法と 2 つの変数の関係性を表す相関係数につい
て説明する．第 4 章では，様々な統計手法の前提となる重要な分布である正規分布を
取り上げる．正規分布の活用法として変数の標準化を説明する．最後の第 5 章では，
調査と関わりの深い無作為抽出について解説する．その方法を紹介したのち，推測統
計学の一つである統計的推定に関して説明する．

1

実験と調査

本章では，仮説検証という観点から心理学と社会学における研究計画の基本的な考え方を説明する．その上で，実験および調査という 2 つのデータ収集法について解説し，両者を比較しながら長所と短所を整理する．

1.1　心理学と社会学における研究の基本概念

心理学とは，心理現象の実態やその現象が起こるメカニズム，すなわち因果関係 (causal relationship) を，一方，社会学は，社会現象の実態やその現象の起こるメカニズムを，それぞれ理論的，実証的に分析する学問領域である．しかし，人間は社会の中で暮らし，国，地域，職場，家族など社会の一員でもあるので，心理現象と社会現象は連動している．それゆえ，焦点が個人か集団かの違いはあれ，心理学と社会学の理論や研究には重なりが大きく，両者を明確に区別する必要はない．それゆえ本書は，心理学と社会学の研究には共通性が多いこと，共通の基盤があることを前提に論述を進める．

本書は，心理学・社会学の研究において用いられる統計分析法を解説するものである．心理学・社会学には統計解析をほとんど用いない研究分野もあるが，本書では，実験的研究 (experimental research) や調査研究 (survey research) によって収集された数量的なデータを扱う研究分野を念頭に，統計分析上の種々の問題について論じる．

1.1.1　仮説と変数

　データの統計解析法について述べる前に，心理学・社会学の研究においては，どのようなデータがどのように収集されるかを簡単に述べておく．心理学・社会学の研究対象を「現象」と表現したが，この現象を学術的に検証可能な形式で表現したものを仮説 (hypothesis) という．

　2021 年，感染症拡大防止のため東京オリンピックが無観客で実施されたとき，「やっぱり，観客がいる方が選手もやりがいがあったろうに」と思った人は少なくなかったであろう．人びとの間には，観客がいる方が選手のパフォーマンスは上がるに違いないという見方があるようだが，これが真実かどうかを明らかにするにはどうすればよいだろうか．

　観客とパフォーマンスという現象を研究対象とするため，人びとの素朴な見解を仮説という形で表現すると，「観客数が多い方が作業者の成績は上がる」もしくは「無観客よりも有観客の方が作業者の成績は上がる」となるだろう．この仮説表現はいくつかの事柄の組み合わせから成っているが，それらの事柄，言い換えると仮説の構成要素を変数 (variable) という．この仮説の場合には，「観客数」や「作業者の成績」が変数である．変数とは文字通り，条件によって，また人によって，強まったり弱まったり，あるいは値が増えたり減ったりするもののことであり，その強弱・増減の変化を観測し，データ化することが実証研究の一つの要点である．

　心理学・社会学の研究では，こうした変数間の関係を記述・予測する仮説が立てられ，それらを検証するための研究（仮説検証 (hypothesis verification)）が計画され，データ収集が実施される．統計分析は，そうして得られたデータの意味を探るために行われる．

　心理学・社会学の仮説には，典型的には，次の 2 タイプがある．

・**タイプ 1**：変数どうしの間に関連がある，と予測する．
・**タイプ 2**：一方の変数が他方の変数に対して効果を持つ，と予測する．

　タイプ 1 は 2 つの変数間に，一方が強まれば他方も強まる（あるいは，弱まる）といった共変動が見られること，いわば現象実態を確認するための仮説で

ある．これに対して，タイプ2は，更に踏み込んだもので，両変数間に因果的関連があることを主張する仮説である．後者はより厳密な予測を含んでおり，研究・分析方法もそれに応じた工夫が必要になる．なお，タイプ2の仮説において，原因と目される変数を独立変数 (independent variable)，結果に相当する変数を従属変数 (dependent variable) と呼ぶ．

1.1.2　心理学的仮説検証

これら2タイプの仮説とその検証方法の概略について，まずは，心理学的研究から見てみることにする．心理学的研究では，観客効果を述べたさきの仮説に含まれる作業成績のように，心の機能や心の状態を表す心理学的変数が仮説に組み込まれるか，もしくは心理的メカニズムを想定した仮説が立てられる．たとえば，「人間関係スキルが高い人は幸福感（ウェルビーイング）も強い」という仮説はタイプ1だが，ここでは人間関係スキルと幸福感という2変数間に正の関連があると予測されている．前者は，正確な社会的認知や的確な表出制御などの心理機能を反映し，後者は幸福という感情状態を表すものなので，これらはいずれも心理学的変数といえる．

この仮説の真偽を検証するには，人間関係スキルの高さと幸福感の強さを表す何らかの指標を探し出して数値化し，その関連性の強さを統計的に吟味してみる必要がある．もしも，2つの変数間に統計的に正の関連が認められれば，この仮説は証明されたことになる．

一方，オリンピックとの関連で示した観客効果に関する仮説は，観客が居ることが選手のパフォーマンス向上の原因であるとしているので，タイプ2である．因果関係の検証のために心理学において最もよく用いられている研究方法は実験である．この仮説の場合では，観客が居る条件と居ない条件で作業者に同じ作業をさせて比較し，前者の条件でより成績が上がるかどうかを調べることになる．観客の有無という2つの条件下で測定された作業量について統計的分析を行い，条件間に統計的に有意味な違いが認められれば，観客の有無が作業量に影響を与えていたことを証明できる．

因果的仮説を検証するには，実験以外にも，時差を設けて収集したデータの分析（同一対象者を追跡して複数回観測を実施する方法で，縦断的研究あるい

はパネル調査と呼ばれる），モデル適合度を含むデータ分析（第21章参照）なども用いられる．

1.1.3　社会学的仮説検証

　一方，社会学的な実証研究においても2タイプの仮説が見られる．社会学者が設定する仮説には，多くの場合，性別，年齢，学歴，職業，収入，地域，民族といった社会学的変数が含まれる．

　タイプ1の仮説として「高学歴の人ほど環境保護意識が高い」という例を考えてみると，エネルギー節約，ゴミ分別，リサイクル，環境配慮製品などに関する調査から回答者の環境保護意識の強さを指標化し，これと学歴との関連を統計的に吟味することによって，この仮説の真偽を検証することができる．数値化された環境保護意識と学歴の高さの間に正の関連が統計的に確認されるなら，これら2変数は連動しているといえる．しかし，この分析結果から因果関係まではわからない．学校で受けた教育の結果，環境保護意識が高まったのかもしれないが，実は，隠された第3の変数が両者に変動をもたらしているだけで，仮説に使われた2変数間に直接の因果関係はないのかもしれない．

　社会学におけるタイプ2の典型的な仮説は，世代間移動研究に見られる．それは，たとえば，親の職業と子の職業との関連性を分析するといったもので，「親の職業的地位が高いことが，子の職業的地位を高める」という仮説が立てられる．職業的地位を表す指標はいくつかあり，年収もその一つであるが，社会学的研究では，「立派な職業である」といった社会的評価も含めた職業威信尺度がよく用いられる．この尺度では裁判官，大学教授，高級官僚，会社社長などに高得点が与えられる．

　こうした指標でデータ化した職業的地位を親と子で比較し，両者の間に統計的に正の関連が得られれば，この仮説は支持されたことになる．統計分析の結果自体は，親の職業的地位と子の職業的地位の間に関連があるということを示しただけであるが，論理的に，子の職業的地位が親の職業的地位に影響を与えることは通常あり得ないので（全くないわけではないが），その関連性は親から子への一方向の影響，すなわち，因果関係を表していると解釈できる．しかし，それは直接的効果というよりも，家庭の文化的豊かさ，子の教育への投資など，

間にいくつかの変数を挟んだ間接的な効果と思われる.

　この仮説は, 現在, 人びとが関心を持っている格差問題に関連している. もしもこの仮説が正しいとすると, それは職業的地位が世代間で継承されていることを示唆するので, 社会階層間で格差が固定されていることを意味する. それは, 社会階層間の移動が困難であること, その社会の弾力性が低いことを表す. 社会階層間の格差問題としては, 社会的地位と健康なども近年の注目テーマである (たとえば, 片瀬ほか (2022) 参照).

　心理学ではタイプ 2 の仮説検証において実験が最もよく使われるが, 社会学では実験はそれほど一般的ではない. しかし, 近年, 医療, 福祉, 教育, 経済などに関する社会学的研究では, 実験法が使われることも多くなった. たとえば, スイスの大学の社会学者たちが行なったある研究 (Cacault *et al.*, 2021) では, 学習達成度に対するオンライン講義の影響を確かめるため, 「対面講義のみ受講できるグループ」, 「対面講義とオンライン講義の両方を受講できるグループ」などのいくつかの条件に学生をランダムに割り当てて教授成果を観測するという実験が行われた.

1.2　実験

　実験 (experiment) はタイプ 2 の因果的仮説を検証するのに適した研究方法で, 心理学ではよく用いられる. これは, 異なる条件下で実験参加者の行動を観測し, その違いを見るというものである. 条件間で参加者の行動に違いが見られるなら, 条件の違い (上の例の場合は, 観客の有無) が原因で, 参加者の行動変化 (パフォーマンスの違い) はその結果であると推論される.

1.2.1　測定と操作

　自転車競技を例に, 観客効果の検証実験を考えてみよう. 仮説は「観客の存在は, 自転車の乗り手の走行を促進する」というものである. 独立変数は観客の有無, 従属変数は走行である. 従属変数の具体的な指標としては, 走行速度, 一定距離の走行に要した時間, 一定時間に走行した距離などが考えられる. 論理的にはこれらの指標は同一であるが, 測り方は異なってくる. ここでは一定時

間に走行した距離を測ることにするが，従属変数にあたる事象量（この場合は，走行距離）を測定し (measurement)，数値化したものを測度 (measure) という．

　一方，独立変数にあたるのは，この例では観客の有無である．最も単純な実験デザインでは，観客を置く走行条件と置かない走行条件を設けることになる．従属変数の指標が測度と呼ばれるのに対して，独立変数で操作される事象（観客を置くか置かないか）は実験要因 (experimental factor) と呼ばれる．この例の場合は置くか置かないかの 2 条件だが，観客が 1 人の場合のほかに 10 人の場合を設けるなど，観客数を変えて条件を追加することもできる．この研究の焦点は観客の効果にあるので，人数はともかく観客を置く条件を実験条件 (experimental condition) と呼び，これと比較するために設けられる観客を置かない条件を統制条件 (control condition：研究分野によっては「制御条件」とされる）と呼ぶ．

　自転車走行の実験は実際の競技場で行なってもよいが，気温，湿度，風といった気象条件など，実験要因（観客の有無）以外の事象によって実験結果が影響を受けることもある．実際の競技場では，研究に無関係の人が出入りするのを防ぐのも難しいかもしれない．こうした攪乱要因をできるだけ減らし，比較可能な測定ができるよう諸条件を整えるためには人工的環境の方が適している．実験的研究が大学などの実験室で行われるのはこのためである．

　実際に自転車が走れるほど広い実験室を準備するのは難しいので，エクササイズ用のエアロバイクを使うのが良いかもしれない．観客なし条件では，タイマーだけが置かれた実験室で参加者は 1 人でバイクを漕ぐが，観客あり条件では，見ている人が居るところで同じ運動をする．規定時間内に走行した距離を測度とし，条件間で比較して仮説検証を行う．こうした実験データの統計分析には様々な解析法が使われるが，代表的なものは t 検定（第 7 章）や分散分析（第 10–11 章）である．

1.2.2　無作為割り当て

　人間を対象に実験を行うときは，個人差を考慮に入れなければならない．たとえば，体力には大きな個人差がある．偶然，特定条件に体力のある人たちが集まっているとすると，そこで得られた条件間の差は観客効果ではないことになってしまう．個人差の中には，観客からの影響を受けやすい性格かそうでな

いかなどの心理的特性の違いもある．年齢，性別などわかりやすい特性は揃えられるとしても，十人十色といわれるように，一人ひとり違った個性があるので，それらをすべてあらかじめ調べて条件間で等しくするのは不可能である．

こうした個人差を打ち消すためにとられる一つの方法は，多数の参加者を使うことである．参加者が多くなると個々人のばらつきは相殺されるからである．心理学の実験では，テーマにもよるが，一条件 20–50 人くらいの参加者が使われる．条件間での個々人のばらつきを均すため，更に，参加者の無作為割り当て (random assignment) が行われる．これは，図 1.1 のように実験用に集めた参加者プールから，くじ引きなどによって各条件に参加者を無作為に割り振っていくものである．一定数以上の参加者を無作為に割り当てると，ほぼ等質な集団が作られることが経験的にわかっているので，多くの実験的研究ではこの方法がとられている．このような手続きを使った実験はランダム化比較試験 (randomized controlled trial: RCT) とも呼ばれる．ところで，このように各条件に割り振られた参加者グループを群といい，実験条件に割り振られた参加者は実験群 (experimental group)，統制条件に割り振られた参加者は統制群 (control group) と呼ばれる．

実験では，一般に実験要因を変化させて複数の条件を作るが，この実験操作 (experimental manipulation) のことを，研究分野によっては介入 (intervention) あるいは処遇・処置 (treatment) と呼ぶこともある（図 1.1）．

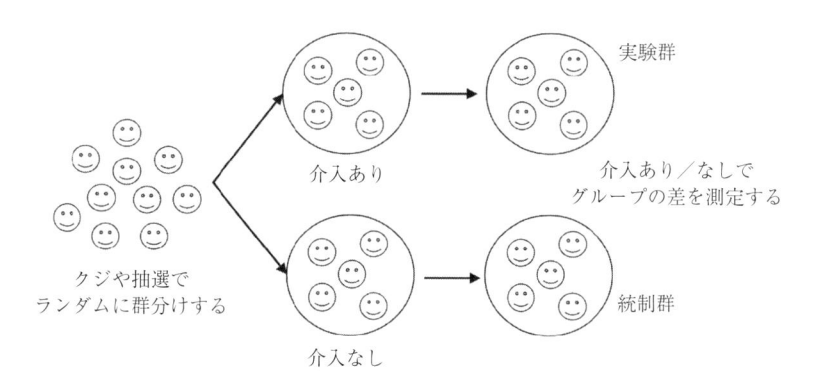

図 **1.1**　ランダム化比較試験

1.3 調査

1.3.1 調査票と質問項目

　調査 (social survey) には様々なタイプがあるが，本書では統計的な分析を前提とした量的調査について解説する．量的調査では，調査票（questionnaire：質問票とも呼ばれる）を用いたデータ収集を行う．調査票とは回答者への質問項目を順番に配列したもので，性別，年齢，学歴，職業といった基本属性，投票行動や購買行動などの行動特性，政策支持や環境意識などの態度，生活満足度や社交性といった心理特性を測定するための質問項目などから構成されている．たとえば，学歴の測定においては，図 1.2 のような質問文と選択肢を回答者に提示し，回答者は自分に当てはまるものを選択するといったやり方がある．調査では，実験とは異なり，回答者を実験群と統制群の 2 群に分けるといったことはしない．すべての回答者を同様に扱い，原則として，すべての回答者に同じ調査票を提示して画一的に質問する．

問 1.　あなたの最終学歴をお知らせください
　（次の 1 から 8 の選択肢の中から 1 つ選んでください）

　1.　中卒
　2.　高卒
　3.　専門学校卒（中学校を卒業後に入学）
　4.　専門学校卒（高校を卒業後に入学）
　5.　高専卒
　6.　短大卒
　7.　大学卒
　8.　大学院卒

図 1.2　学歴を測定するための質問文と選択肢の例

1.3.2 対象者の選抜

　調査においても，実験と同様に，仮説検証を目的としてデータ収集が行われることがある．調査では，実験のように介入を行なって独立変数を操作するわ

けではないが，その代わり，独立変数の値に差異があるような集団を比較できるよう，対象者を選んで調査を行う．たとえば，調査対象者を大卒者だけにすると，当然ながら，全員の学歴が大卒になるため，「学歴が高いほど，生活満足度が高くなる」という仮説を検証することはできない．そこで，この仮説の検証では，低学歴から高学歴まで多様な学歴の人びとからデータを収集することで，独立変数（学歴）の値にばらつきが生まれるようにする．その上で，独立変数のばらつきと従属変数のばらつきの関連性を分析することによって，この仮説検証を試みることになる．ただし，仮説検証に必要な調査対象グループを特定したとしても，その中から実際に誰に回答を依頼するかを決める際には，実験と同様，無作為化の手続きが必要である．調査対象者の選定における無作為抽出については第5章で解説する．

1.3.3 統制変数

研究によって仮説検証を試みる際に重要なことは，仮説を構成する独立変数と従属変数の関連性を明らかにするだけで十分とは考えないことである．たとえば，生活満足度に影響すると考えられる要因は，仮説によって着目している学歴だけではないであろう．世帯年収や婚姻形態（結婚しているかどうか）なども生活満足度に影響を与えているかもしれないし，また，これらの変数は学歴とも関連している可能性がある．したがって，学歴と生活満足度に関する仮説を検証するためには，それら2つの変数だけを取り上げて両者の関係を分析するだけでは不十分であり，世帯年収や婚姻形態といった「その他の変数」にも注意を払い，それらの影響を取り除いた上で，それでもなお両者の間に独自の関係があるかどうかを確認する必要がある．

このような独立変数と従属変数に影響を与えうる「その他の変数」の効果を取り除くことを「変数を統制する（コントロールする）」という（第15章参照）．同時に「その他の変数」に該当する変数のことを統制変数またはコントロール変数 (control variable) と呼ぶ．

統制変数をコントロールするため，調査研究においては，独立変数と従属変数だけでなく，統制変数の候補をも測定することになる．そして，重回帰分析などの多変量解析（3つ以上の変数の関係を同時に分析する手法のこと：第13–15

章参照）を用いて，統制変数の影響を取り除いた上で独立変数と従属変数の間の独自の関係を明らかにして，仮説検証を目指すことになる．上記の例で考えるなら，世帯年収や婚姻形態といった統制変数を測定し，統計分析の際にそれらの影響を除去した上で，学歴（独立変数）と生活満足度（従属変数）の独自の関係を明らかにし，「学歴が高いほど生活満足度が高くなる」という仮説の妥当性を検証することになる．

　こうしたことを考えると，調査研究では，実際に調査票に組み込んだ質問項目（変数）しか分析できないという点は，当たり前ではあるが，強調されるべきであろう．強力な統制変数が見つかったとして，これに関する質問項目が調査票の中に含まれていなければ，適切に仮説を検証することはできない．したがって，調査研究をデザインするときは，独立変数と従属変数だけでなく，統制変数となりうる要因についても先行研究や関連理論に基づいて事前に十分検討し，できるだけ多くの統制変数候補に関する質問項目を調査票に含めることが望ましい．

1.4　実験と調査の比較

　本章では，心理学と社会学における主要な研究方法である実験と調査について，その原理，設計，実施上の留意点などを仮説検証という観点から論述してきた．最後に，実験と調査それぞれの方法の持つ特徴，長所と短所を比較検討する．

　実験の長所と調査の短所は裏表の関係にあり，いずれも「変数のコントロール」という問題から派生している．実験の長所は，無作為割り当てを実施するこ

表 1.1　実験と調査の長所と短所

研究方法	長所	短所
実験	無作為割当によって広範囲の変数を統制できる	実際の社会的状況においてどうであるかという記述的問いに答えられない
調査	実際の社会的状況においてどうであるかという記述的問いに答えられる	調査票に含めた範囲でしか変数の統制ができない

とにより，攪乱要因をかなりの程度コントロールできることである．一方，調査では変数統制は限定されており，研究者が意図的に調査票に含めて測定した変数だけがコントロール可能である．このことは，因果関係に関するタイプ2の仮説の検証においては，調査よりも実験の方が強力であることを意味している．無作為割り当てを行なった実験では，研究者が想定していなかった未知の変数をも相当程度にコントロールしているため，実験群と統制群の間に生じた測度（従属変数）の差は介入によって生み出された独立変数の変化によるものであると推論できるからである．

　実験の短所と調査の長所もまた同様である．実験は「現実の人や社会の状況がどのようになっているのか」という記述的な問いの解明には不向きである．実験は条件統制の厳密さを求めるあまり，人工的な環境のもとでデータを収集することになることが多い．このため，実験結果は現実の社会状況において人が実際にどう行動するかを端的に捉えているとは言い難いと批判されることもある．つまり，生態学的妥当性 (ecological validity) が低いとされる．この点，現実の社会の中で暮らす人びとを対象に行われる調査は，項目がそれに即した内容のものであるなら，記述的な問いにも十分答えられる知見をもたらすであろう．

　生態学的妥当性に関する具体例として，資産と幸福に関する架空の実験研究と調査研究を比較してみよう．「経済的な豊かさは幸福度を高める」という因果的仮説を立て，これを検証するため無作為割り当てに依拠した実験を計画したとする．実験群には現金を配布し，統制群には何も配布しないといった介入をしたところ，幸福度の変化に両群間で差があり，この仮説は支持されたとしよう．しかし，こうした実験においては，実生活での経済的豊かさを実感できるほどの高額の金銭が与えられるわけではないから，少額配布の実験で仮説検証を試みても，その結果の生態学的妥当性には疑問があると言われても仕方ないかもしれない．こうした少人数，少額の実験よりも，「日本社会における個人年収の分布はどのようであるか」とか「様々な集団において幸福な人とそうでない人の比率はどれくらいなのか」などのテーマで大規模な調査研究を実施し，年収と幸福度の関連性を明らかにできるなら，この仮説に関連してより説得力のある知見が得られるであろう．

　ここでは，心理学・社会学の主要な実証研究法である実験と調査について，長所と短所を中心に比較検討を試みた．どちらの方法を用いる研究者もその長所・短所を自覚し，長所を生かす一方で，短所をできるだけ補う工夫をとっている．しかし，心理学・社会学の研究に限らず，どんな方法を使った研究にも必ず限界はある．それゆえ，1 つの研究で得られた知見から拙速に結論を下すのではなく，条件や対象を変えて研究を繰り返したり，異なる方法を用いた研究を組み合わせたりすることによって，より信頼性の高い研究成果を生み出すことを目指すべきであろう．

引用文献

[1] Cacault, M. P., Hildebrand, C., Laurent-Lucchetti, J., & Pellizzari, M. (2021) "Distance learning in higher education: Evidence from a randomized experiment", *Journal of the European Economic Association*, **19**(4): 2322–2372.

[2] 片瀬一男・神林博史・坪谷透（編），『健康格差の社会学：社会的決定因と帰結』，ミネルヴァ書房，2022．

参考文献

[1] 本多明生・山本浩輔・柴田理瑛・北村美穂，『心理学研究法』（ライブラリ心理学の杜 3），サイエンス社 (2022)．

[2] 小林盾・海野道郎（編），『数理社会学の理論と方法』（数理社会学シリーズ 2），勁草書房 (2016)．

[3] 中室牧子，『学力の経済学』，ディスカヴァー・トゥウェンティワン (2015)．

2

測定

本章では，仮説検証のためのデータ収集における変数の測定について解説する．理論仮説と作業仮説を区別した後，測定の適切さを評価するための概念である妥当性と信頼性について説明する．次に測定には4つの水準があることを述べ，変数は質的変数と量的変数に大別できることを論じる．統計分析には様々な手法があるが，適切な手法を選択するためには分析対象となる変数が質的変数か量的変数かを見分けることが重要である．

2.1 理論仮説と作業仮説

第1章では仮説には2タイプあることを述べたが，実際の研究では，研究手続きに即して，更に作業仮説を作る場合もある．前に挙げた例，「無観客よりも有観客の方が作業者の成績は上がる」という観客効果に関する仮説は，観客の種類の違い（たとえば，支援者なのかそうでないのか）や作業の種類（たとえば，スポーツかデスクワークか）を問わず，一般的に表現されている．しかし，実際の実験では，自転車走行距離に対する中立的観察者（声援を送るなどせず，そばで見ているだけ）の効果を検証していた．具体的な実験状況に即して仮説を書き改めるなら，「中立的な観察者がいる条件では，いない条件よりも，参加者は一定時間内により長い距離，自転車を走らせるであろう」となる．このように，実験状況に即して，より具体的な予測を表現したものを作業仮説 (working hypothesis) と呼び，これに対して，一般的に表現されているものは理

論仮説 (theoretical hypothesis) という.

　実際の研究論文では，大抵どちらかの仮説を提示している．理論仮説を提示する場合には，手続きセクションの中で独立変数や従属変数をどのように具体化したかを説明することになる．たとえば，実験的研究では，独立変数としてどのような実験要因を操作したのか（実験例では，観察者を置くか置かないか），従属変数としては何を測定したのか（実験例では，一定時間内の自転車走行距離）を説明する．調査研究では，各変数をどのように測定したかを説明する．たとえば学歴の測定では，「回答者には「あなたの最終学歴をお知らせください」と聞き，「1. 中卒，2. 高卒，…，8. 大学院卒」といった選択肢を提示して，「1 つを選択せよ」と依頼した」といったことを述べるなど，独立変数と従属変数の双方について質問文と選択肢の具体的な文言を提示する.

　一方，論文の中に作業仮説を提示する場合には，それに先立つ序論での議論の中で，理論仮説からどのような考え方に基づいて具体的な作業仮説を立てたかを説明する必要がある．データ分析によって直接検証されるのは作業仮説だが，論文の中に必ず作業仮説を明示しなければならないというわけではない．理論仮説と研究手続きの対応を論じる中で，独立変数と従属変数をどのように具体化したかを明確に記述することが大切である.

2.2　測定の妥当性と信頼性

　仮説の真偽を検証するには，データをとって変数どうしの関係を見たり，条件間で測定値を比較したりする必要がある．したがって，仮説検証には測定が不可欠である．測定では，エアロバイクで走行距離を測る，身長計を用いて背の高さを測る，知能検査を使って IQ を測る，質問項目を用いて性格や態度を測るなど，変数によって様々の異なるツールが用いられる.

　一般的に定義するなら，測定とは「変数に具体的な値を代入することである」．ある研究で 100 名の参加者について身長を測る場合を考えてみると，測定を始める前は具体的な値がわかっていないので，身長という変数の中身は「$x_1, x_2, \ldots, x_{100}$」といった未知数である．測定というのは，これらに具体的な値を入れていくということである．最初の参加者（ケース 1）の身長を測ったら 166 cm，2

人目（ケース2）は 172 cm，…というように，個々のケースについて実測値がわかったら，それを未知数に置き換えていく．その結果，測定後の身長変数は「166, 172, ..., 181」という数値列に変わることになる．

2.2.1 妥当性

仮説検証のために行われる測定には精度が求められる．測定ツールの精度は妥当性 (validity) と信頼性 (reliability) の2つの観点から評価される．

妥当性とは，測定ツールが測ろうとしている変数の概念を適切に反映しているかどうかである．妥当性の検討にはいくつかの異なる方法があるが，詳細は専門書に譲るとして，ここでは2種類の方法について述べる．1つは内容的妥当性 (content validity) で，これは測定方法が変数の概念内容に適っているかどうかを理論的に吟味するものある．たとえば，身長という概念は「人間が直立したときの床面から頭頂までの垂直距離」だが，病院などに置いてある身長計に人が乗って直立すると，そこに表示される数値は身長概念と合致するので，この計測方法は内容的妥当性が高いと判断される．しかしそうではなく，体重計を持ち出してきたら，どうだろうか．体重計が示す数値は身長概念とは合致しないので，この測定方法は，当然ながら，内容的妥当性は低いと判断しなければならない．

変数が身長のような物理的特性ではなく，目に見えない心理的特性の場合には，内容的妥当性のより慎重な吟味が必要である．外向性という性格特性の概念的定義は「人付き合いに積極的で社交的」というものである．外向性を測るための質問項目は多数提案されてきたが，たとえば，「初対面の人とも，臆することなく話すことができますか」と聞き，回答を求める項目がある．この質問項目は，内容的に外向性概念に合致しているように見えるので，妥当性は高いといえる．このように，内容的妥当性とは，測定に使われるツールが変数の概念内容に適したものであるかどうかを吟味するものである．

心理特性の測定においては，基準関連妥当性 (criterion-related validity) も重要である．これは，当該の心理変数を測る他の測定ツールとの対応を見るものである．外向性については，これを測る性格検査が数多く開発されて実用化されているので，ある項目に対する回答と既存の検査との相関を調べて，それが高け

ればその項目の妥当性は高いとみなすことができる（併存的妥当性 (concurrent validity) ともいう）．また，外向性という性格概念から予測される他の特徴や行動，たとえば，「友達が多いかどうか」とか「営業職を好むかどうか」などを調べ，当該項目への回答との間に関連性が見られるかどうかを確認する方法もある．このタイプの基準関連妥当性は予測的妥当性 (predictive validity) と呼ばれることもある．

2.2.2　信頼性

　信頼性というのは，同じツールを使って測定を繰り返しても同じような値が出るかどうかということで，測定の安定性と言い換えることもできる．同じ身長計を使って 1 人の人の身長を繰り返し測定しても，測定ごとに多少違った値が出ることがある（たとえば，170.3, 170.7, 170.1,...）．温度や湿度などの環境条件だけでなく，身長計に乗る人の微妙な位置や姿勢の違いなどによって計測値にはわずかなずれが生じる．しかし，そのずれが小さく，誤差の範囲と認められるくらい毎回の測定値が類似しているなら，その身長計は信頼性が高いといえる．しかし，測定のたびに 1 センチ以上違った値が出るならば，その身長計の信頼性は低いと言わざるを得ない．測定の安定性のことは，繰り返し測定してもその測定値が類似していることから，再検査信頼性 (test-retest reliability) とも呼ばれる．

　心理特性の測定では，多数の項目を使って 1 つの変数を測定することがよく行われる．たとえば，外向性を測る項目として，上で「初対面の人とも，臆することなく話すことができますか」という項目例を挙げたが，実際の研究ではこれだけでなく，10 項目くらい使われることが多い．多数項目が単一の性質（この例では，外向性）を測定しているといえるためには，それらに対する回答者の反応が個人内では一貫している必要がある．外向性の高い人なら概ねどの項目に対して肯定的に回答し，低い人なら概ねどの項目にも否定的に回答しているというふうに，項目間で個人内一貫性が見られるなら，全体としてそれらの項目は測定ツールとして信頼性が高いといえる．このような場合，項目間には相関が見られる．もしもそれが見られないなら，それは項目間に整合性がないことを意味し，この測度の信頼性は低いと言わざるを得ない．多数項目間に整

合性があることは内的整合性 (internal consistency) と呼ばれ，特に，質問項目を使う研究では測定ツールの信頼性を表す指標として重視されている．

　変数の測定ツールを選択する際には，妥当性と信頼性の両方が十分に確保されているかどうか確認する必要があるし，できれば自分自身でも吟味した方がよい．学歴などの社会的属性については，直接本人に聞いても妥当性と信頼性には問題がないと考えられるが，心理特性を測定するときは特に慎重な事前の検討が必要である．自分の仮説に関連する心理特性について，先行研究において妥当性や信頼性が確かめられている測定ツールがあるならば，独自に考案した方法（妥当性や信頼性が保証されていないもの）を用いるのではなく，そのような既存の測定ツールを用いる方が良いであろう．

2.3　測定の水準

　変数を測定するツールは，尺度 (scale) あるいは測度 (measure) と呼ばれる．尺度には名義尺度，順序尺度，間隔尺度，比率尺度という 4 水準がある．ある 1 つの変数を測定するために異なる水準の尺度が複数使われるということも稀にはあるが，大抵は 1 つの変数に 1 つの尺度が充てられるので，この尺度水準は変数の特徴を表すものとなる．また，尺度水準は統計分析法に種々の制約をもたらす点も重要である．一般には，尺度水準が上がるほど，すなわち名義尺度，順序尺度，間隔尺度，比率尺度の順で統計分析法の利用範囲は広がるので，逆にいえば，低水準の尺度には一定範囲の統計分析法しか使えないということになる．

2.3.1　名義尺度

　名義尺度 (nominal scale) の代表例は性別で，「男性」，「女性」といったものがこの変数の値である．男性か女性かなどはカテゴリカルな区別で，身長や知能指数のように小から大に連続的に値が変化するというものではない．また，変数によってはカテゴリーが 2 つとは限らない．たとえば，就労形態という変数について測定する際，ある調査では「自営業」，「正規雇用」，「非正規雇用」，「家事専業」といった 4 個の選択肢を回答者に示して 1 つを選ばせたが，この調査

では働き方を 4 カテゴリーに分けたことになる.

　名義尺度におけるカテゴリーの作り方は研究者に任されるが, 変数の理論的概念に該当するすべてのケースを掬い上げ, 加えて, 各分類の定義が明確であるようなカテゴリー分けにすることが大切である.

　尺度水準が最も低い名義尺度では, 統計分析上の制約も大きくなる. まず, 四則演算ができない. たとえば, 性別という変数では, よく「男性 = 1」,「女性 = 2」などの数値が与えられる. この数値は, カテゴリーを区別するために任意に与えられる文字通り「名義的」なものなので,「男性 = 9999」,「女性 = −1」であっても構わない. これらの数値は数量を表すものではなく, 単なる記号である. それゆえ, これらの数値に対する数学的操作は適用不可であり, これらに四則演算を実施することは無意味である.

2.3.2　順序尺度

　順序尺度 (ordinal scale) とは, カテゴリーの区別だけでなく, 値の大小や順序の情報を持つ尺度である. スポーツ大会における順位は文字通り順序尺度である.「1 位 (優勝) を 3 回も獲ったあの選手は特別だ」とか「常にベストテンに入っている選手は一流だ」などと, 人びとは順序尺度で選手の力量を評価する. 社会学分野では, たとえば, 学歴が順序尺度の典型であろう. 社会調査では,「中卒 = 1」,「高卒 = 2」,「大卒 = 3」といった選択肢を使って回答者の学歴を測定する. 名義尺度同様, この数値 (1〜3) 自体に固有の意味はないが, これらの数値は単にカテゴリーの違いを表すだけではなく「中卒 < 高卒 < 大卒」という序列関係を示している点が重要である.

　順序尺度にも統計分析上の制約がある. 数値にはカテゴリーの区別と序列関係以上の情報は含まれていないので, 四則演算の意味も限定されている. たとえば, 中卒 (1) の人と高卒 (2) の人がいて, 1 + 2 = 3 になるからといって, 2 人合わせると大卒 (3) の学歴になるというわけではない. 同様に, 高卒 (2) は中卒 (1) の 2 倍賢いとか, 大卒 (3) は高卒 (2) の 1.5 倍優れているといった意味にもならない. しかし, たとえばスポーツ大会で, A 高校の生徒はベストテンに 3 人入ったが, B 高校からは 1 人も入らなかったなど, 順序尺度はパフォーマンスを比較する際などによく用いられる.

2.3.3 間隔尺度

間隔尺度 (interval scale) とは，カテゴリーの区別と序列関係に加えて，更に数値どうしの間隔に関する情報を加えた尺度である．間隔尺度の典型例として温度表示がある．摂氏という温度表示は水の氷結温度を 0，沸騰温度を 100 として，その間を 100 等分した尺度である．これらは便宜上設定された数値なので，0 は「何も無い」という意味ではない．ただ，間隔は等分割されているので，数値間の距離には意味がある．たとえば，20℃, 30℃, 40℃ という 3 つの値があったとすると，これらの間には「20℃ < 30℃ < 40℃」という序列関係があるだけでなく，互いに 10℃ という間隔があることを示している．30℃ は 20℃ より 10℃ 高く，40℃ も 30℃ よりやはり 10℃ 高く，この差 10℃ という間隔には同じ意味が保持されている．このため，間隔尺度に対して四則演算は適用可能だが，比率に関する情報は含まれていないため，計算結果から得られた統計値の意味は相対的なものである点に注意が必要ある．

心理的特性の尺度は，その多くが間隔尺度である．心理的特性の多くは，能力にしろ，性格にしろ，目に見える実体ではなく理論的に仮定されたものなので，物理的ものさしを当てて測定するわけにはいかない．心理的特性の尺度は，概念内容を反映するように内容分析された項目から成るが，これに対する回答が等間隔になるように配慮がなされる．たとえば，図 2.1 は外向性の項目「初対面の人とも，臆することなく話すことができる」を使った 2 つの尺度例である．

この例のように，選択肢に「とても」とか「やや」などの形容詞を付けて，回答者が当該性質をどれくらい強く持っているかを調べようとする方法を評定尺度法，あるいはこれを定着させた研究者名をとってリッカート法と呼んだりしている．評定尺度では選択肢のラベルの付け方が重要で，それによって心理的間隔が等しくなるように工夫する必要がある．また，例 1 のように選択肢に番号を付けるとか，例 2 のように等間隔の目盛りを付けた線分に選択肢を配置するなどして，尺度の等間隔性を強調する試みもよく行われる．表示方法は様々だが，評定尺度は慣例的に間隔尺度として扱われ，経験的にもそれで不都合はないとして統計分析が行われている．しかし，もしも使用した評定尺度が間隔尺度とみなしてよいかどうか不確かな場合には，順序尺度として扱う方が無難

> （例 1）
>
> 　下記の項目文を読んで，自分にどれくらい当てはまるか答えてください．
> 　回答にあたっては，1 ～ 5 の選択肢のうち，1 つ選んで○をつけてください．
>
> 　「初対面の人とも，臆することなく話すことが出来る」
>
> 　　1　まったくあてはまらない
> 　　2　ややあてはまらない
> 　　3　どちらともいえない
> 　　4　ややあてはまる
> 　　5　とてもあてはまる
>
> （例 2）
>
> 　下記の項目文を読んで，自分にどれくらい当てはまるか答えてください．
> 　回答にあたっては，1 ～ 5 の選択肢のうち，1 つ選んで○をつけてください．
>
> 　「初対面の人とも，臆することなく話すことが出来る」
>
>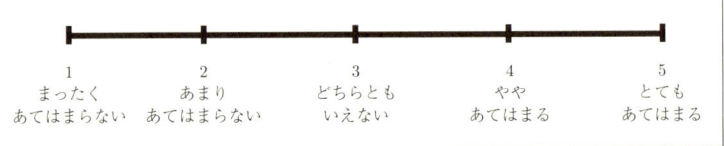
>
> 　　1　　　　　2　　　　　3　　　　　4　　　　　5
> 　まったく　　あまり　　どちらとも　　やや　　とても
> あてはまらない　あてはまらない　いえない　あてはまる　あてはまる

図 **2.1**　評定尺度による測定の例

であろう．

2.3.4　比率尺度

　比率尺度 (ratio scale) は間隔尺度に比率の情報を追加したものである．長さ
や重さなど，物理量の多くは比率尺度で，そこでは原点 0 に「何も無い」とい
う実質的な意味がある．たとえば，絶対温度 (K) は比率尺度であるが，間隔尺
度である摂氏温度 (℃) とは異なり，0 という値には「原子や分子の運動が静止
している」という実態的意味がある．心理学・社会学の研究で使われる尺度の
中にも比率尺度がある．たとえば，事象の発生頻度（度数）や年収は比率尺度
である．これらの測度では，数値間の間隔だけでなく比率にも意味がある．あ

る職業の平均年収が500万円から600万円になったということは，100万円増えたこととともに，1.2倍になったことを意味する．それゆえ，比率尺度には四則演算がすべて適用可能で，その結果得られた統計量には実質的な意味がある．したがって，比率尺度に対しては広範囲の統計分析が適用可能である．

2.3.5　尺度水準と比較判断

　上で説明した尺度の4水準を，値の比較判断という観点から整理したものが表2.1である．名義尺度はカテゴリーの区別をしているだけなので，それ以上の比較判断はできない．たとえば，「男性」と「女性」という値は，性別という変数における異なるカテゴリーを示しているのみであり，差異 ($a = b$ かどうか？) については判断できるが，「男性と女性ではどちらが上か」といった序列に関する判断はできない．

表 **2.1**　4尺度水準における比較判断の可否

	$a = b?$	$a > b?$	$a - b = c - d?$	$a/b = c/d?$
名義尺度	○	×	×	×
順序尺度	○	○	×	×
間隔尺度	○	○	○	×
比率尺度	○	○	○	○

吉田 (1998) 表 0-1 に基づいて作成

　順序尺度はカテゴリーの区別 ($a = b?$) に加えて，「大卒は高卒よりも学歴が高い」といった順序関係の判断 ($a > b?$) ができる．しかし，「中卒と高卒の差は，高卒と大卒の差と同じか」といった間隔に関する比較判断 ($a - b = c - d?$) や，「大卒は高卒の1.5倍賢いか」といった比率に関する比較判断はできない．

　間隔尺度では，カテゴリーの違い ($a = b?$) や順序関係 ($a > b?$) の判断に加えて，間隔 ($a - b = c - d$) に関する比較判断が可能であり，「60℃と50℃の差と30℃と20℃の差は，同じ10℃である」などと判断できる．しかし，比率 ($a/b = c/d$) に関する比較は行えず，「20℃は10℃の2倍温かい」などとはいえない．

　比率尺度では，比率を含めたすべての比較判断ができる．原点0に「何もな

い」という実質的な意味があるため,「60 万円は 50 万円の 1.2 倍価値が大きく,
120 万円と 100 万円を比較したときの比率と同等である」などと判断できる.

2.4   質的変数と量的変数

　以上のように,変数の測定尺度はその性質によって 4 水準に区別されるが,
これらを,質的変数 (qualitative variable) と量的変数 (quantitative variable) の
2 種類に分類することもある.この場合は,表 2.2 に示すように,名義尺度と順
序尺度を質的変数,間隔尺度と比率尺度を量的変数として扱う.なお,量的変
数を連続変数,質的変数を離散変数と呼ぶこともある.こうした呼称は研究分
野や統計分析手法によって慣例的に使い分けられている.

表 2.2　変数の種類と尺度水準の関係

変数の種類	尺度水準	具体例
質的変数	名義尺度	性別,就労形態,血液型,出身地
	順序尺度	学歴 (中卒,高卒,大卒),5 段階などの評定尺度
量的変数	間隔尺度	摂氏温度 (℃),5 段階などの評定尺度
	比率尺度	絶対温度 (K),長さ,度数,年齢,年収,労働時間

　測度に 4 水準があることを知っておくことは重要だが,実際の研究では,そ
の変数が質的か量的かを見分けることができれば十分な場合がほとんどである.
性別,学歴 (中卒,高卒,大卒といったカテゴリーの場合),就労形態,職業な
どは質的変数であり,年齢,教育年数 (何年学校に通ったか),年収,労働時間
などは量的変数である.5 段階や 7 段階の評定尺度 (rating scale) などで測定さ
れる能力,性格,態度,信条などの心理特性は,順序尺度,すなわち質的変数
として扱われることもあるが,多くの場合は間隔尺度とみなされ,量的変数と
して分析に付される.

引用文献

[1] 吉田寿夫,『本当にわかりやすいすごく大切なことが書いてあるごく初歩の統計の本』,
北大路書房 (1998).

参考文献

[1] 本多明生・山本浩輔・柴田理瑛・北村美穂,『心理学研究法』（ライブラリ心理学の杜 3）,サイエンス社 (2022).

[2] 永吉希久子,『行動科学の統計学：社会調査のデータ分析』（クロスセクショナル統計学シリーズ）, 共立出版 (2016).

3

データのまとめ方

　本章では基本的なデータの整理方法を解説する．1変数の分布を確認する手法である度数分布表と記述統計などについて説明した後，散布図や相関係数といった2変数の関連性を分析する手法を取り上げる．論文などに分析結果を示す際の表の作り方についても解説する．

3.1　変数の分布：SPSS による記述統計

　前章で述べたように，心理学や社会学の研究においてデータを収集・分析する主な目的は，仮説を検証することである．仮説は「学歴が高いほど，生活満足度が高い」，「自尊感情が低い人よりも高い人の方が，パートナーを持っていることが多い」というように，変数間の関係として記述されることが多い．したがって，データ分析の目的も，変数どうしがどのように関連しているかを統計的に明らかにすることで，それを通して仮説の検証を試みることになる．

　しかし，変数間の関係を分析する前に，まず，それぞれの変数がどのような分布をしているかを把握する必要がある．たとえば，学歴という変数に中卒，高卒，大卒という3カテゴリーがあるとして，得られたデータにおいて各カテゴリーに何ケース（または何%）の人がいるのかなどをまず確認する．このように，分布 (distribution) とは，変数の各値について，その値をとるケースがどれくらい存在するかを示すもので，それはデータを収集したサンプル集団の特徴を捉えるのに有益であり，更に，分布の形状によっては使用可能な統計分析方

法が限定されることもある.

　変数の分布を把握する方法は, 質的変数と量的変数では異なっている. 質的変数の場合は度数分布表と棒グラフを使用する. 量的変数の場合は, 最小値, 最大値, 平均, 標準偏差という 4 種の統計量をセットで使用する. これらをまとめて記述統計量 (descriptive statistic) と呼ぶことがある. また, 量的変数の分布を図示するときは, ヒストグラムがよく用いられる.

3.1.1　質的変数の分布：度数分布表

　質的変数の分布を把握するには度数分布表を作成するが, ここから先は,「生活と意識に関する実態調査」という社会調査データをもとに説明する. この調査は 2020 年にインターネット調査によってデータ収集を行なったものである. データ収集作業は調査会社に委託し, 回答者モニターとしてあらかじめ調査会社に登録されている人びとの中から,「日本全国に居住する 20 ～ 59 歳の男女 (学生と無職は除外. ただし家事専業は調査対象に含む)」という条件を満たす 1200 名 (男性 600 名, 女性 600 名) を対象にして, 筆者の一人が作成した質問項目を用いて変数の測定を行なった. 調査内容は学歴, 職業, 年収といった社会的属性に関する項目や, 自尊感情やパーソナリティといった心理項目など, 多岐にわたっている. 20 代, 30 代, 40 代, 50 代の各年齢層の人数が同数になるように, また各年齢層における男女比が半々になるように回答者数を限定した.

　表 3.1 はこの「生活と意識に関する実態調査」のデータの中の就労形態の度数分布表である. 度数分布表 (frequency distribution) では, このように, 各カテゴリーについて, ケース数 (度数) と比率を記載するが, ここから, 正規雇用者が 739 名で全体の 61.6%を占めること, 非正規雇用者は 264 名で, これは 22.0%であることなどが読み取れる.

　SPSS で度数分布表を作成するには, 次のように操作する. メニューから「分析 (A)」→「記述統計 (E)」→「度数分布表 (F)」とクリックして進むと, 図 3.1 のような「度数」ダイアログボックスが表示される (変数選択前). 左側の変数リストから度数分布表を作りたい変数 (ここでは就労形態) を選び, 中央の矢印ボタンを押して右側の「変数 (V)」ボックスに移すと, 図 3.2 のように変化する (変数選択後) ので, ここで OK をクリックすると, 図 3.3 のような度数分

表 **3.1**　就労形態の度数分布表

	度数	比率 (%)
自営業	74	6.2
正規雇用	739	61.6
非正規雇用	264	22.0
家事専業	123	10.3
計	1200	100.0

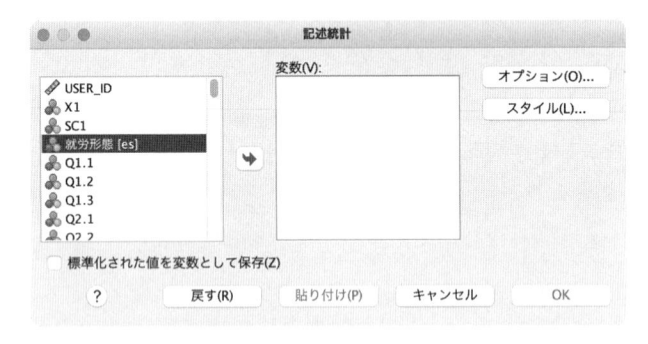

図 **3.1**　「度数」ダイアログボックス（変数選択前）

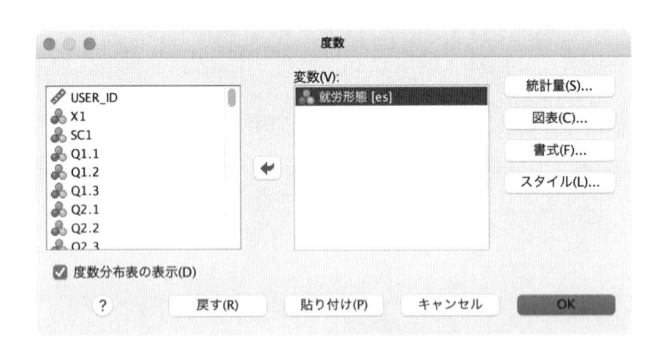

図 **3.2**　「度数」ダイアログボックス（変数選択後）

布表が出力される.

　図 3.2 のダイアログボックスで，変数の選択後にそのまま OK を押さずに，右上の「図表 (C)」をクリックし，その先で表示される「度数分布表：図表の設定」ダイアログボックスの「グラフの種類」で「棒グラフ (B)」を選択すると，

就労形態

		度数	パーセント	有効パーセント	累積パーセント
有効	自営業	74	6.2	6.2	6.2
	正規雇用	739	61.6	61.6	67.8
	非正規雇用	264	22.0	22.0	89.8
	家事専業	123	10.3	10.3	100.0
	合計	1200	100.0	100.0	

図 **3.3**　度数分布の出力結果

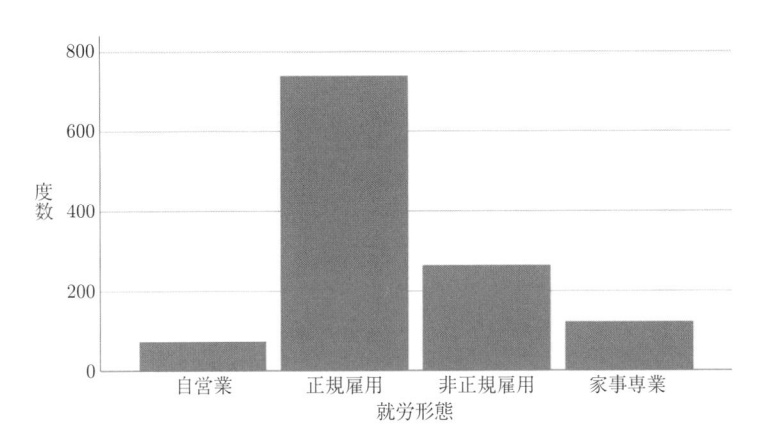

図 **3.4**　就労形態の度数分布に関する棒グラフ

図 3.4 のような棒グラフが出力される．質的変数の分布を図示するには，このような棒グラフが適している．なお，棒グラフの縦軸を度数にするか比率にするかは表示目的によって決める．

3.1.2　量的変数の分布：記述統計量

　量的変数についても度数分布表を作ることは可能ではあるが，量的変数ではカテゴリー化の仕方が無数にあり，質的変数のようにデータから直接に作るというわけにはいかない．たとえば，身長について度数分布表を作るとすると，「140〜149.99 cm」，「150〜150.99 cm」…「230 cm 以上」など，まずデータのカテゴリー分けをする必要がある．量的変数でも分布の視覚的把握のためにはグラ

フを作った方がよく，その場合には適当なカテゴリー分けをして度数分布表を作成するが，このやり方についてはヒストグラムの項で説明する．

　量的変数の場合は，最小値，最大値，平均，分散，標準偏差といった記述統計量を用いて変数の分布を要約的に把握することがよく行われている．

最大値，最小値，平均

　これらの統計量の意味と算出方法について，「生活と意識に関する実態調査」データの一部を使って説明しよう．元のデータから任意に15名を抽出し，5名ずつに分けてA, B, Cという3グループを作った．各グループの個人年収を示したものが表3.2である．

表 3.2　個人年収に関するデータ例（万円）

グループ A		グループ B		グループ C	
ケース番号	年収	ケース番号	年収	ケース番号	年収
A1	50	B1	0	C1	50
A2	150	B2	250	C2	150
A3	250	B3	450	C3	150
A4	350	B4	650	C4	250
A5	450	B5	850	C5	2000
平均	250.0	平均	440.0	平均	520.0
標準偏差	141.4	標準偏差	297.3	標準偏差	742.7

　個人年収の測定では「あなたの個人年収をお知らせください」という質問文を提示して，万円単位で数値を記入してもらった．最小値 (minimum value) と最大値 (maximum value) という統計量は，データの中に存在する最も小さい値と最も大きい値を意味しており，変数の分布の両端の値のことである．たとえば，グループ A における個人年収の最小値は 50 万円，最大値は 450 万円である．同様にグループ B の最小値は 0 万円，最大値は 850 万円である．

　次に，平均 (mean) だが，これは一人あたりに均したときの値で，分布の中心を表す統計量である．グループ A の個人年収について平均を計算すると，次のようになる．

$$平均 = \frac{50 + 150 + 250 + 350 + 450}{5} = 250$$

すべてのケースの個人年収を足し合わせた上で，そのケース数（ここでは 5）で割ることで，個人年収の平均が求められる．一般的には，変数 x の平均 $\overline{x}$ は下記の式 (3.1) で定義される．ここで n はケース数である．

$$\overline{x} = \frac{x_1 + x_2 + \cdots + x_n}{n} = \frac{1}{n}\sum_{i=1}^{n} x_i \tag{3.1}$$

　平均を用いてサンプル集団の特性を判断するときは，それが外れ値 (outlier) の影響を受けやすい点に注意が必要である．外れ値とは，他のケースの値に比べて極端に大きい，または小さい値のことである．表 3.2 のグループ C を見ると，ケース C1 からケース C4 までの個人年収は 250 万円以下なのに，ケース C5 だけは一桁異なる 2000 万円という大きな値となっているが，これが外れ値である．その結果，グループ C の平均は 520 万円となっているが，これはこのグループの人びとの年収を代表しているとは思われない．ケース C5 を除いた他の 4 名の個人年収の平均は 150 万円なのに C5 の 2000 万円という外れ値に引っ張られて，全体の平均は 4 名のそれよりも 370 万円も大きい値となっているからである．

分散，標準偏差

　平均が変数の中心を表す指標であるのに対して，分散 (variance) と標準偏差 (standard deviation) は変数のばらつきの大きさの指標である．ばらつきが小さい変数では，ほとんどのケースの値は平均の近くに集まっているが，ばらつきが大きい変数では，ケースの値は平均から離れたところにも散らばっている．例として，表 3.2 のグループ A と B を比較してみよう．グループ A の個人年収の平均は 250 万円，最小値は 50 万円，最大値は 450 万円で，平均の前後 400 万円の範囲の中にすべてのケースが収まっているのに対して，グループ B では平均は 440 万円だが，最小値は 0 万円，最大値は 850 万円と数値範囲が広く，平均から離れた値を持つケースが存在する．したがって，個人年収のばらつきはグループ A よりも B において大きいと思われるが，実際に分散と標準偏差を算出して，このことを確認してみよう．グループ A の分散は以下のように算出される．

個人年収の分散

$$= \frac{(50-250)^2 + (150-250)^2 + (250-250)^2 + (350-250)^2 + (450-250)^2}{5}$$

$$= 20000$$

　分子のカッコの中にある 250 は，個人年収の平均である．分母の 5 はケース数である．この式からわかるように，分散とは，各ケースの値と平均の差（偏差という）を 2 乗して合計したもの（偏差平方和）をケース数で割ったものである．一般的には，変数 x の分散 v_x は式 (3.2) で定義される．

$$v_x = \frac{(x_1 - \overline{x})^2 + (x_2 - \overline{x})^2 + \cdots + (x_n - \overline{x})^2}{n} = \frac{1}{n} \sum_{i=1}^{n} (x_i - \overline{x})^2 \qquad (3.2)$$

　一方，標準偏差は分散の平方根にあたるので，変数 x の標準偏差 S_x は式 (3.3) のように定義される．

$$S_x = \sqrt{v_x} \qquad (3.3)$$

　グループ A の個人年収の分散は 20000 なので，標準偏差はこの平方根を求めて 141.4 となる．グループ B では，それぞれ 88400 と 297.3 となり，グループ A よりも B の個人年収のばらつきが大きいことがわかる．

　分散では，偏差を 2 乗しているので単位は素データの 2 乗になるが，標準偏差の単位は，素データの単位と同じである．たとえば，個人年収の単位が円の場合，分散の単位は 円^2 となるが，標準偏差はその平方根なので単位はもとの円になる．そのため，ばらつきの指標としては，分散よりも標準偏差が使われることが多い．

SPSS を使った記述統計量の算出

　記述統計量を出力するための SPSS の操作方法は次の通りである．メニューから「分析 (A)」→「記述統計 (E)」→「記述統計 (D)」とクリックして進むと，「記述統計」ダイアログボックス（図 3.5）が開く．そこで記述統計を求めたい変数を左の変数リストから選択して，中央の矢印ボタンを用いて「変数 (V)」ボッ

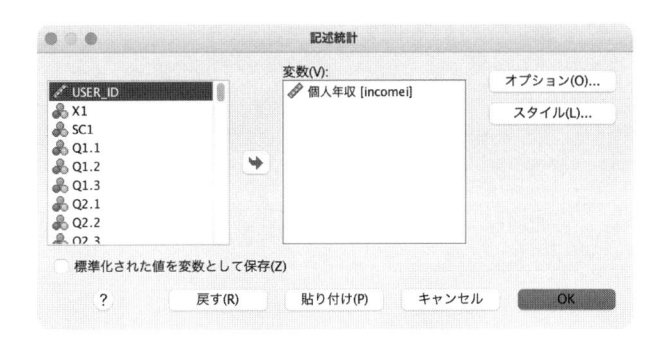

図 **3.5**　「記述統計」ダイアログボックス

記述統計量

	度数	最小値	最大値	平均値	標準偏差
個人年収	1200	.00	2000.00	412.0417	343.89741
有効なケースの数 (リストごと)	1200				

図 **3.6**　記述統計の出力結果

クスに移す．その上で「OK」をクリックすると，分析結果が出力される（図 3.6）．この図を見ると，このデータには 1200 人分のケースがあり，個人年収の最小値は 0 万円，最大値は 2000 万円，平均は 412.0 万円，標準偏差は 343.9 万円であることがわかる．

　実際に論文を書くときは，表 3.3 のように，使用した変数すべての分布に関する情報を 1 つの表にまとめて記載するのがよい．質的変数については度数と比率を記載し，量的変数については最小値，最大値，平均，標準偏差といった記述統計量を記載する．量的変数では 1 行で必要な統計量をすべて記載できるが，質的変数ではカテゴリーの数だけ行を用いて，各カテゴリーの度数と比率を記載する．

　なお，こうした表のことを記述統計表と呼ぶことがある．「記述統計量」という用語は，最小値，最大値，平均，標準偏差などの統計量のセットを指す場合と，表 3.3 のような質的変数の度数分布も含めた変数分布に関する情報をまとめたものを指す場合とがある．

表 **3.3**　記述統計表

変数		度数	比率 (%)	最小値	最大値	平均	標準偏差
個人年収				0	2000	412.0	343.9
教育年数				9	18	14.4	2.2
就労形態	自営業	74	6.2				
	正規雇用	739	61.6				
	非正規雇用	264	22.0				
	家事専業	123	10.3				
計		1200	100.0				

ヒストグラム

　質的変数の分布を図示するときは棒グラフを用いたが，量的変数の分布を図示する場合はヒストグラム (histogram) を用いる．ヒストグラムを描くためには，量的変数についても一定のルールでカテゴリーを設け，度数分布表を作成する必要がある．表 3.4 は「生活と意識に関する実態調査」の全ケースを個人年収について 200 万円の幅で区切って（カテゴリー化して），その区間に該当するケース数を数えたもの（度数）である．ヒストグラムは，この区間の度数を縦軸としたものである．なお，この区間のことを階級（クラス）ということもある．

表 **3.4**　個人年収の度数分布表

	度数	比率 (%)
200 万円未満	321	26.8
200 〜 400 万円未満	361	30.1
400 〜 600 万円未満	276	23.0
600 〜 800 万円未満	126	10.5
800 〜 1000 万円未満	57	4.8
1000 万円以上	59	4.9

　SPSS でヒストグラムを出力する方法は次の通りである．メニューから「分析 (A)」→「記述統計 (E)」→「度数分布表 (F)」とクリックしながら進むと，図 3.1 の「度数分布表」ダイアログボックスが表示される．ヒストグラムを作りたい変数（素データを階級で区分した変数）を左の変数リストから選択して右の

「変数 (V)」ボックスに移した後，「度数」ダイアログボックス右上にある「図表 (C)」をクリックする．すると，図 3.7 のような「度数分布表：図表の設定」ダイアログボックスが現れるので，「グラフの種類」にて「ヒストグラム (H)」にチェックを入れる．右下の「続行」をクリックすると，「度数分布表」ダイアログボックに戻るので，そこで「OK」をクリックする．

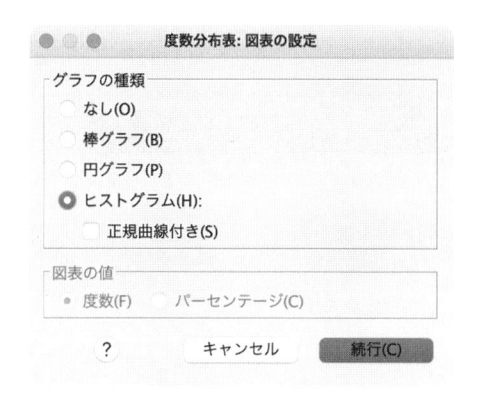

図 3.7　「度数分布表：図表の設定」ダイアログボックス

　このような操作を行うと，図 3.8 のようなヒストグラムが出力される．ここでは量的変数である個人年収を 200 万円ごとの階級に区分した変数を利用してヒストグラムを作成している．200 万円未満の階級に「1」，200 〜 400 万円未満の階級に「2」というように，カテゴリーを区別するための数値が振られているので，平均 2.51 といった表示が右上にあるが，これは個人年収の平均を意味しているわけではない．ヒストグラムの横軸には 2, 4 といった数値が見えるが，これも同様の理由によるものである．論文などにヒストグラムを掲載する際は，横軸には「200 万円未満」，「200 〜 400 万円未満」といった階級のラベルを表示する必要がある．このヒストグラムを見ると，個人年収の分布は所得の小さい方に偏っており，800 万円以上の高所得者は少数であることが示されている．

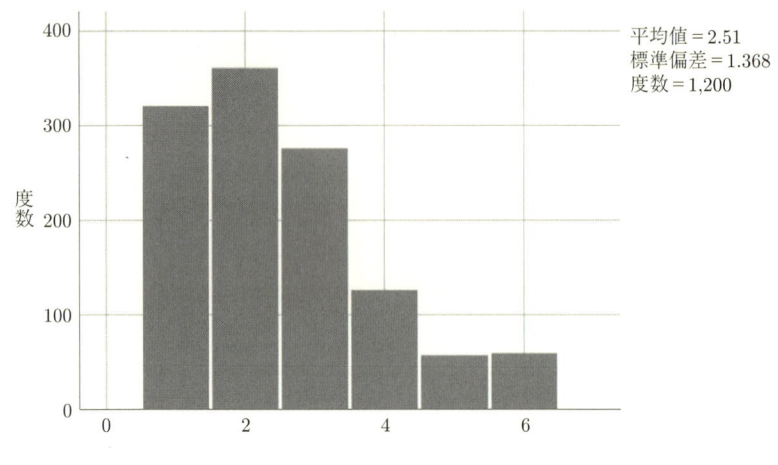

平均値 = 2.51
標準偏差 = 1.368
度数 = 1,200

図 **3.8**　個人年収のヒストグラム

3.2　変数間の関係：SPSS による相関分析

収集されたデータの特徴を捉えるための記述統計には，個々の変数ではなく，変数間の関係を記述するための統計量もあり，その代表的なものが相関 (correlation) である．

3.2.1　相関と散布図

まず，2個の量的変数間の関係として，「身長が高くなるほど体重も重くなる」という例を考えてみよう．横軸に身長を，縦軸に体重をとり，これらを座標に全ケースを図面上にプロットすると，図 3.9(a) のように，右肩上がりのグラフになるであろう．このような図は散布図 (scatter plot) と呼ばれ，右肩上がりのグラフとなる2変数間の関係は「正の相関」を表す．反対に，「大学生では飲酒量が増えるほど，学力は低くなる」といった関連がある場合には，グラフは図 3.9(c) のように右肩下がりとなるが，これは「負の相関」である．更に，「身長の高低と学力の高低の間には特別な関係は見られない」という例の場合のように，一方の変数の変化が他方の変数の変化と関連性がないときは「無相関」となり，グラフは図 3.9(b) のように円状になる．

相関関係の強さを示す統計量が相関係数 (correlation coefficient: r) である．

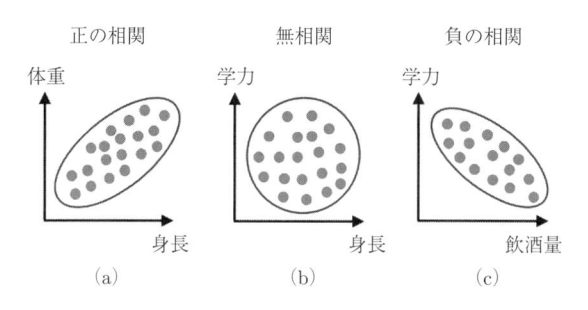

図 **3.9**　3 種類の相関関係を示す散布図

これは最小値 −1 から最大値 +1 をとる．相関係数から 2 変数間の関係を読み取るときは，2 つの点に着目する．第 1 は，相関係数の符号で，これがプラスのときは 2 変数間には右肩上がりの正の相関があり，マイナスのときには右肩下がりの負の相関があることを示している．

　第 2 は，相関係数の絶対値，すなわち数値の大きさである．符号がプラスかマイナスかということにはかかわらず，数値の大きさは 2 変数の相関の「強さ」を表している．相関が「強い」というのは，2 変数間の関係がより直線的であるということを意味している．たとえば，図 3.10 にある 3 つの図はいずれも右肩上がりの正の相関関係を示しているが，相関の強さについては，これら三者は異なっており，(a) よりは (b), (c) は更に強い関係を示している．これは相関係数の大きさに対応し，(c) のようにケースが一直線に並ぶときは相関が最大で，その相関係数は +1 になる．一方，相関係数が 0 に近い値をとるときは，(a) の

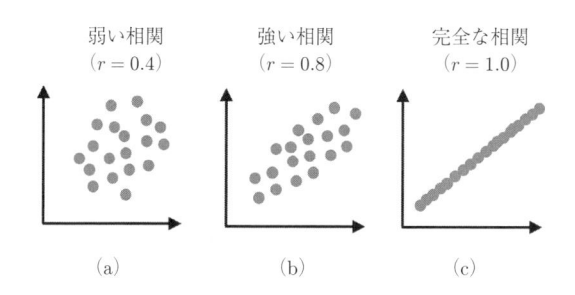

図 **3.10**　相関係数の大きさと散布図の関係

ように，ケースは円形状に散布し，どちらの方向にも直線を想定することは困難になる．

3.2.2　SPSS による相関係数の算出

　SPSS で相関係数を計算する方法は次の通りである．メニューから「分析 (A)」→「相関 (C)」→「2 変量 (B)」とクリックしながら進むと，図 3.11 のような「2 変量の相関分析」ダイアログボックスが現れるので，相関係数を求めたい複数の変数を左の変数リストから選んで右の「変数 (V)」ボックスに移動させて「OK」をクリックすればよい．この例は「生活と意識に関する実態調査」で測定した父親の学歴，母親の学歴，回答者自身の学歴について，相互の相関を求めるものである．いずれも学歴の高さを量的に示す教育年数という変数を使用している．

　計算結果は図 3.12 のように出力される．これを見ると，父教育年数と母教育年数の相関係数は 0.660 と大きく，夫婦は互いに類似した学歴の者どうしであることがわかる．それに対して，子の教育年数（本人教育年数）と父教育年数の相関は 0.361，母教育年数との相関は 0.292 であり，両親の学歴が高くなるほど子どもの学歴も高くなる傾向は認められるが，それほど強い関係というわけ

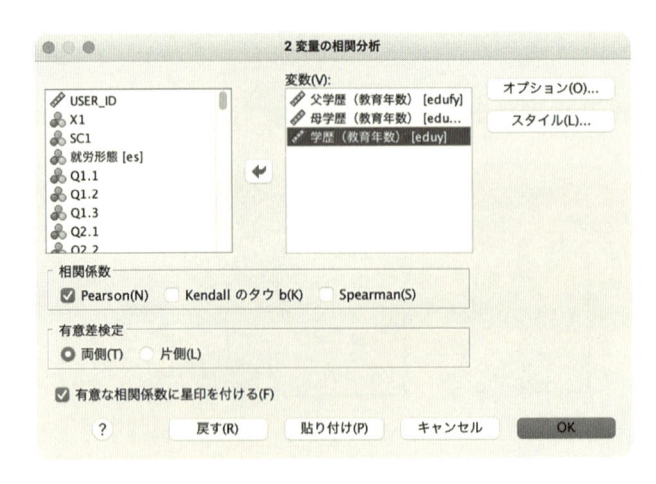

図 **3.11**　「2 変量の相関分析」ダイアログボックス

相関

		父学歴（教育年数）	母学歴（教育年数）	学歴（教育年数）
父学歴（教育年数）	Pearson の相関係数	1	.660**	.361**
	有意確率（両側）		.000	.000
	度数	1160	1157	1160
母学歴（教育年数）	Pearson の相関係数	.660**	1	.292**
	有意確率（両側）	.000		.000
	度数	1157	1195	1195
学歴（教育年数）	Pearson の相関係数	.361**	.292**	1
	有意確率（両側）	.000	.000	
	度数	1160	1195	1200

**. 相関係数は 1% 水準で有意（両側）です。

図 **3.12**　父教育年数，母教育年数，本人教育年数の相関行列

ではない.

　論文や報告書を執筆するために表を作成するときは，表 3.5 のように記載する．図 3.12 では対角線の両側に同じ相関係数が表示されていたが，冗長になるので表 3.5 のように簡略に表す.

表 **3.5**　教育年数の相関行列（度数）

	父教育年数	母教育年数
母教育年数	0.660**	
	(1157)	
本人教育年数	0.361**	0.292**
	(1160)	(1195)

** $p < 0.01$

3.2.3　相関係数の数学的基礎

　相関係数を計算するためには，まずは 2 変数の共分散を求める．共分散 C_{xy} は以下の式 (3.4) で示される．ここで，n はケース数，x_i, y_i は個々のケース i の x と y の値，$\overline{x}$ と $\overline{y}$ は x と y の平均である.

$$C_{xy} = \frac{1}{n} \sum_{i=1}^{n} (x_i - \overline{x})(y_i - \overline{y}) \qquad (3.4)$$

　共分散とは，各ケースについて x と y の観測値と平均の距離（偏差）を求め，それらを乗じたものの平均である．この式は，一方の変数において偏差の大きなケースが他方の変数においても偏差が大きいというふうに偏差が連動していれば，共分散が大きくなることを表しており，これが相関関係の指標として用いられる．しかし，共分散は x と y の分散によって影響されるので，これを調整するために，式 (3.5) のように，2 つの変数の標準偏差の積で共分散を除するが，これが相関係数である．

$$r_{xy} = \frac{C_{xy}}{S_x S_y} \tag{3.5}$$

　次章で標準化について説明するが，相関係数とは標準化された 2 変数の共分散にあたる．

参考文献

[1] 神林博史・三輪哲，『社会調査のための統計学：生きた実例で理解する』，技術評論社 (2011).

4

標準化と正規分布

本章では，データ全体の中で個々のケースが占める相対的位置を把握する方法について解説する．測定値を標準得点へと変換する標準化について説明した後，統計学にとって重要な正規分布とその活用方法を解説する．

4.1 標準化

心理学や社会学の研究において扱われる変数の中には，性別，学歴，職業といった質的変数もあれば，年齢，年収，知能，外向性のように量的変数として扱われるものもある．評定尺度を使って測定される心理特性の多くは量的変数とみなされる．実験において何らかの課題を遂行させ，完了に要した時間を測定して量的変数とするといったことも行われる．

4.1.1 分布とケースの相対的位置付け

心理学や社会学の研究においては，変数の測定値そのもの（「素点 (raw score)」や「素データ (raw data)」と呼ばれる）よりも集団内での相対的な位置の方が重視されることが多い．たとえば，「A さんの外向性尺度得点は 67 点である」，「課題遂行時間は 13 秒だった」といった情報よりも，「A さんのスコア（あるいは成績）は対象者集団全体の上位 30%にあたる」などの情報の方が意味を持つことが多い．素点の大きさは測定方法に依存するので，それ自体が対象者の性質の強さを反映するとは限らないためである．たとえば，ある社会的態度を 10

個の質問項目から構成される尺度で測定した場合,「あてはまる」,「ややあては
まる」といった回答カテゴリーを 5 段階（1–5 点）とするならば得点可能範囲
は 10 点から 50 点となるが,回答カテゴリーを 7 段階（1–7 点）にすると 10 点
から 70 点となり,素点の大きさも尺度に応じて変化する.課題遂行時間につい
ても同様であり,実験で取り上げる課題の難易度や測定用具が変われば遂行時
間も変化する.こうした理由で生じる素点の変化が個人の性質の違いを直接に
表すわけでないことは明らかであろう.そこで,個人の性質に関しては,むし
ろ,サンプル全体の中で個人がどのような位置にいるかといった相対的位置の
方が重要になることが多いのである.

　以上を踏まえて,本章では個々のケースが分布の中で占める相対的位置を把
握する方法について解説する.その際,代表的な分布として正規分布を取り上
げ,その特徴と活用方法について説明する.

4.1.2　標準化と標準得点

　ある素点が,対象者集団あるいは分布全体における相対的な位置を表す値は,
標準得点 (standard score) と呼ばれる（Z 得点 (Z-score) と呼ばれることもある）.
素点を標準得点に変換することを標準化 (standardization) というが,そのため
には対象者集団の平均と標準偏差を用いて式 (4.1) で計算をすればよい.

$$標準得点 = \frac{素点 - 平均}{標準偏差} \tag{4.1}$$

　素点は測定によって各ケースに与えられる個別の値であり,身長なら 150 cm,
172 cm などとなる.標準得点も,素点と同様,ケースごとに異なる個別の値を
とる.

　式 (4.1) からわかるように,標準得点の考え方は,各ケース素点の平均からの
距離を求め（分子；偏差という）,それが標準偏差（分母）の何倍になっている
かを数値化するというものである.したがって,標準得点の平均は 0,標準偏差
は 1 となる.あるケース素点が平均よりも大きいならば標準得点はプラスの値
を,平均よりも小さいならばマイナスの値になり,素点が平均と等しいならば
そのケースの標準得点は 0 になる.2 つのケースが平均から正負反対方向に等
しい距離にある場合には,それらの標準得点の絶対値は等しくなる.表 4.1 は

表 4.1 素点，標準得点，偏差値の対応例（架空の得点データ）

対象者	素点	標準得点	偏差値
A	40	-1.41	35.9
B	45	-0.71	42.9
C	50	0.00	50.0
D	55	0.71	57.1
E	60	1.41	64.1
平均	50	0.00	50.0
標準偏差	7.07	1.00	10.0

5人の対象者に対して何らかの測定を行なったと想定したときの架空のデータであるが，標準得点が持つ上記の特徴を確認することができる．

4.1.3 標準得点のメリット

人の性格の中に，先々のことを考えて不安になりやすい心配性というものがある．この強さを測る心理テストに不安尺度と呼ばれるものがあるので，この尺度得点を例に標準得点を利用するメリットについて考えてみよう．メリットの第1は，標準得点が測定値の持つ意味を理解する重要な情報になることである．たとえば，ある人の不安得点が50点満点の40点だと聞いても，その素点自体はその人について何も語ってくれない．しかし，標準得点に変換し，不安得点の標準得点が $+2.0$ であるということがわかれば，これは平均よりも標準偏差2個分高いことを意味するものなので，その人は他の人たちと比べてかなり不安が高いことを示し，この情報はその人の個性を理解する上で有益なものとなるであろう．

第2のメリットは，単位や分布の異なる変数間においても値の比較ができることである．たとえば，ある人の不安得点が40点で睡眠時間が5時間だったとしても，これらは異なる次元の測定値なので直接比較はできない．しかし，標準得点に変換すると，それらは同じ尺度上に位置づけられるので，比較にも意味が生じる．たとえば，不安得点の標準得点は $+2.0$，睡眠時間の標準得点が -1.5 であるならば，この人は不安がかなり強く，反面，睡眠時間は短かめであることがわかり，両者の間には何らかの関係があるかもしれないことが示唆される．

素点の直接比較が意味を持たないのは，測定値が同じ次元の変数だった場合

にも起こりうることで，特に分布が異なる場合（平均や標準偏差が異なる場合）がそうである．たとえば，ある中学校の 3 年生を対象に，100 点満点の数学テストを半年の間隔をおいて 2 回実施したとして，これらをテスト 1，テスト 2 と呼ぶことにしよう．ある生徒の得点がいずれのテストにおいても 60 点だったとして，このとき，その生徒はテスト 1 においてもテスト 2 においても同じくらい「よくできた」といえるだろうか．実は，素点の比較からこうした判断や評価をするのは誤りである場合が多い．テスト 1 とテスト 2 では難易度が異なり，それを反映して全生徒集団の平均が異なっている可能性があるからである．仮にテスト 1 の平均点が 30 点，テスト 2 の平均点が 60 点だったとすると，その生徒の成績はテスト 1 では平均点を大きく上回る優れたものだったのに対して，テスト 2 の成績は文字通り「平均的」に留まったことになるであろう．

　このことは素点を標準得点に変換してみるとより明瞭である．テスト 1, 2 とも標準偏差が 15 だったとして，式 (4.1) を使って当該生徒の標準得点を計算してみると，テスト 1 では 2.0 となり，次節で述べるように，これは上位 2.5% にあたる好成績であることを意味する．一方，テスト 2 の標準得点は 0.0 となり，これはいうまでもなく「平均的」であることを意味するものである．標準化した 2 つのテスト結果を比較してわかることは，この生徒の数学の学力がこの半年間に大きく落ち込んだことである．教育者なら，この結果を見て，この生徒の指導の仕方については考え直さなければならないと判断するであろう．

　注意が必要なのは集団の平均だけではない．式 (4.1) に標準偏差が含まれていることからもわかるように，点数のばらつきの程度も相対的な位置付けにとっては重要な役割を果たしている．仮に，テスト 1 とテスト 2 の平均が等しいとしても，ばらつきの指標である標準偏差が異なる場合は，相対的な位置付けに対する 1 点の重みが異なってくる．たとえば，テスト 1 の標準偏差は 5 点，テスト 2 の標準偏差は 15 点であるとするならば（平均はいずれも 50 点とする），テスト 1 の方がテスト 2 よりも点数のばらつきが小さいため，50 点という平均の周りにより多くの生徒が集中していることになる．すなわち，ある生徒のテスト得点が 1 点分上昇したときに，何人の生徒を追い抜くことができるかという点が違ってくる．点数のばらつきが小さいときほど 1 点の重みが大きくなり，それだけ相対的な位置が変動しやすくなるのである．

　ここでも具体例を挙げて，標準化することの意味を考えてみよう．ある生徒の素点がテスト 1, 2 とも同じ 60 点だったとして，上記の平均，標準偏差を使って，それらの標準得点を算出してみると，それぞれ 2.0, 0.67 となる．前者は，この生徒のテスト 1 の成績が上位 2.5% に入るような好成績だったことを意味するが，後者は，テスト 2 での成績が平均を少し上回る程度（上位 4 割程度）にまで低下したことを意味している．このように，集団の平均が同じであっても標準偏差を指標とする分布の散布度によって測定値の持つ意味は異なってくるが，こうした違いは素点を標準得点に変換することによってより明瞭に捉えることができるようになる．

　以上より，次元や分布の異なる変数どうしを直接比較することはできないが，それぞれの平均と標準偏差を使って素点を標準得点に変換するなら，同一尺度上において比較が可能になり，そこから本格的なデータ分析が可能となるであろう．

4.1.4　偏差値

　標準得点は平均 0，標準偏差 1 であり，素点が平均を超える場合はプラスの値，平均を下回る場合はマイナスの値になるという特徴があった．これを更に平均 50，標準偏差 10 に変換したものが偏差値 (standard deviation score; T-score) である．偏差値は式 (4.2) で求められる．

$$偏差値 = 10 \times 標準得点 + 50 \tag{4.2}$$

　素点が集団の平均よりも高い場合，偏差値は 50 点以上となり，素点が平均よりも低い場合は，偏差値は 50 点以下となる．素点，標準得点，偏差値の具体的な対応例は表 4.1 に示されている．標準得点と偏差値はどちらも測定値の分布内の位置を示すもので，実質的には同じものである．偏差値は，学力試験などで多くの人になじみのある 100 点満点という得点分布に似ているので，その値がどれくらい高いものか低いものかを直観的に理解しやすい数値となっている．このため偏差値は，学力検査はもちろん，性格検査，適性検査など，個人の能力や個性を測る多くの測定ツールにおいて，その結果を示す指標として利用されている．

4.2　正規分布

実験や調査で得られたデータは様々な分布をするが，量的データの場合は釣鐘状の形をした正規分布 (normal distribution) に近似したものになることが多い．また，次章以降で解説する種々の統計分析においても，中心極限定理 (central limit theorem) などに従って（第 5 章参照），正規分布に依拠した仕組みが用いられている．本章で論じているケースの相対的な位置付けを理解するという観点からも正規分布の性質は有益である．

4.2.1　正規分布の特性

正規分布は複雑な数式で定義されるが，形状は図 4.1 のようになっている．その特徴は，左右対称の釣鐘型をしており，平均と中央値が等しいことであるが，最も重要な特徴は，標準得点（偏差値も同様）を使えば特定範囲内に含まれるケースの割合が簡単に求められることである．

図 4.1 に示すように，平均から 1 標準偏差分プラスの方向に離れた値と平均の間には 34.1%のケースが含まれる．マイナス方向についても同様であるため，平均から ±1 標準偏差の範囲（標準得点 $-1.0 \sim +1.0$）にはケースの 68.2%が含ま

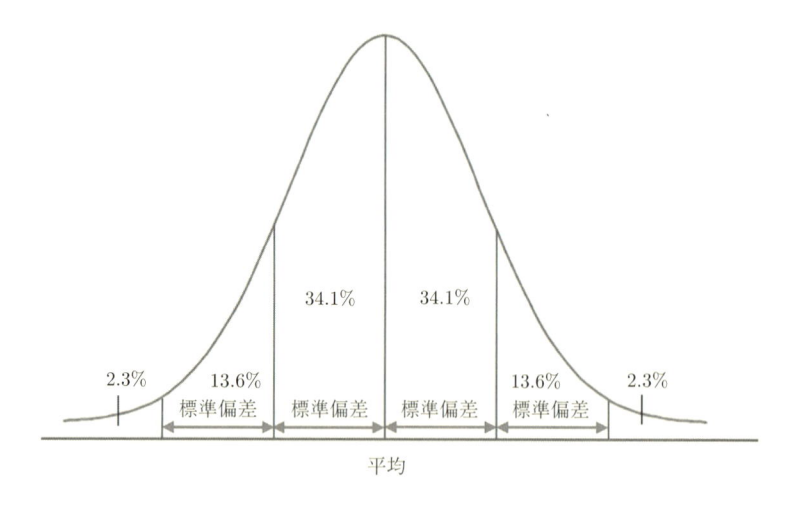

図 **4.1**　正規分布

れる．平均から ±2 標準偏差の範囲（標準得点 −2.0 〜 +2.0）にすると，95.4%の
ケースが含まれる．言い換えると，その外側の部分，すなわち平均から標準偏
差の 2 個以上離れた値を持つケースは全体の 4.6%しかないことになる．分布は
左右対象なので，片側だけを見ると，平均よりも大きい方向でも小さい方向で
も標準得点 2 個以上離れたケースが 2.3%ずつ存在することになる．なお，標準
得点のように，平均 0，標準偏差 1 となる正規分布は標準正規分布と呼ばれる．

　既に述べたように，偏差値は標準得点に基づくものなので，その位置づけは
やはり正規分布を利用して行われている．図 4.1 より平均（偏差値 50）を下回
るケースの比率は 50%であること，偏差値 50 から 60 という 1 標準偏差の範囲
には 34.1%のケースが入ることなどがわかる．偏差値 60 のケースは点数が低い
方から見ると 84.1%(= 50 + 34.1) の位置に居ることになるが，言い換えると，
それは上位 15.9%の位置にいることを意味する．偏差値を標準得点に戻して標
準正規分布表を見れば，ある偏差値を持つケースの全体における相対的位置を
もっと正確に推定することができるであろう．

4.2.2　正規分布を利用した相対的位置付け

　上記のような正規分布の性質を利用すれば，様々な変数について，あるケー
スの集団内における相対的位置を把握することができる．ある変数が正規分布
することを仮定できるならば，全ケースの情報を調べなくても，平均と標準偏
差という 2 つの統計量に基づいて，特定ケースの集団内の相対的位置を知るこ
とができる．

　たとえば，身長という生物学的特徴は正規分布することが知られているが，日
本人全員の身長に関するデータが手に入らなかったとしても，全体の身長の平
均と標準偏差が推定されれば，特定の身長の人が上位何%のところに位置する
かといったことを把握することができる．

　この作業は次の手順で行われる．まず (1) 平均と標準偏差を用いて素点を標
準得点に変換する．次に (2) 標準正規分布の面積全体のうち，この標準得点を
境界にして左右に区切られた面積の比率を把握する．この比率は出現確率を意
味しているため，境界より右側は当該標準得点よりも大きな値をとるケースが
どれくらい（何%）存在するかを，また，左側はそれよりも小さな値をとるケー

スの割合を示している.

　手順 (2) では，標準得点と当該面積の対応関係をまとめた標準正規分布表と呼ばれる表を使うことができる．この表は統計書の巻末に記載されていることが多いが，インターネットで検索することもできる.

4.2.3　標準正規分布の利用例

　標準正規分布表を用いた上記の作業を，2019 年に実施された国民健康・栄養調査のデータ（政府統計の総合窓口 e-Stat から閲覧可能）を使って試してみよう．このデータでは 20 歳以上の男女の身長について平均と標準偏差が明らかになっているが，男性 1968 名の平均は 167.7 cm，標準偏差 6.9 cm，女性 2340 名の平均は 154.3 cm，標準偏差 6.7 cm であった．これを利用して，160 cm という身長の男女それぞれのケースについて，分布内での相対的位置を調べてみることにする.

　まずは 160 cm という素点を標準得点に変換する．式 (4.1) を用いて計算すると，標準得点は男性では −1.12，女性では 0.85 となる．次に標準正規分布表を見て，標準得点と出現確率の関係を確かめる．この出現確率は，分布において当該標準得点の右側，つまりこれよりも大きな値をとるケースの割合を示す．標準正規分布表にはマイナスの標準得点は記載されていないが，正規分布は左右対称であるため，平均で分布を折り返して重ねたようなイメージになり，標準得点がマイナスのときも同じ出現確率になる．つまり，マイナスの場合の出現確率は，正規分布において当該標準得点の左側，つまりこれよりも小さな値をとるケースの割合を示すことになる.

　たとえば，男性 160 cm の標準得点は −1.12 だったが，標準正規分布表の 1.12 に対応する箇所に記載されている出現確率は 0.131357 であった．標準得点がマイナスであることから，図 4.2 に示されているように，この位置は正規分布の左端に位置し，身長 160 cm 以下の男性の割合は 13.1%である（逆にいえば，それ以上の男性の割合は 86.9%である）ことを示している．一方，女性においては 160 cm という身長の標準得点は 0.85 で，その出現確率は 0.197662 であった．これは 160 cm よりも身長の高い女性は約 19.8%存在することを示している（図4.2）．このように，正規分布を利用することで，分布全体における特定ケース

の相対的位置を知ることができる.

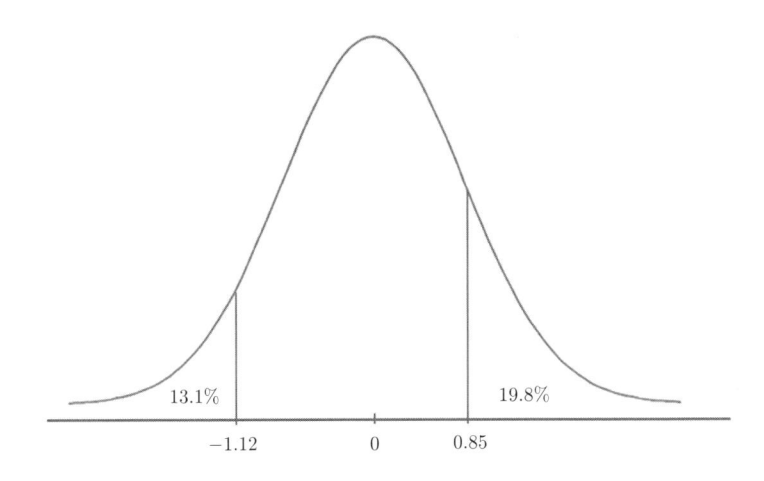

図 **4.2**　標準正規分布における標準得点と出現確率の例

参考文献

[1] ボーンシュテット，G. W. & ノーキ, D.（海野道郎・中村隆（監訳）),『社会統計学：社会調査のためのデータ分析入門』, ハーベスト社 (1992).

5

無作為抽出と推測統計学

　第1章では，研究対象者の選定においては無作為抽出が重要であると述べたが，本章ではその理由と方法を解説する．無作為抽出の必要性や基本的な考え方を示した後，社会調査などにおいて無作為抽出を実施するときの具体的な方法を紹介する．最後に無作為抽出と推測統計学の関係について説明する．

5.1　無作為抽出の考え方

5.1.1　抽出，母集団，標本

　心理学や社会学の研究では，研究課題に応じて対象者を特定，選定，あるいは限定しなければならない．その際，用いられる手続きの一つが抽出（サンプリング：sampling）である．これは，「研究の対象となる人の数が多すぎて全体を調べることが困難なとき，部分的な検討に基づいて全体の特徴を把握するため，全体から一部の人を取り出すこと」を意味している．たとえば，夫婦別姓に関する人びとの態度を調べたいと思い，日本全国に居住する 20 ～ 69 歳の男女の賛同率を把握することを計画したとする．しかし，総務省統計局が発表する「令和2年国勢調査人口等基本集計」によると，20 ～ 69 歳男女は全国に約 7500 万人おり，これら全員について態度調査をすることは時間，労力，調査費用などが膨大となる．一研究者がこれを実行することは極めて困難であることから，現実に調査が実施可能な数に対象者を絞らなければならない．このために，たとえば調査対象者として 7500 万人のうちから 1000 名を選び出すといっ

た作業を行うことを抽出という.

　研究者が最終的に知りたいことは，日本全国の 20 ～ 69 歳男女 7500 万人の夫婦別姓に対する態度であり，このような真の研究関心の対象者集団のことを母集団 (population) という. 一方，そこから実際の研究対象者として選び出された一部の集団（ここでは 1000 名）は標本 (sample) と呼ばれる. したがって，抽出とは母集団から標本を選び出すことである. 実際の研究では，この標本に対する調査や実験などを通して観測が行われ，そうして得られたデータを統計的に分析することで母集団の特性を間接的に把握することが目指される.

5.1.2　偏りのない標本抽出の重要性

　母集団から標本を抽出する際には，どんなことに注意する必要があるだろうか. 標本に対する検討を通して母集団の特徴を捉えようとしているのだから，標本は母集団の特性を適切に反映した「偏りのない標本」でなければならない. 極端な例であるが，夫婦別姓の態度調査において，もしも抽出された 1000 名の標本が全員女性だったら，どんなことが起こるだろうか. おそらく，標本における賛同率は母集団のそれよりも大幅に高い値となるであろう. 現行の夫婦同姓のもとでは女性だけが結婚にともなって姓を変更しなければならないが，夫婦別姓が採用されれば女性はこのような負担から解放されるため，男性よりも女性において夫婦別姓への賛同率が高いと考えられるからである. あるいは，1000 名の標本の年齢が全員 60 ～ 69 歳だったらどうだろうか. 高齢者ほど伝統や慣習を重視するという保守的傾向があるので，標本における夫婦別姓に対する賛同率は母集団のそれよりもずっと低い値になるであろう. いずれの例においても，標本に含まれる人びとの構成は母集団のそれとは大きく異なっているため，標本に対する調査から導き出される賛同率は，母集団における賛同率とはかけ離れたものとなってしまうであろう. このように，標本として選ばれる人びとに偏りがあることによって調査や分析の結果が歪められてしまう現象は標本バイアス (sampling bias) あるいは選択バイアス (selection bias) と呼ばれる.

5.1.3　無作為抽出

　標本バイアスが生じないような「偏りのない標本」を得るためには，どのよ

うに抽出を行えばよいのだろうか．そのための方法が無作為抽出（ランダムサンプリング：random sampling）である．これを適切に実施すれば，性別と年齢だけでなく，学歴，職業，収入といった社会的属性，政治や環境問題に対する意識や価値観，自尊感情やパーソナリティといった心理特性についても，概ね母集団の状態を反映した「偏りのない標本」を作ることができる．

　無作為抽出とは，「母集団に含まれるすべての人びとが等しい確率で標本として選ばれるようにサンプリングすること」である．性別や年齢などのどの属性に関しても，母集団に属するすべての人びとが同じ確率で標本となりうるような方法で抽出を行うもので，イメージとしてはクジ引きを想像するとよいだろう．多数のクジ（母集団に相当）の中から少数のクジ（標本に相当）を選び出す際には，全体をよくかき混ぜてからクジを引くが，この「よく混ぜる」という行為は，すべてのクジが等確率で選ばれるようにするための無作為化（ランダマイズ）にあたる．研究における無作為抽出においても，クジと同様に母集団に含まれる人びとをランダマイズした上で標本として抽出することになる．

　しかし現実には，人間をクジのように扱うことはできない．そこで，実際の研究においては，無作為抽出を実現するために，次節で示すようないくつかの手続きが用いられる．

5.2　無作為抽出の具体的方法

5.2.1　単純無作為抽出法

　単純無作為抽出 (simple random sampling) を行うには，まず母集団に含まれるすべての人が重複なく記載されたリストを用意する．このようなリストは抽出台帳（サンプリング台帳）と呼ばれる．社会調査においては，全国の市町村区役所が住民の情報をまとめた「住民基本台帳」や，市町村区の選挙管理委員会が有権者の情報をまとめた「選挙人名簿」が用いられることが多いが，調査目的に相応しいものであれば，抽出台帳は基本的にはどんなものでも構わない．ある企業の従業員を抽出して行う調査研究を企画したとすると，この企業に属する全従業員が母集団であり，その全従業員の氏名等が記載されたリストが抽出台帳となる．

　抽出台帳を用意できたら，そこに記載された人びとに通し番号 (ID) を付け，これを無作為抽出に利用する．乱数表あるいはコンピュータを用いて通し番号の範囲で数値をランダムに発生させ，その番号に該当する人を標本として選び出す．なお，乱数の生成において同じ数値が現れた場合は，2 回目以降は無視し，同じ人が標本として複数回選ばれることはないようにする．このような作業を繰り返して，必要な標本数に達するまで抽出を繰り返すのが単純無作為抽出法である．

　たとえば，7500 万人の母集団から 1000 人の標本抽出を行うときは，1 から 7500 万までの間で数値をランダムに発生させ，その数値と抽出台帳の通し番号 (ID) が合致する人を標本として選び出す．単純無作為抽出法ではこの作業を必要な標本の大きさに達するまで繰り返すので，この例なら，乱数の生成と抽出を 1000 回繰り返すことになる．

5.2.2　系統抽出法

　単純無作為抽出法はシンプルであるが，乱数の生成を多数回反復する必要があることから，標本数が大きいとそれだけ労力も大きくなる．そうした場合，サンプリングのコストを下げるため用いられるのが系統抽出法 (systematic sampling) である．この抽出法では，最初の抽出番号をランダムに決定し，あとは等間隔で抽出を繰り返していくため，乱数発生は 1 回だけでよい．具体的なやり方としては，まず母集団の大きさ（例：7500 万）を標本のサイズ（例：1000）で割って抽出間隔を求める（この場合は 75000 となる）．次に 1 から抽出間隔の範囲内で乱数を発生させ，1 番目に抽出される個人をランダムに決定する．その後は，1 番目の抽出対象となった個人の通し番号 (ID) に抽出間隔の数を足しながら，順次，抽出を繰り返していく．たとえば，最初の抽出対象者の ID が 5000 であったなら，これに 75000 を加えることを繰り返し，ID = 80000, ID = 155000, ID = 230000 と順番に抽出を行い，標本が 1000 名に達したところで抽出を終了する．

5.2.3　多段抽出法

　本節ではこれまでに，基本的な無作為抽出の方法として単純無作為抽出法と

系統抽出法を紹介したが，しかし，全国調査のような大規模調査では，これら
の方法が使えないことがある．

　第 1 に，全国規模の抽出台帳を作成すること自体が困難だからである．前項
の例は，日本全国の 20 ～ 69 歳の男女 7500 万人を母集団として，そこから系統
抽出法によってサンプリングを行うというものだったが，「7500 万人分の情報
が記載された抽出台帳」と聞いて，非現実的であると感じた読者もいることだ
ろう．実際の社会調査において，これほど長大な抽出台帳を作ることは，ほと
んど不可能である．日本では住民基本台帳や選挙人名簿は市町村単位に作成さ
れており，全国の居住者情報をすべて記載した「日本人名簿」といったものは
存在しないからである．これらを全部集めて全国の抽出台帳を作成することも
原理的には不可能ではないが，市町村数の多さを考えると現実にはほとんど不
可能であろう．

　第 2 に，全国調査には，たとえ標本に限ったものであるとしても，その実施に
は大きな時間的，経済的コストがかかる．仮に全国に居住する 20 ～ 69 歳男女
7500 万人の抽出台帳が作成でき，そこから系統抽出法によって 1000 名から成
る標本を用意できたとしよう．しかし，全国に散らばる 1000 名を個別訪問して
調査しようとする（このような調査法は訪問面接調査と呼ばれる）ならば，調
査員を雇用するための人件費をはじめとして，交通費，宿泊費など莫大な調査
費用が必要である．

　これらの問題点を克服するために用いられるのが多段抽出法 (stratified sam-
pling) である．多段抽出法では，母集団から直接，調査対象者を抽出すること
はせず，複数段階に分けてサンプリングを行う．全国調査の場合なら，第 1 段
階では「市区町村」といった全国の地域区分の中から一定数の市区町村を無作
為抽出する（第 1 次抽出単位）．第 2 段階では，第 1 段階で抽出された地域区分
（第 1 次抽出単位）の中の更に小さな単位，たとえば選挙の際の「投票区」，小中
学校の「学区」，住所区画単位の「丁目」などの中から，第 2 次抽出単位として
一定数を無作為抽出する．そして第 3 段階において，第 2 段階で抽出された投
票区など（第 2 次抽出単位）の中から調査対象者を無作為抽出する．なお，第
3 段階の抽出では系統抽出法が用いられることが多い．

　多段抽出法を用いれば，個々人の情報が記載された抽出台帳が必要となるの

は第3段階のサンプリングの際だけであり，抽出台帳作成の労力を小さくできる．更に，調査対象者が投票区など，地域ごとにまとまっているため，調査実施にかかる時間的，経済的コストを小さくすることもできる．

多段抽出法のより詳細な手続きについては社会調査法の専門書を参照してもらいたいが，この方法を用いれば「母集団に含まれる全員が等しい確率で標本として選ばれるように抽出する」という無作為抽出の原則を守りつつ，調査実施のコストを低減させることができる．

5.3 無作為抽出と推測統計学

前節までは，母集団から標本を抽出する方法について詳しく述べてきたが，重要な点は，研究において真の関心は母集団にあり標本ではないということである．しかし，母集団の全成員についてデータ収集ができない場合には，入手可能な標本に関するデータを当面の分析対象とならざるをえない．そして，図5.1に示すように，標本に対するデータ分析の結果に基づいて母集団の状態を間接的（確率的）に把握する試みが行われる．これが推測統計学である．

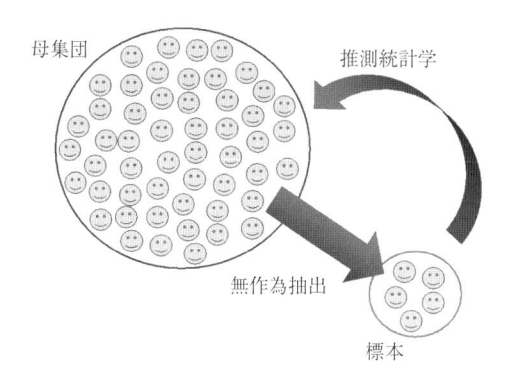

図 **5.1** 無作為抽出と推測統計学の関係

推測統計学 (inferential statistics) は統計的推定と統計的検定に大別される．統計的推定とは，標本における統計量（たとえば，標本平均）に基づいて母集団における統計量（この例なら，母平均）を推定する手法である．統計的検定

とは，標本で見られた変数間の関係性について「母集団においても同様の関係性が存在するといえるかどうか」を判断するための手法である．統計的推定は次節で，統計的検定については第 6 章以降で解説する．

　なお，統計的推定や統計的検定といった推測統計学の理論は，無作為抽出を前提として組み立てられている．したがって，無作為抽出された標本とみなされないデータに対しては，原則として，推測統計学の分析手法を用いることはできないことになる．心理学や社会学の実際の研究では，研究者の身近にいる大学生を対象にするなど，簡便な手法でデータ収集が行われることも多い．そうした非無作為抽出のデータでは，本章で述べたような母集団と標本の関係は保証されないので，統計分析で得られた結果は当該データに限定された知見として，一般化は避けるべきであろう．

5.4　統計的推定

　本節では，母集団から標本の無作為抽出を繰り返すと何が起こるのかを，仮想例を取り上げて観察し，これをもとに統計的推定の考え方を説明する．その後，具体的な推定の方法として点推定と区間推定を紹介する．

5.4.1　統計的推定と正規分布

　統計的推定 (statistical estimation) においては，無作為抽出によって得られた標本に関する統計量，すなわち標本統計量 (sample statistic) から母集団統計量を推定する．母集団統計量は母数（パラメータ：population parameter）とも呼ばれ，母平均，母比率，母標準偏差などと統計量の前に「母」を付けて呼称する．

　母集団から n 個のケースを無作為に抽出することを繰り返す状況を想定してみよう．1 回目の無作為抽出を行い，そうして得られた標本 1 について平均を求める．この標本を母集団に戻した上で，2 回目の無作為抽出を行い，標本 2 の平均を計算する．このような作業を k 回繰り返すと k 個の標本平均が得られるので，それを度数としてヒストグラムを作ることができる（ヒストグラムの作成については第 3 章参照）．

　ここで k を大きくしてヒストグラムの階級の幅を狭くしていくと，次第に凸

凹のない滑らかな分布となるが，その形状は図 5.2 のような左右対称の釣鐘型になる．1 つの母集団から無作為標本抽出を繰り返すと，元の母集団がどんな分布であっても，そこから得られた標本平均の分布は，図 5.2 に示すように，正規分布に近似したものになることが確認されている（中心極限定理）．

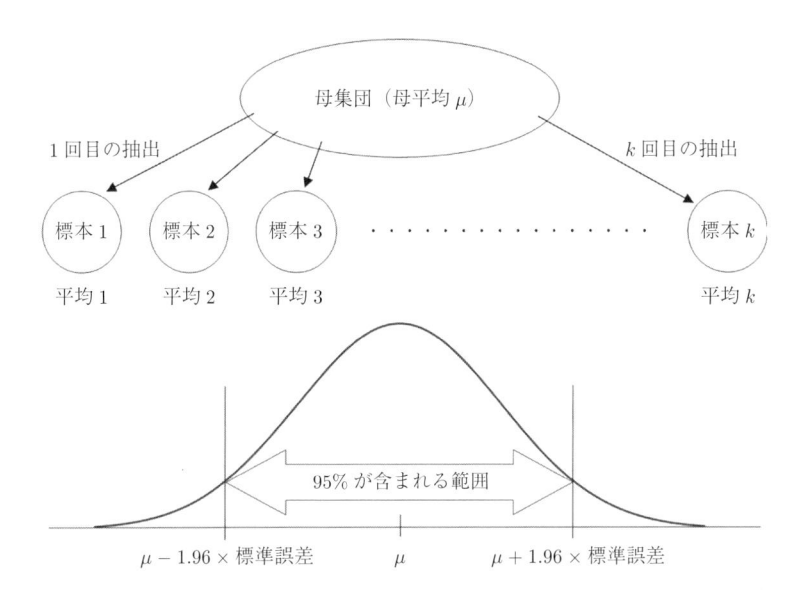

図 5.2 無作為抽出を繰り返したときの標本平均の分布

図 5.2 に示された正規分布の平均は「標本平均の平均」を意味しているが，この値は母平均と一致する．重要なことは，中心極限定理によって，母集団の分布が不明であったとしても，この「標本平均の平均 = 母平均」という推定は成り立つことである．

また，正規分布は平均を中心として左右対称であることから，第 4 章で示したように，横軸を標準得点にとると，特定の値以上あるいはそれ以下の範囲について生起確率を求めることができる．標準得点は，第 4 章で述べたように，素点を標準偏差単位に変換したものだが（標準化），図 5.2 のような標本平均の分布の場合には，その標準偏差は標準誤差 (standard error) と呼ばれる．標準誤差

の値は，標本の標準偏差とケース数を用いて式 (5.1) で算出することができる.

$$標準誤差 = \frac{標準偏差}{\sqrt{ケース数}} \tag{5.1}$$

5.4.2　点推定

　点推定 (point estimation) とは，「母平均は 15.0 である」というように，1 つの値で母数を推定する方法である. 標本統計量から母数を点推定するやり方は概ね簡明で，平均と比率については標本統計量がそのまま母数の推定値となる. たとえば，標本平均が 15.0 ならば母平均の推定値は 15.0 となるが，それは，標本平均の分布 (図 5.2) においては，その平均が母平均と一致するからである. 正規分布において最も高確率で出現する値は平均であることから，目の前にある特定標本から母平均を推定する場合，その標本平均を母平均とみなすこと（標本平均＝母平均とする）には十分な合理性があると考えることができる.

　比率についても，母集団からの無作為抽出を繰り返して標本比率の分布を作ると正規分布となるため，標本比率を母比率の推定値として用いることができる. たとえば，標本比率が 0.75 であれば母比率も 0.75 と推定することができる.

　一方，ばらつきの指標である分散や標準偏差については，標本統計量をそのまま母数の推定値とすることはできない. 標本分散は母分散よりもわずかに小さな値となることがわかっているので，これを調整する必要があるからである. 母分散の推定値としては，式 (5.2) で求められる不偏分散 (unbiased variance) が用いられるが，この式を見ると標本分散では標本数 (n) となるべき分母が $n-1$ となっている. ただし，サンプルサイズが大きいと n と $n-1$ とはほとんど差がなくなるため，標本分散と不偏分散はほぼ一致する. 母標準偏差については，不偏分散の平方根をとればよい.

$$V_x = \frac{1}{n-1} \sum_{i=1}^{n} (x_i - \overline{x})^2 \tag{5.2}$$

　標本分散が母分散よりも小さくなることについては，標本が母集団の一部であり集団規模が常に小さくなることから，ばらつきも小さくなることは直観的に理解できる. その数学的論拠については章末の参考文献等を参照されたい.

5.4.3　区間推定

区間推定 (interval estimation) とは，「母平均は 95%の確率で 13.14 から 16.86 の間にある」というふうに，幅を持たせて母数を推定する方法である．点推定では，たまたま手もとにある 1 個の標本の平均をもって母平均とするが，これでは両者がずれる可能性が高いことから，「この標本平均からすると，母平均は ○○〜○○ の範囲にあるだろう」と幅を持たせて推定する方が合理的であるとして区間推定を推奨する考え方もある．このときの幅として一般には生起確率 95%が用いられる．

図 5.2 のような正規分布において，標本平均 μ の前後に標準偏差 1.96 分の区間を設けると，その範囲内の生起確率は 95%となる．そこで，母平均の推定区間は「$\mu - 1.96 \times$ 標準誤差 〜 $\mu + 1.96 \times$ 標準誤差」となり，この範囲のことを 95%信頼区間と呼ぶ．これは 95%の確率で母平均がこの範囲の内側に収まっていることを意味している．

例として，10 名の女性（標本）から次のような身長 (cm) のデータが得られたとして，母平均の 95%信頼区間を求めてみよう．

身長：158, 162, 155, 160, 163, 157, 161, 159, 164, 156

標本の平均は 159.5，標準偏差は 2.872 である．標準誤差は式 (5.1) より 0.908 となる．ここから，母平均の 95%信頼区間は $159.5 \pm 1.96 \times 0.908$ なので「157.7 〜 161.3」と推定される．母比率の区間推定についても母平均と同様の考え方で行うことができる．

一方，ばらつきの指標である母分散の区間推定では標本から求めた不偏分散を用いるが，不偏分散は正規分布ではなく χ^2 分布をする．χ^2 分布はケース数によって（正確には自由度によって）形が変わるので，正規分布のように標準誤差を利用して区間境界を定めることはできない．そのため，χ^2 分布表から境界値を読み取る必要がある．たとえば，図 5.3 はケース数が 10（自由度 $(df = n - 1)$ は 9）のときの χ^2 分布である．95%信頼区間を求めるときは両側に 2.5%ずつ，合わせて 5%の生起確率の領域を設ける．この例では，それらの境界となる χ^2 値は 2.70 と 19.02 である．

一般的には，母分散の 95%信頼区間は式 (5.3) で求められる．

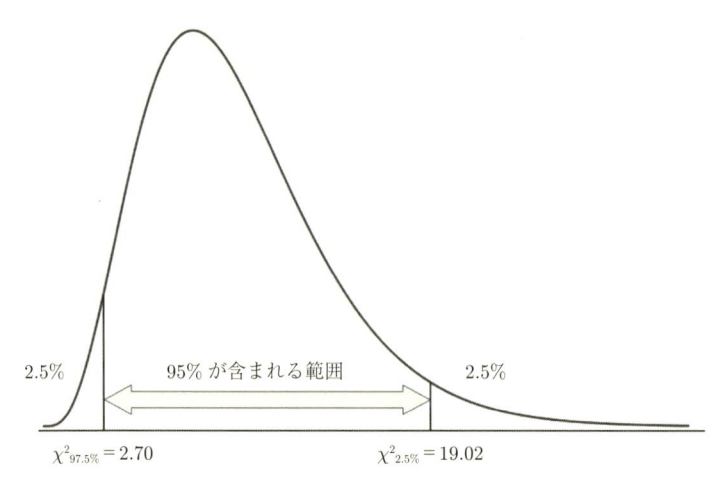

図 **5.3**   カイ 2 乗分布 (df = 9)

$$\frac{(n-1) \times 不偏分散}{\chi^2_{2.5\%}} \sim \frac{(n-1) \times 不偏分散}{\chi^2_{97.5\%}} \tag{5.3}$$

n：標本のケース数

$\chi^2_{2.5\%}$：χ^2分布において，その値よりも右側に 2.5%以下が含まれる χ^2値

$\chi^2_{97.5\%}$：χ^2分布において，その値よりも右側に 97.5%以上が含まれる χ^2値

先述の女性 10 名の身長データから母分散の 95%信頼区間を求めるときには，次のような計算を行う．不偏分散は式 (5.2) より 9.167 となる．χ^2 分布表より，$\chi^2_{2.5\%}$ は 19.02，$\chi^2_{97.5\%}$ は 2.70 なので，これらの数値を式 (5.3) に代入して，「9 × 9.167/19.02 ∼ 9 × 9.167/2.70」を計算すると，母分散の 95%信頼区間は「4.338 ∼ 30.556」となる．母標準偏差の 95%信頼区間については，母分散の下限と上限の平方根をとって「2.083 ∼ 5.528」となる．

なお，信頼区間をなぜ 95%にするかは統計的検定と関連があるので，これについては第 6 章を参照されたい．

参考文献

[1] 大谷信介・木下栄二・後藤範章・小松洋（編），『最新・社会調査へのアプローチ：論理

と方法』, ミネルヴァ書房 (2023).

[2] 廣瀬雅代・稲垣佑典・深谷肇一, 『サンプリングって何だろう：統計を使って全体を知る方法』, 岩波書店 (2018).

[3] 森敏昭・吉田寿夫 (編著), 『心理学のためのデータ解析テクニカルブック』, 北大路書房 (1990).

[4] 盛山和夫, 『社会調査法入門』, 有斐閣 (2004).

第 II 部

統計的検定

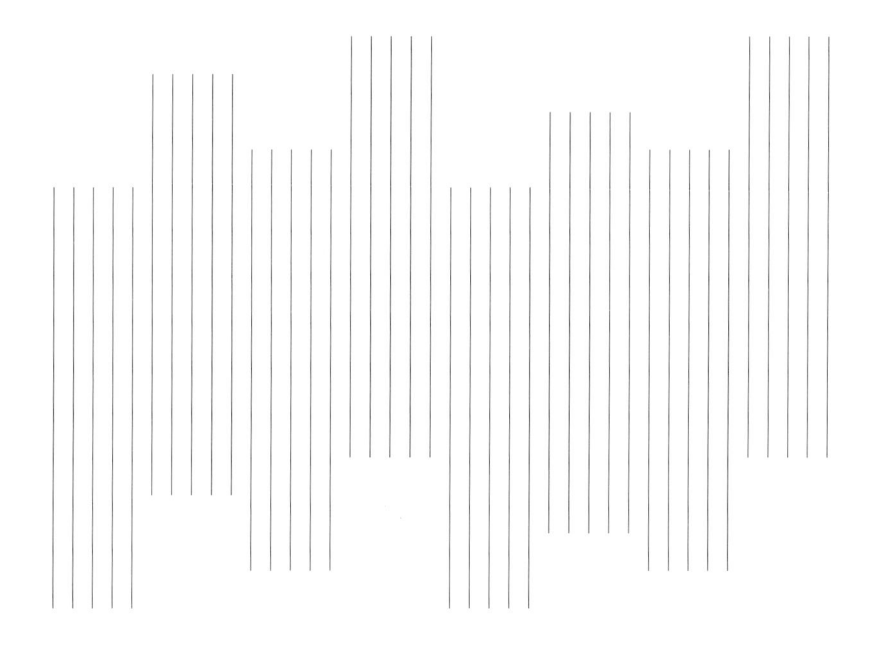

第 II 部では推測統計学の柱の一つである統計的検定を取り上げる．まず第 6 章において，様々な統計的検定手法に共通する基本的な考え方を説明する．それに続く 3 つの章では，個別の検定手法について解説する．第 7 章では，2 つの対象者グループ間で平均を比較する際に用いられる t 検定について，第 8 章では，質的変数どうしの関連性について検定する χ^2 検定について，それぞれの原理と分析手続きを解説する．また，χ^2 検定に先立って，クロス集計表の作り方と読み取り方についても説明する．第 9 章では，ノンパラメトリック検定と呼ばれる一群の検定手法を取り上げ，その一つである U 検定の考え方と実施方法について解説する．

6

統計的検定の考え方

統計的検定 (statistical testing) には様々な手法があり，データの特徴によって使い分けられるが，どの手法にも共通の考え方がある．本章では，統計的検定のそうした基本概念と実施のための一般的手続き，および利用時の留意点について説明する．統計的検定の各手法に関しては次章以降で解説する．

6.1 統計的検定の基本的枠組み

6.1.1 仮説検証と統計的検定

「日本は学歴社会である」という言説があるとして，これが正しいことを証明するためにはどうすればよいだろうか．学歴社会の定義も様々だが，ここでは「学歴の高低によって年収に差がある社会」と定義することにする．「高学歴の人ほど年収も高い」という研究仮説を立てて，これを検証しようとするなら，調査などによってデータを収集し，学歴と年収の関係を分析すればよいであろう．たとえば，学歴が大卒か非大卒かで調査対象者を二分し，両グループ間で平均年収を比較したところ，大卒者の平均年収が非大卒者の平均年収よりも実際に高かったなら，この研究仮説は支持され，日本は学歴社会であるということになるのだろうか．

しかし，両グループの平均年収の差が数百円程度であったとしても，そうといえるのだろうか．そうでないなら，どれくらいの差があれば仮説は支持されたといえるのだろうか．これは，研究によって得られた平均の差を両グループ

間の実質的な差とみなしてよいかどうかという問題で，統計的検定では，研究において観測された差が偶然によって生じたものかどうかという観点から，この問題に決着を付けようとする．観測された差は単なる偶然によるものであり，調査をやり直したら消滅するものかもしれない．単なる偶然ではないといえるためには，観測データについてどのような条件が必要なのだろうか．統計的検定とは，仮説検証のために，観測データの持つ偶然性の程度を確率に基づいて評価しようとするものである．

　統計的検定が正しく行われるなら，研究仮説が実証データによって支持されたかどうかを客観的で合意された基準に基づいて評価することになり，研究者自身が恣意的に判断することを避けるとともに，他の研究者たちに対してもその研究知見の妥当性を主張できるであろう．

6.1.2　母集団と標本抽出

　統計分析のための基本概念は母集団，標本，無作為抽出などだが，これは統計的検定についても同様である．通常，研究対象に関するデータは，母集団から無作為抽出された標本に対して行われた社会調査や実験などの観測を通して得られたものであり，母集団の全成員に関するものではない．統計分析の対象は，このように，母集団の一部に過ぎない標本だが，しかし，研究者の真の関心は母集団の特徴が何であるかに向けられている．

　たとえば，日本は学歴社会であるという言説を証明しようとしている研究者は，日本社会全体（母集団）で見たときの大卒者と非大卒者の年収に差があるかどうかを明らかにしようとしているのであって，一部の人びと（標本）を取り出したときの両グループの年収差に関心があるわけではない．しかし，日本社会に暮らす大卒者と非大卒者の全員を調べることは困難なので，一部の人びとを標本として抽出し，そこから得られたデータを分析することで，真の関心対象である日本社会全体における年収差について何らかの推論をしようとしているのである．

　しかし，標本は母集団の一部に過ぎないので，標本の特徴が母集団の特徴を正確に反映しているとは限らない．たとえば，標本では学歴グループ間で平均年収に差があったとしても，それは標本抽出における偶然によって生じたもの

かもしれず，母集団では差はないという可能性もある．

6.1.3　標本抽出の仮想シミュレーション

　標本における平均の差が偶然によるものとみなせるかどうかを判断することが統計的検定の目的だが，このことを理解するため，ある仮想シミュレーションを試みてみよう．研究仮説は「大卒者は非大卒者よりも平均年収が高い」というもので，これを調査によって検証しようというものである．ここでは，シミュレーションがしやすいように，極めて小さな母集団を仮定する．それは大卒者5名の母集団と非大卒者5名の母集団である．

　図6.1に示すように，母集団レベルでは，各学歴グループの年収の分布は同じで，したがって，平均も等しい．このような2つの母集団から2名ずつを抽出して標本を作成するのが今回のシミュレーションである．ただし，実際の研究では，母平均などの母数は不明であり，それを直接的に知ることはできないことが多い．そこで，前章で述べた統計的推定のような統計学的手法を用いて，標本から母集団特性を推論しようとすることになる．しかし，統計的検定の仕

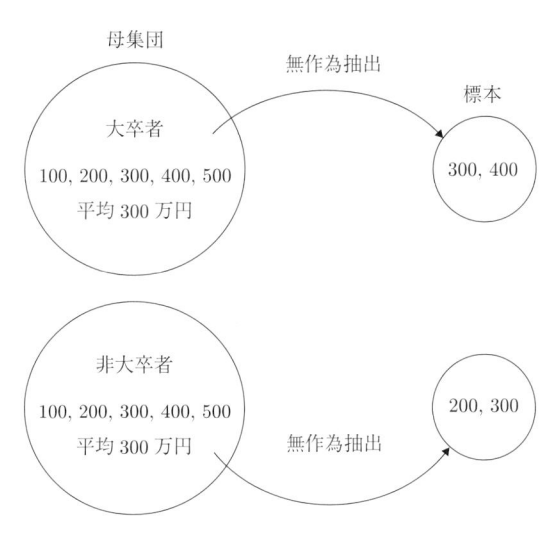

図 **6.1**　架空の母集団と標本の例

組みを説明するために，ここでは，母数がわかっているという架空の例を設定した．

　大卒者母集団 5 名から 2 名をランダムに選び出して標本とする方法は 10 通りあるが，そのうちの 1 通りが偶然生じて，年収が 300 万円と 400 万円という 2 名が抽出されたとしよう．この場合，大卒者標本の平均年収は 350 万円となる．非大卒者についても同様に 5 名から 2 名を抽出し，200 万円と 300 万円の 2 名が選ばれたとすると，非大卒者標本の平均年収は 250 万円である．これらの標本どうしを比較すると，大卒者は非大卒者よりも年収が 100 万円高いので，研究仮説は支持されたかのように見える．しかし我々は，母集団レベルでは両グループ間に差がないことを知っているので，この 100 万円という差は，大卒者母集団の中からたまたま年収の高い者を選んでしまった，あるいは，非大卒者母集団の中からたまたま年収の低い者を選んでしまったという標本抽出の際の偶然によって生じたものだということを理解している．それゆえ，この標本平均の差を根拠に研究仮説が支持されたと判断するなら，それは誤謬ということになる．

　この例の場合，標本平均の差が偶然によって生じたものであることは明白だが，それでは，図 6.1 のような母集団から無作為に（偶然に任せて）標本抽出したとして，標本平均の差が 100 万円またはそれ以上になるのは，どれくらいの確率なのだろうか．

6.1.4　標本平均の差の分布と有意確率

　これを明らかにするために，図 6.1 の大卒者母集団と非大卒者母集団から 2 名ずつを標本抽出するあらゆる組み合わせ（全部で 100 通りある）を調べ上げ，それら標本平均の差をすべて算出し，その値がどのように分布するか見てみた．表 6.1 は，この標本平均の差の度数分布表，図 6.2 はそのヒストグラムである．このヒストグラムは，母集団と標本のサイズがもっと大きければより滑らかな曲線になり，概ね正規分布に近いものになるであろう（実際には t 分布と呼ばれるものになる）．

　表 6.1 を見ると，両グループの標本平均の差が 100 万円以上になる確率は，$(0.01 + 0.02 + 0.05 + 0.08 + 0.12) \times 2 = 0.56$ であることがわかる．これは図 6.2

表 **6.1** 標本平均の差の度数分布表

平均の差	度数	相対度数 （確率）
−300	1	0.01
−250	2	0.02
−200	5	0.05
−150	8	0.08
−100	12	0.12
−50	14	0.14
0	16	0.16
50	14	0.14
100	12	0.12
150	8	0.08
200	5	0.05
250	2	0.02
300	1	0.01
計	100	1

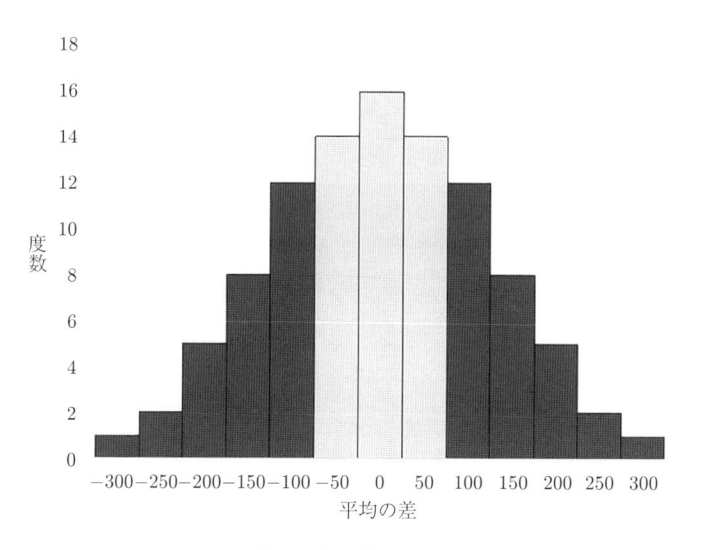

図 **6.2** 標本平均の差のヒストグラム

のヒストグラムでは総面積の 56% に相当する（濃灰色部分）．つまり，母集団では学歴グループ間の年収平均には差がないにもかかわらず，そこから無作為抽出した場合には，標本ではグループ間の平均差が 100 万円以上になってしまう

確率が 56% もあるのである.

このように, それが偶然に生じる確率が 56% もあるというのであれば, 標本で見られた平均の差は額面通りには受け取れないと誰もが感じるであろう. 当然, 学術の分野においても, このように大きな偶然確率で生じる標本平均の差から「母集団でも平均差がある」と推論することは許されないであろう.

では, 偶然である確率 (有意確率 (significance probability) という) がどれくらい小さくなったら,「母集団でも平均差がある」とする推論が許されるようになるのであろうか. 学術の世界では, これについては 5% という基準が広く用いられている. これは「偶然とみなすにはあまりにも稀な事象が観測されたから, その背後には何か必然的な原因があるはず」と推論するものだが, 偶然から必然への判断の転換点が 5% なのである. この 5% を「有意水準」と呼ぶが, これの意味については本章の後半で述べる.

6.2　統計的検定の仕組み：背理法

すべての統計的検定手法に共通する概念的仕組み, すなわち検定の基本ロジックは背理法 (reductio ad absurdum; proof by contradiction) である. これは, ある命題が正しくないと仮定すると矛盾が生じることを指摘して, その命題が正しいと主張する論法である. 統計的検定もこの論法によって研究仮説の検証を試みる. 学歴社会の例ならば, 研究仮説は「母集団では, 大卒者は非大卒者よりも平均年収が高い」というものである. しかし, 統計的検定では, この研究仮説の真偽を直接に検証することはせず, 間に一段階を置き, これを経て間接的に研究仮説の検証を目指す. この「間の一段階」とは, 帰無仮説の棄却と呼ばれる手続きである.

6.2.1　帰無仮説

帰無仮説 (null hypothesis) とは, 研究仮説を否定する仮説のことであり, この例の場合は,「母集団においては, 大卒者と非大卒者の平均年収には差がない」というものである. 図 6.1 の 2 つの母集団は, この帰無仮説に対応するものである. 統計的検定の作業を通して帰無仮説が否定されるなら (帰無仮説の

棄却），そのことは，これと相対立する研究仮説が正しいことを示唆するものとなるであろう．これが背理法の論理である．端的に言えば，統計的検定における背理法とは，一旦「母集団においては差がない」と仮定し，これが棄却されることを確認することによって，「母集団においても差がある」という研究仮説の妥当性を間接的に証明しようとするものである．

　帰無仮説は，否定されることを期待して設定されるもので，それは研究者から見ると「無に帰したい仮説」である．一方，帰無仮説の反証を通して間接的に証明しようとする研究仮説の方は，帰無仮説に対して対立仮説 (alternative hypothesis) と呼ばれることがある．これは帰無仮説に対立する仮説という意味で，対立という語にそれ以上の意味はない．なお，対立仮説も帰無仮説も，ともに母集団の特性に関する推論を表現したものである．

　帰無仮説が棄却されるなら，対立仮説が採択され，このとき，研究仮説の妥当性がデータ分析によって支持されたと判断することができる．一方，帰無仮説が棄却できないときは対立仮説を採択することができないので，研究仮説の妥当性はそのデータ分析では支持されなかったと判断することになる．

6.2.2　帰無仮説の棄却

　では，どのような場合に帰無仮説は棄却できるのであろうか．それは，帰無仮説のもとで観測された標本平均の差が偶然に生じたものだと仮定すると，それが生じる確率（有意確率）が5%を下回る場合である．「帰無仮説のもとで」とは「母集団ではグループ間に差がないとする仮定のもとで」という意味だから，図 6.1 のような状況で標本抽出を行い，その標本平均を集団間で比較するということを意味する．このとき，観測された特定の標本平均の差（たとえば100 万円）は図 6.2 のヒストグラムのどこかに位置づけられるはずであるから，それを同定し，そうした観測値が偶然に発生しうる確率，すなわち，有意確率を調べることになる．先ほどの例では，標本平均の差は 100 万円だったが，表6.1 によると，100 万円以上の差が発生する有意確率は56%であった．このことは，母集団ではグループ間に差がないにもかかわらず，標本抽出における偶然の結果として，標本では 100 万円以上の差が観測される確率は56%であることを意味している．

　この例の場合は，有意確率は 5% よりも大きかったので，「母集団ではグループ間に差はない」とする帰無仮説は棄却できない．このように，帰無仮説棄却の可否を判断する基準となる 5% が有意水準 (significance level) である．したがって，仮に研究者が「母集団ではグループ間に差はある」とする研究仮説を立てていたとしても，この標本を使った例の場合は，5% の有意水準に照らして研究仮説は支持されないことになる．

　図 6.1 の例において，もしも標本平均の差が 300 万円であったとすると，表 6.1 の分布よりその出現確率（有意確率）は 2% となり，今度は 5% を下回る．このように，グループ間に差がないはずの母集団から抽出された標本にしては，平均の差が通常起こりえない得ないくらい大きい場合には，当初の帰無仮説を棄却することになるが，これは「今回の標本は，元々，平均に差がない母集団から抽出したと考えるには不自然である」と解釈するものである．

6.2.3　有意確率の推定

　統計的検定の手続きでは，標本平均の差が偶然に起こりうる確率（有意確率）を推定することが最も重要であるが，そのためには，平均に差のない母集団から無作為抽出したときの標本平均の差の分布を同定しなければならない．本章の例の場合は，表 6.1 と図 6.2 がそれにあたる．この例では，母集団の特性（平均には差がないこと）が初めからわかっていたので，標本抽出のシミュレーションを行うことによって，表 6.1 と図 6.2 を作ることが可能だった．

　しかし，実際の研究では，母集団の特性は未知であることが多い．では，どのようにして分布特性を把握するかというと，検定統計量と呼ばれるものを利用する．検定統計量 (test statistics) には t 値，F 値，χ^2 値など様々なものがあり，分析対象となるデータの特徴に応じて使い分けられる．しかし，いずれの検定統計量も，その意味するところは表 6.1 や図 6.2 における標本平均の差に対応しており，一般的には検定統計量の値が大きくなるほど，有意確率が小さくなるように定義されている．

　そして，これらの検定統計量については，帰無仮説が妥当であると仮定した場合に，どのような分布になるかが既に知られている．それらは t 分布，F 分布，χ^2 分布などと呼ばれ，分布の形状は検定統計量によって異なっているが，

標本データから検定統計量の値を算出できれば，それに対応する面積として有意確率を求めることができる．SPSS のような統計ソフトを利用すれば，検定統計量の算出と同時に有意確率も出力される．こうして得られた有意確率を有意水準と比較することによって，標本の差が実質的なものかどうかを吟味することができる．

以上の手続きをまとめると表 6.2 のようになる．これはあらゆる統計的検定の手法に共通する一般的な手続きである．

表 **6.2** 統計的検定の手続き

① 研究仮説を否定する帰無仮説を設定する．
② 検定統計量を算出して有意確率を把握する．
③ 有意確率と有意水準を比較する．
④ 仮説の成否を判断する．
  1. 有意確率＜有意水準ならば帰無仮説を棄却できる．
    （研究仮説が支持されたと判断する）
  2. 有意確率≧有意水準ならば帰無仮説を棄却できない．
    （研究仮説が支持されなかったと判断する）

この表にあるように，統計的検定では，① まず，「母集団では差がある」という研究仮説を否定するものとして，「母集団では差がない」という帰無仮説を設定する．② 次に，データの特徴に応じた検定統計量を選択し，標本データを使って検定統計量を算出する．検定統計量がどのような分布になるは既に知られているので，得られた検定統計量に対応する面積として有意確率を知ることができる．この作業は，現在では，SPSS のような統計ソフトを用いて実施することが一般的である．③ こうして得られた有意確率を有意水準 (5%) と比較する．④ 有意確率が 0.05 未満ならば帰無仮説を棄却できるので（「統計的に有意」という），研究仮説が支持されたと判断するが，一方，有意確率が 0.05 以上ならば帰無仮説を棄却できないので（「統計的に非有意」という），研究仮説は支持されなかったと判断する．

なお，研究仮説が「支持されなかった」ことは，研究仮説が「学術的に否定された」ことを意味しないという点には注意が必要である．帰無仮説を棄却できないという事実は，そのときの標本データの分析からは研究仮説が妥当である

とは主張できないことを意味するだけであり，研究仮説が誤りであることを証明しているわけではない．再び調査などを行なって得られた異なる標本データに対して分析を実施するならば，研究仮説が支持される可能性は残っている．

6.2.4　有意水準と2種類の過誤

帰無仮説を棄却する基準である5%の有意水準は，心理学や社会学を含め実証科学において広く用いられているものである．5%には定式化された合理的根拠があるわけではないが，研究者間で合意され，慣習的に用いられてきたものである．「慣習的」とはいえ，一般の人びとがある事象を偶然とみるか必然とみるかの経験則とも概ね一致するとされている．有意水準以下の有意確率は，帰無仮説が棄却できるという意味で棄却域 (rejection region) と呼ばれることもある．

しかし，5%の有意水準とは，見方を変えると，仮説の成否に関する判断が含む誤謬可能性を示すものでもある．図6.2の分布は，グループ間に差のない母集団から抽出された標本平均の差のばらつきを表していた．元々差のない母集団から抽出した標本であっても，稀にだが300万円といった大きな平均の差（有意確率2%）が生じることもある．有意水準5%を基準に「今回の標本は平均の等しい母集団から抽出したものではない」と帰無仮説を棄却し，対立仮説を採択してしまうなら，それは，この場合には誤った結論を導くことになってしまう．このような判断の誤りを第1種の過誤という．実際の検定では母集団特性は未知なのだが，有意確率が5%より小さいことを根拠に研究者が自分の研究仮説は支持されたと結論付けるなら，その結論には，実際にはそうではないリスクが5%含まれていることになる．それゆえ，有意水準は危険域とも呼ばれるのである．

こうしたリスクを考慮すると，有意水準はもっと小さい方が望ましいとも考えられる．実際，1%や0.1%といった基準が有意水準として用いられることも多く，その方が第1種の過誤を避けやすくなる．しかし，有意水準を厳しくすると（小さい値に設定すると），今度は，実際には母集団ではグループ間に差があるにもかかわらず，そこには差がないと判断してしまうという別のリスクが高まる．このような判断の誤りを第2種の過誤という．たとえば，有意水準を1%とすると，図6.2における300万円の平均差（有意確率2%）については，単

なる偶然の結果であるとみなして帰無仮説を棄却せず，母集団において差があるとはいえないと判断することになる．

　こうしたことから，2種類の過誤のバランスをとるために5%が有意水準として広く用いられている．しかし，有意水準の設定に関して2種類の過誤はトレードオフの関係にあるため，統計的検定においては仮説の成否に関する判断誤謬の可能性が常に存在することを忘れてはならないであろう．

　第5章では統計的推定を論じたが，その章末において，信頼区間としては95%が用いられることが多いと述べた．この95%の信頼区間とは，5%の棄却域に入らない分布の内側の範囲にあたる．母数の推定値が棄却域に入ると「標本はこの母集団から抽出したものではない」とみなされるので，その域に達しない内側の範囲が標本統計量から合理的に母数を推定できる範囲なのである．有意水準を1%や0.1%に変えられるように，区間推定も99%や99.9%にすることもできるが，通常は95%が用いられる．

6.2.5　サンプルサイズが統計的検定に及ぼす影響

　統計的検定の重要な特徴として，標本に含まれるケース数（サンプルサイズ：sample size）が大きくなるほど，有意であるという結果が得られやすく，研究仮説が支持されやすくなるというものがある．このことは，次章以降で示される各種の検定統計量の式を見ると確認できるが，ケース数が大きくなるほど検定統計量も大きくなるように定義されている．ここではサンプルサイズが検定結果を左右することから生じる3つの問題点を挙げておく．

　第1は，統計的検定の結果が有意ではなかったとしても，サンプルサイズを大きくしてデータを再分析すれば有意になる可能性があるということである．先述のように，検定結果が有意にならなかったということは，帰無仮説を棄却できなかったというだけで，研究仮説が否定されたことを意味しているわけではない．いわば研究仮説については支持されたとも否定されたともいえない判断保留の状態であり，より大きなデータを分析すれば統計的に有意な結果が得られるかもしれないという可能性が残っている．

　第2は，意図的にサンプルサイズを大きくすることによって，研究仮説が支持されるような結果を得ることが原理的には可能であるということである．サ

ンプルサイズを増やすことは，時間，労力，費用などのコストが大きくなるため現実には容易ではないが，もしこれが可能であるならば，サンプルサイズを大きくすることで自らの研究仮説に有利な結果を導き出すことができてしまう．

第3に，統計的に有意な差が見られたからといって，それが実質的に意味のある差とは限らないという点も重要である．たとえば，大卒者の平均年収が500万円，非大卒者のそれは501万円で，その差が1万円だったとしよう．この場合，大卒者と非大卒者の年収は，生活者の感覚からするとほぼ同額であり，学歴間に経済的な格差があるとは言い難いであろう．しかし，サンプルサイズを十分に大きくすれば，これでも統計的に有意であるという結果になってしまうことがある．このように，サンプルサイズが大きい場合は，わずかな差であっても統計的には有意となるので，これを心理学的，あるいは社会学的に本当に意味のある差とみなしてよいかどうか種々の角度から吟味しなければならないこともある．

6.3　検定結果の表記

統計的検定の結果は，研究仮説の妥当性と研究知見の価値を第三者が評価する上で極めて重要なので，研究報告においては検定統計量と有意水準を過不足なく提示する必要がある．検定統計量の表記法については次章以降，具体的な検定手法に即して説明することにして，ここではあらゆる検定手法に共通する有意水準の表記法について解説する．

検定結果が5%の有意水準をクリアした場合には，研究報告では，分析結果とともにそれが「5%水準で有意である」ことを明記する．有意水準を1%や0.1%に設定し，それがクリアされた場合にも，その旨を下記のように記載する．

SPSSのような統計ソフトを用いる場合は，有意確率がp値 (p value) として出力されるので，それを見て何%水準で有意であるかを判断すればよい．たとえば，有意確率が0.049であった場合は，0.05 (5%) よりも小さいが0.01 (1%) よりは大きいので，「5%水準で有意である」と表記する．同様に，有意確率が0.009であった場合は，0.01 (1%) よりも小さいが0.001 (0.1%) よりは大きいので，「1%水準で有意である」とする．有意確率が0.001よりも小さい場合は，「0.1%水準で

表 6.3　統計的検定における有意確率の意味と表記方法

分析結果における有意確率	意味	統計量の右側に付ける記号	表の底部に記載する記号
0.10 以上のとき	統計的に有意ではない	なし	なし
0.05 以上 0.10 未満のとき	10%水準で統計的に有意	†	† $p < 0.10$
0.01 以上 0.05 未満のとき	5%水準で統計的に有意	*	* $p < 0.05$
0.001 以上 0.01 未満のとき	1%水準で統計的に有意	**	** $p < 0.01$
0.001 未満のとき	0.1%水準で統計的に有意	***	*** $p < 0.001$

注：有意確率は斜体で表記する（p ではなく p とする）

有意である」とする（表 6.3）.

　検定結果を表にまとめるときは，表 6.3 に例示したように，統計量に有意水準を示すアスタリスク (*) を付けることが多い．一般的には，* は 5%水準，** は 1%水準，*** は 0.1%水準で有意であることを表すが，誤解のないよう表の下部欄外に「$* p < 0.05, ** p < 0.01, *** p < 0.001$」などと付記するのが良いであろう.

　統計的検定の結果報告では，5%という有意水準に達していないものの，有意確率が 10%より小さいことを参考として示すことがある．たとえば，有意確率が 0.069 であり，0.05 (5%) よりは大きいが 0.10 (10%) よりも小さいといった場合がこれに該当する．このようなときは，統計量の右側にアスタリスク (*) ではなくダガー (†) を付け，表の欄外に「$† p < 0.10$」と付記する．ただし，こうした 10%を基準とした有意確率の場合には，厳密には統計的に有意であるとはいえないので，その結果を積極的に解釈するというよりも，参考程度にとどめるのが適切である.

　なお，有意ではない統計量については「non-significant」を略した「n.s.」と付記する場合もある．しかし，心理学や社会学の研究報告では，アスタリスクやダガーといった記号を付けないことで，その統計量が有意でないことを示す方が一般的である.

参考文献

[1] 永吉希久子, 『行動科学の統計学：社会調査のデータ分析』（クロスセクショナル統計学シリーズ）, 共立出版 (2016).

[2] 吉田寿夫, 『本当にわかりやすいすごく大切なことが書いてあるごく初歩の統計の本』, 北大路書房 (1998).

7

t 検定

統計的検定には様々な手法があり，データの特徴に応じて使い分けられている．前章では統計的検定に共通する基本的考え方を説明したので，ここから先は統計的検定の個別の手法について紹介していく．本章では，t 検定，すなわち平均の差の検定を取り上げる．

7.1 t 検定の考え方

7.1.1 t 検定を使用する状況

統計的データ分析においては，データの特徴を踏まえて適切な分析手法を選択する必要があり，このことは統計的検定においても当てはまる．t 検定 (t test) は平均の差の検定を行うもので，表 7.1 に示すように，独立変数が質的変数（名義データ），従属変数が量的変数の場合に用いられる．たとえば，大卒者と非大卒者の間には年収の平均に差があるといえるかどうか（例 1），女性と男性の間には幸福度の平均に差があるといえるかどうか（例 2）というように，異なるグ

表 **7.1** t 検定（平均の差の検定）を使用する状況

	独立変数	従属変数
変数の種類	質的変数	量的変数
例 1	学歴 （大卒，非大卒）	年収
例 2	性別 （女性，男性）	幸福度

ループ間で平均に差があるかどうかを確認するために使用される．本章では 2 グループの場合に使われる t 検定について解説するが，グループが 3 個以上の場合は分散分析が用いられるので，第 10, 11 章を参照願いたい．

t 検定の考え方は，前章で述べたものと同じである．すなわち，母集団から抽出された標本においては 2 グループ間に平均差が見られたとしても，それは標本抽出における偏りが生み出した偶然の結果であって，母集団においてはグループの平均間に差がないという可能性がある．このようなときは，「母集団においてはグループの平均間に差がない」という帰無仮説のもとで標本平均の差が偶然に生じる確率を推定し，これをもとに，母集団においてもグループの平均間で差があるといえるかどうかを判断することになる．

7.1.2   研究仮説と帰無仮説

t 検定を用いて平均の差の検定を実施する手順も，前章で述べた統計的検定の一般的な手続きと同様である．すなわち，① 研究仮説とこれを否定する帰無仮説を設定し，② 検定統計量を計算して有意確率を把握した後，③ 有意確率と有意水準を比較することで，④ 帰無仮説を棄却して研究仮説が支持されるかどうかを判断する．

たとえば，「母集団では大卒者と非大卒者の間で年収の平均に差がある」という研究仮説を検証する場合なら，まず，それを否定する「母集団では大卒者と非大卒者の間には年収の差がない」という帰無仮説を設定する．2 つの平均の差の検定においては，帰無仮説は常に「母集団においては 2 つのグループ間には平均の差がない」という形で設定される．

7.1.3   有意確率の推定

帰無仮説に従って，グループの平均間に差はないと仮定した母集団から 2 つの標本（この例では，大卒者と非大卒者）を無作為抽出して平均の差を算出する作業を繰り返すと，第 6 章で実際に試みたように，図 7.1 のような正規分布類似の分布が得られる．実際には，これは正規分布とは異なり，t 分布と呼ばれるものである．t 分布は正規分布と違って標本数によって（正確には自由度 (degree of freedom: df) によって）形を変えるが，標本数が大きくなると正規分

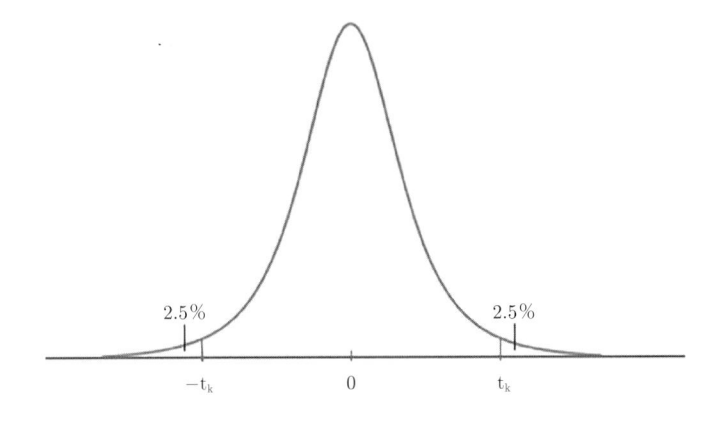

図 **7.1**　t 分布と有意な t 値

布とほぼ一致するようになる.

　第 4 章で述べたように,正規分布は測定値を標準偏差単位に換算する(標準化する)ことによって分布内の事象の生起確率を推定することができた.たとえば,標準偏差 2 個分以上,平均(グラフの中央)よりも大きな値となる生起確率は 2.3% であった.同じ原理を t 分布にも応用することができる.

　図 7.1 は t 分布だが,横軸は標本平均の差をその標準偏差で割った値(t 値)なので,標本データから t 値がわかれば,その値以上に標本平均の差が開く確率(有意確率)を算出することができる.t 値は式 (7.1) によって求められるが,分母はこの分布の標準偏差(不偏標準偏差)である.

$$t = \frac{\overline{Y_1} - \overline{Y_2}}{\sqrt{\frac{n_1 \mathrm{SD_1}^2 + n_2 \mathrm{SD_2}^2}{n_1 + n_2 - 2} \left(\frac{1}{n_1} + \frac{1}{n_2} \right)}} \tag{7.1}$$

　ここで $\overline{Y_1}, \overline{Y_2}$ は独立変数の各グループの標本における従属変数の平均であり,$\mathrm{SD_1}, \mathrm{SD_2}$ はそれぞれの標準偏差を表している.n_1, n_2 は各グループの標本ケース数である.2 グループのケース数が等しい場合は $n_1 = n_2 = n$ として,式 (7.2) によって t 値を計算できる.

$$t = \frac{\overline{Y_1} - \overline{Y_2}}{\sqrt{\frac{\mathrm{SD_1}^2 + \mathrm{SD_2}^2}{n - 1}}} \tag{7.2}$$

7.1.4　帰無仮説の棄却

　これらの式を見るとわかるように，2 グループ間の標本平均差が大きくなる
ほど t 値は大きくなる．次節の SPSS の計算例で示すが，t 値は 2.0 を超えると，
概ね有意確率は 2.5% を下回るようになる．その場合には，図 7.1 に示すように，
マイナス側の $t = -2.0$ 以下を合わせても有意確率は 5% を下回るので，そうし
た t 値が得られるほど標本平均差が大きい場合には，帰無仮説を棄却して研究
仮説を採択することができる．なお，標本平均の差が同じでも，分母に含まれ
る標準偏差が大きくなるほど t 値は小さくなることにも注意が必要である．

　次節以降で詳しく述べるように，SPSS による分析を実施すると，t 値の算出
とともに有意確率が出力されるので，この有意確率を有意水準 5% と比較するこ
とで，帰無仮説を棄却して研究仮説が支持されるかどうかを判断することがで
きる．

　有意確率は，原則，分布の両端を合わせたものである．たとえ研究仮説では
「大卒者は非大卒者よりも年収が高い」と一方向的に表現されていても，「両グ
ループ間に差はない」という帰無仮説には「むしろ非大卒者の方が高い」とい
う逆の可能性をも否定することが含意されているので，この帰無仮説を棄却す
るには両方の可能性を織り込んだ有意水準を設定する必要があるからである．

7.1.5　対応のない t 検定と対応のある t 検定

　平均の差の検定には，「対応のない場合の平均の差の検定」と「対応のある場
合の平均の差の検定」という 2 つの種類がある．対応のない場合というのは，本
章で見てきたような年収に関する大卒者と非大卒者の比較や，幸福度に関する
女性と男性のように，グループのメンバーが重なっていない独立した標本を比
較することを指している．実験研究において，参加者を無作為割り当てによっ
て配置した実験群と統制群を比較する場合も「対応のない場合」に含まれる．

　一方，「対応のある場合」というのは，同一参加者集団に対して反復測定を行
い，1 回目の測定値と 2 回目の測定値を比較するというように（グループのメ
ンバーに入れ替わりがなく，1 回目も 2 回目も同じ人を対象に測定が行われて
いる），比較対象となるケースが互いに独立しておらず，対応関係にある場合を
指している．

　式 (7.1) や式 (7.2) で示した t 値の定義式は，対応のない場合の平均の差の検定に関するものである．対応のない場合と対応のある場合とでは t 値の定義式が異なっているが，近年では対応のある場合に t 値を利用して平均差を検定することは少なく，代わりに個体内 1 要因分散分析（第 10 章）が用いられることが多いことから，本章では対応のない場合に関する方法のみを解説している．

7.2　SPSS による t 検定の実施例

7.2.1　平均の差の検定手順

　SPSS を用いて平均の差の検定を行うときは次のようにすればよい．メニューから「分析 (A)」→「平均の比較 (M)」→「独立したサンプルの t 検定 (T)」をクリックし，「独立したサンプルの t 検定」ダイアログボックス（図 7.2）を表示する．このダイアログボックスにて，左側の変数リストから従属変数（個人年収「incomei」）を選択し，「検定変数 (T)」に投入する．続けて変数リストから独立変数（学歴 2 分類「edu2」）を選択し，「グループ化変数 (G)」に投入する．

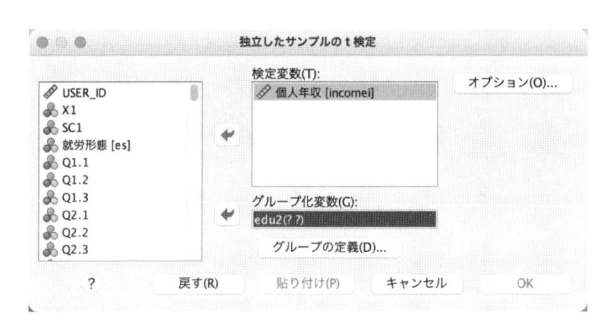

図 **7.2**　「独立したサンプルの t 検定」ダイアログボックス

　次に「グループの定義 (D)」をクリックし，「グループの定義」ダイアログボックス（図 7.3）を表示させる．「特定の値を使用 (U)」にチェックを入れた上で，グループ化のための値を「グループ 1」，「グループ 2」に入力する．ここでは学歴という 2 分類のカテゴリーが独立変数であり，非大卒を「1」，大卒を「2」としているので，このダイアログボックスのグループ欄に 1 と 2 という数値を入

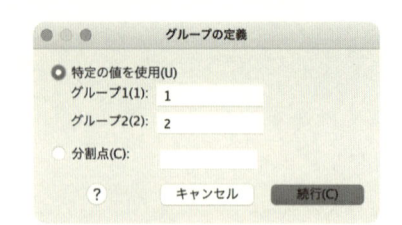

図 **7.3** 「グループの定義」 ダイアログボックス

力する.

7.2.2　SPSS による *t* 検定結果の出力

最後に「続行 (C)」をクリックして「独立したサンプルの *t* 検定」ダイアログ
ボックスに戻り，「OK」をクリックすると分析結果が出力される（図 7.4）.

t 検定

グループ統計量

	学歴（2分類）	度数	平均値	標準偏差	平均値の標準誤差
個人年収	非大卒	421	340.2292	335.86239	16.36893
	大卒	779	450.8517	342.15088	12.25883

独立サンプルの検定

		等分散性のための Levene の検定		2 つの母平均の差の検定			
		F 値	有意確率	t 値	自由度	有意確率 (両側)	平均値の差	差の標準誤差
個人年収	等分散を仮定する	1.606	.205	-5.379	1198	.000	-110.62252	20.56402
	等分散を仮定しない			-5.409	874.703	.000	-110.62252	20.45045

図 **7.4**　*t* 検定の出力結果

図 7.4 の中の表「グループ統計量」では，独立変数のグループごとに，度数，
平均，標準偏差等が表示される. ここからわかるように，非大卒者 421 名の個
人年収の平均は 340.2 万円，大卒者 779 名の個人年収の平均は 450.9 万円であっ
た. つまり標本においては，大卒者の方が非大卒者よりも個人年収の平均が高
いという結果が得られたわけだが，これを母集団にまで敷衍してよいかどうか
を判断するために，表「独立サンプルの検定」の方を調べる.

表「独立サンプルの検定」では，まず「等分散性のための Levene の検定」欄をチェックする．等分散性というのは，従属変数の分散がグループ間で等しいかどうかという問題であり，等分散性を仮定する場合とそうでない場合とで t の式は異なるので，算出する t 値も異なってくる．Levene 検定の帰無仮説は「2 つの母集団は等分散である」（分散に差はない）であり，対立仮説は「2 つの母集団は等分散ではない」（分散に差がある）である．今回の Levene 検定結果を見ると，有意確率は 0.205 と 5% よりも大きいので，帰無仮説を棄却することはできない．したがって，2 つの母集団は等分散であるとみなして「等分散を仮定する」という行の結果を更に読み取る．もしも Levene 検定の有意確率が 0.05 未満であり，帰無仮説を棄却できるときは「等分散を仮定しない」という行の結果を読み取ることになる．

この表の中央には t 値とそれに対応する有意確率が示されている．等分散を仮定したときの t 値は −5.379 であり，有意確率は 0.000 なので統計的に有意である．したがって，この例の場合は帰無仮説を棄却し，「母集団において大卒者と非大卒者の間には年収の平均に差がある」という研究仮説を採択することができる．

7.2.3　分析結果のまとめ方

論文などにおいて平均の差の検定結果を報告するときは，t 値に有意水準を示すアスタリスクを付与して報告すればよい．そこでは表 7.2 のように度数，平均，標準偏差も併せて記載する．従属変数が何であるかについては表のタイトルに書いておく．

表ではなく本文中に直接結果を記載するときは，

「大卒者標本の平均年収は 450.9 万円，非大卒者標本の平均年収は 340.2

表 **7.2**　学歴別の個人年収の比較

学歴	度数	平均	標準偏差	t 値 (df)
非大卒	421	340.2	335.9	5.379 (1198)***
大卒	779	450.9	342.2	

*** $p < 0.001$

　　　万円であり，両者の差は統計的に有意であった（$t = 5.379$, df $= 1198$,
　　　$p < 0.001$）」

などと書けばよい．ただし，ケース数などの情報も本文中に明示しておく必要
がある．

　表 7.3 は，変数が複数の場合の表示例である．年齢，教育年数，個人年収と
いう 3 つの変数において男女差を分析する研究があったとすると，記述統計の
部分でこれら 3 変数の分布（最小値，最大値，平均，標準偏差）を男女別に示
し，更に，男女間に平均の差があるかどうかを記載する．この表にあるように，
t 値（df 値）とアスタリスクを記載して検定結果を示すのがよい．

表 7.3　記述統計と性差の検定結果（男性 600 名，女性 600 名）

	最小値		最大値		平均		標準偏差	
	男性	女性	男性	女性	男性	女性	男性	女性
年齢	21	20	59	59	40.1	39.8	10.6	10.6
（$t = 0.613(1198)$）								
教育年数	9	9	18	18	14.8	14.0	2.3	2.1
（$t = 6.749(1198)^{***}$）								
個人年収	0	0	2000.0	1249.5	593.8	230.3	363.9	195.3
（$t = 21.556(1198)^{***}$）								

*** $p < 0.001$

　表 7.3 を見ると，年齢の平均は男性で 40.1 歳，女性では 39.8 歳であるが，t 値
にアスタリスクが付与されていないため，統計的に有意な差ではないことがわ
かる．つまり，母集団において年齢の平均に男女差があるとはいえないという
ことである．一方，教育年数の平均は男性で 14.8 年，女性で 14.0 年であり，こ
の t 値にはアスタリスクが 3 つ付与されているので，この平均差は 0.1％水準で
統計的に有意であることがわかる．すなわち，教育年数については母集団にお
いても男女間で差があることを意味している．個人年収についても同様に，男
女間の平均差は 0.1％水準で有意となっている．

　平均の差の検定については，t 値とアスタリスクを示しておけば結果を伝える
ことができるので，その状況に適した記載方法を用いればよい．

参考文献

[1] 阿部真人,『データ分析に必須の知識・考え方：統計学入門 仮説検定から統計モデリングまで重要トピックを完全網羅』, ソシム (2021).

8

クロス集計表と χ^2 検定

t 検定は，独立変数が質的（名義データ）で従属変数が量的な場合の両変数の関連性を，平均の差という観点から統計的に評価するものであった．では，両変数が質的な名義データの場合の関連性を検討するにはどのような統計的手法があるだろうか．こうした場合に使用される手法はいくつかあるが，ここでは χ^2 検定（カイ 2 乗検定：chi-square test）を取り上げて，その考え方と実施方法を解説する．

8.1 クロス集計表

χ^2 検定に先立って，データをクロス集計表 (cross-tabulation table) にまとめ直すことが勧められる．クロス集計表は統計的検定の準備段階としてだけでなく，それ自体，標本集団について様々な情報を提供してくれるものなので，データの特徴を捉える予備的分析にも適している．

8.1.1 度数でクロス集計表を作る

日本は学歴社会といわれ，学歴が就労や年収，生活水準や結婚にまで影響を与えるとされている．本章では，例として，独立変数として学歴を，従属変数を就労形態とし，両者の関連性を取り上げることにする．これまでの章でも使用したが，日本に居住する 20 〜 59 歳の男女を対象に行われた社会調査から得られたデータをもとに，学歴は「大卒」か「非大卒」かに，就労形態について

は「自営業」,「正規雇用」,「非正規雇用」,「家事専業」の 4 つに分けた. どちらの変数も質的で, 学歴は 2 カテゴリー, 就労形態は 4 カテゴリーである. 両変数を交差させて 2×4 のグループを作り, それぞれに含まれる人数を示したものが表 8.1 である. この表では, 非大卒者では大卒者に比べて正規雇用者が相対的に少ないように見えるが, この点を確認するには, 以下述べるような更なる分析が必要である.

表 **8.1**　学歴と就労形態のクロス集計表 (度数のみ)

学歴	就労形態				計
	自営業	正規雇用	非正規雇用	家事専業	
非大卒	34	200	134	53	421
大卒	40	539	130	70	779
計	74	739	264	123	1200

　表 8.1 のように, 複数の質的変数を組み合わせることによって作成した表をクロス集計表と呼ぶ. この表は学歴と就労形態という 2 変数を用いたものだが, もっと多くの変数を組み合わせることもできる. たとえば, 学歴と就労形態に性別を加え, これら 3 変数でクロス集計表を作ることもできる. その場合には, まず標本を男女に分割し, 女性だけで表 8.1 のような学歴と就労形態のクロス集計表を作り, 次に, 男性だけについて同様の表を作るといった手続きになる. もちろん, 最初の標本分割でどの変数を使用するかは研究目的や研究者の関心によって違ってくるであろう. ただし, クロス集計表では多くの変数の組み合わせが可能だとはいえ, 実際には 3 変数くらいまでが適当であろう.

　更にクロス集計表においては, カテゴリー数にも制限はない. 表 8.1 は 2×4 だったが, 10×10 といった大きな表を作ることも可能ではある. しかし, クロス集計表作成の目的がカテゴリー間での度数の配置パターンを見てデータの特徴を捉える点にあることを考えると, カテゴリー数は 4 〜 5 個くらいまでが適当と思われる.

8.1.2　クロス集計表に比率を含める

表 8.1 のクロス集計表では，各セルの数値は度数（人数）であった．この表では，非大卒者には正規雇用者が少ないことがうかがわれたが，こうした特徴をより明らかにするためには，度数だけでなく比率 (ratio) を算出して示すのが良いであろう．比率の算出の仕方には幾通りかあるが，まず学歴別に各就労形態の比率がいくらになるかを算出する（行パーセントの計算）ことが考えられる．これは，非大卒者 421 名を 100%としたときの各就労形態の比率と，大卒者 779 名を 100%としたときの各就労形態の比率を別々に求めるものである．あるいは，就労形態別に大卒者と非大卒者の比率を算出する（列パーセントの計算）ことにも意味があるかもしれない．

表 8.2 は，これらの比率を追加したクロス集計表である．具体的な数値に即していくつか説明すると，表の左上の数値 34 は非大卒者 421 名中の自営業者の人数を，8.1 はその比率 (%) を表している $(8.1 + 47.5 + 31.8 + 12.6 = 100.0)$．一方，45.9 は自営業者 74 名を 100%としたときの非大卒者の比率 (%) を，その下のセルの 54.1 は大卒者の比率 (%) を表している $(45.9 + 54.1 = 100.0)$．

表 8.2　比率を含めたクロス集計表

学歴		就労形態				計
		自営業	正規雇用	非正規雇用	家事専業	
非大卒	度数	34	200	134	53	421
	行%	8.1	47.5	31.8	12.6	100.0
	列%	45.9	27.1	50.7	43.1	35.1
大卒	度数	40	539	130	70	779
	行%	5.1	69.2	16.7	9.0	100.0
	列%	54.1	72.9	49.2	56.9	64.9
計	度数	74	739	264	123	1200
	行%	6.2	61.6	22.0	10.3	100.0
	列%	100.0	100.0	100.0	100.0	100.0

比率を含んだこの表を見ても，大卒者と非大卒者の違いはやはり正規雇用と非正規雇用において顕著である．大卒者でみると，その約 7 割 (69.2%) が正規雇用者で，非正規雇用者は 2 割弱 (16.7%) にすぎないのに対し（大卒の行パー

セントを見る），非大卒者では，正規雇用者は半分弱 (47.5%) にとどまり，一方，非正規雇用者は 3 割 (31.8%) を超えている（非大卒の行パーセントを見る）．他の就労形態では，大卒者と非大卒者の間で大きな違いは見られない．したがって，企業や役所などの事業体において正規雇用の職を得るには大卒である方が有利であることがこのデータからうかがわれる．

この観察結果は日本が学歴社会であることを示唆するものである．しかし，学歴と就労形態のこうした関連性は，この調査の標本抽出における偏りによって生じた偶然の結果かもしれない．このような関連性が母集団においても存在する実質的なものかどうかを確認するためには統計的検定が必要である．

8.2　χ^2 検定

2 つの質的変数（名義データ）間の関連性を検定する統計的手法の代表的なものとして χ^2 検定（カイ 2 乗検定）が挙げられる．これは，2 つの変数間には関連性がない（統計的に独立である）という帰無仮説の棄却を目指すものである．

χ^2 検定を実施する手順は，統計的検定の一般的な手続き（第 6 章）と同様である．まず，「（母集団において）学歴と就労形態の間には関連性がある」という研究仮説を立てるとともに，「（母集団においては）これらの変数間には関連性がない」とする帰無仮説を設定する．次に，検定統計量を算出するが，χ^2 検定では χ^2 値を算出して，それに対応する有意確率を確認する．最後に，この有意確率を有意水準と比較して，帰無仮説を棄却し，研究仮説が採択できるかどうかを判断することになる．

8.2.1　χ^2 検定における帰無仮説

t 検定の帰無仮説は「母集団において 2 グループ間の平均に差はない」というものだったが，χ^2 検定の帰無仮説「母集団において 2 変数間には関連性がない」というものは，具体的にはどのような状態を指すのだろうか．これをクロス集計表を使って考えてみよう．

本章の例の場合，調査によって得られた標本に基づく学歴と就労形態のクロス集計表（度数のみ）は表 8.1 のようになった．標本では，大卒者には非大卒

者よりも正規雇用者が相対的に多いように見えることから，学歴によって就労形態に違いがあることがうかがわれた．しかし，帰無仮説に表現されているように，もしも母集団において学歴と就労形態の間に関連性がまったくないとしたら，どのようなクロス集計表になるべきなのだろうか．

　帰無仮説に合致するクロス集計表を作る上で，一つの合理的な仮定は，学歴が違っても各就労形態の比率は変わらないというものである．今回のデータ例でいうと，学歴の違いを無視して標本全体で各就労形態の比率を算出してみると，表 8.2 の最下段（行%）に示されているように，自営業 6.2%，正規雇用 61.6%，非正規雇用 22.0%，家事専業 10.3%であった．もしも学歴にかかわらず，非大卒者であっても大卒者であっても，就労形態の比率がこれに近いものであれば，就労における学歴の違いはないとみなすことができるであろう．そこで χ^2 検定では，これを帰無仮説とし，実際の観測値がこれからどれくらい乖離しているのか，それが偶然とみなせる範囲を超えるものなのかどうかを調べることになる．

8.2.2　実測度数と期待度数

　帰無仮説に合致したクロス集計表を作るには，上で述べたように，全体の比率に従って各セルの度数を決めていくことになる．本章の例でいえば，大卒者と非大卒者を標本全体の就労形態比率に従って人数を割り振ることになる．

　表 8.3 を使って具体的に説明しよう．この表は学歴と就労形態のクロス集計表だが，この中の実測度数は標本について実際に観測された度数で，表 8.1 の

表 **8.3**　実測度数と期待度数

学歴		就労形態				計
		自営業	正規雇用	非正規雇用	家事専業	
非大卒	実測度数	34	200	134	53	421
	期待度数	$421 \times 74/1200$ $= 25.962$	$421 \times 739/1200$ $= 259.266$	$421 \times 264/1200$ $= 92.620$	$421 \times 123/1200$ $= 43.153$	
大卒	実測度数	40	539	130	70	779
	期待度数	$779 \times 74/1200$ $= 48.038$	$779 \times 74/1200$ $= 479.734$	$779 \times 74/1200$ $= 171.380$	$779 \times 74/1200$ $=79.848$	
計		74	739	264	123	1200

人数をそのまま写したものである．一方，期待度数は帰無仮説に従って算出した値である．この算出には，表 8.3 で網掛けした周辺度数を用いる．たとえば，左上の「非大卒かつ自営業」の期待度数 25.962 は $421 \times 74/1200$ という計算式で算出したものだが，この式の中の 421 は非大卒者の人数であり，74/1200 は標本全体における自営業者の比率である．表 8.3 は，このようにして全セルに期待度数を算入したものである．

8.2.3　χ^2 値とその有意性

χ^2 値とは，期待度数 (expected frequency) と実測度数 (observed frequency) の乖離度の指標となるもので，次の式 (8.1) によって算出される．

$$\chi^2 = \sum \sum \frac{(\text{実測度数} - \text{期待度数})^2}{\text{期待度数}} \tag{8.1}$$

この式の分子の ( ) 内は実測度数と期待度数の差だが，これをすべてのセルについて合計すると 0 になるため，式 (8.1) ではこれを 2 乗している．更に実測度数と期待度数の差は期待度数の大きさの影響を受けるので，式 (8.1) ではこれを除去するために期待度数で除している．2 つのシグマは，行方向と列方向，すべてのセルを合計するという意味である．

すべてのセルにおいて実測度数が期待度数に等しければ χ^2 値は 0 になるが，実測度数と期待度数のずれが大きくなればなるほど χ^2 値は大きくなる．今回の例では χ^2 値は 56.644 だった．χ^2 値は図 8.1 のような分布（χ^2 分布と呼ばれる）となるが，値が大きいほど実測度数と期待度数のずれが大きいこと，言い換えると 2 変数間の関連性が強いことを意味するので，帰無仮説を棄却するための棄却域は分布の右端にのみ設けられる．この例の場合は χ^2 値が 7.815 を超えると 5% 水準で有意となり，帰無仮説を棄却して研究仮説を採択することができる．今回のデータ例の χ^2 値はこの基準を超えているので，学歴と就労形態の間には母集団においても関連性があると判断することができる．

なお，χ^2 分布は変数のカテゴリー数によって形が変わり，有意水準 5% に対応する χ^2 値も異なる．より正確に表現すれば，χ^2 分布は自由度（df =（一方の変数のカテゴリー数 – 1）×（他方の変数のカテゴリー数 – 1））に依存する．今回の例における自由度は $(2 - 1) \times (4 - 1) = 3$ なので，図 8.1 には自由度 3 のと

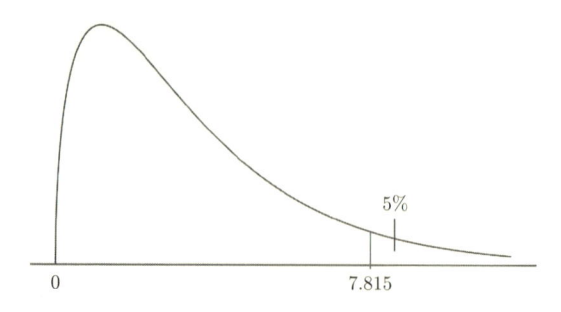

図 8.1 カイ 2 乗分布（自由度 3）

きの χ^2 分布を示している.

8.3 SPSS によるクロス集計表の作成と χ^2 検定の実施

　SPSS を用いてクロス集計表分析と χ^2 検定を実施する手順は次の通りである.
メニューから「分析 (A)」→「記述統計 (E)」→「クロス集計表 (C)」とクリッ
クしながら進み,「クロス集計表」ダイアログボックス（図 8.2）を表示させる.
左側の変数リストから 2 つの変数を選び, 一方を「行 (O)」に, もう一方を「列
(C)」に投入する. 研究仮説との関連で独立変数と従属変数が定まっていると
きは, 独立変数を「行」とし（その上で行パーセントを計算する）, 従属変数を

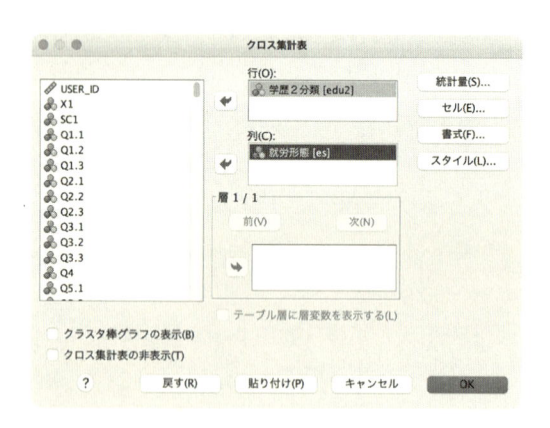

図 8.2 「クロス集計表」ダイアログボックス

「列」とすることが一般的である．ここでは学歴（学歴 2 分類）を独立変数，就労形態を従属変数として，それぞれを「行」と「列」に投入している．

続けて右上の「セル (E)」をクリックし，「クロス集計表：セル表示の設定」ダイアログボックス（図 8.3）を表示させる．独立変数の向きに沿って行方向に比率を計算するため，「パーセンテージ」の「行 (R)」にチェックを入れる（列方向に比率を計算したいなら「列 (C)」にチェックを入れればよい）．「続行 (C)」をクリックして，「クロス集計表」ダイアログボックス（図 8.2）に戻る．

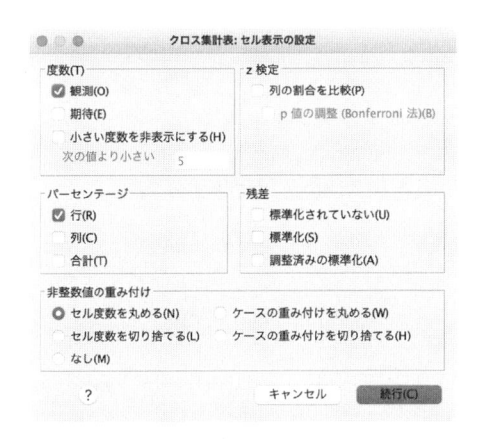

図 **8.3**　「クロス集計表：セル表示の設定」ダイアログボックス

「クロス集計表」ダイアログボックス（図 8.2）にて，そのまま「OK」をクリックするとクロス集計表のみが出力される．追加で χ^2 検定を行う場合は，右上の「統計量 (S)」をクリックして「クロス集計表：統計量の指定」ダイアログボックス（図 8.4）を表示させ，左上の「カイ 2 乗 (H)」にチェックを入れる．「続行 (C)」をクリックすると「クロス集計表」ダイアログボックス（図 8.2）に戻るので，「OK」をクリックして分析結果を出力する（図 8.5）．

クロス集計表分析の結果は図 8.5 の中の表「学歴 2 分類と就労形態のクロス表」に示されているので，ここから度数や比率を読み取り，2 変数の具体的な関連の仕方を把握する．χ^2 検定の結果については表「カイ 2 乗検定」を見ればよい．χ^2 値と有意確率は「Pearson のカイ 2 乗」の行にある「値」と「漸近有意

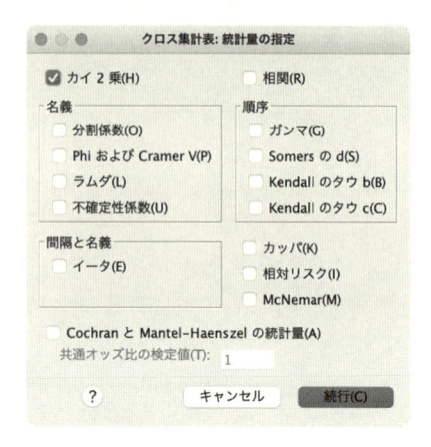

図 **8.4**　「クロス集計表：統計量の指定」 ダイアログボックス

学歴2分類 と 就労形態 のクロス表

			就労形態 自営業	正規雇用	非正規雇用	家事専業	合計
学歴2分類	非大卒	度数	34	200	134	53	421
		学歴2分類 の %	8.1%	47.5%	31.8%	12.6%	100.0%
	大卒	度数	40	539	130	70	779
		学歴2分類 の %	5.1%	69.2%	16.7%	9.0%	100.0%
合計		度数	74	739	264	123	1200
		学歴2分類 の %	6.2%	61.6%	22.0%	10.3%	100.0%

カイ 2 乗検定

	値	自由度	漸近有意確率 (両側)
Pearson のカイ 2 乗	56.644[a]	3	.000
尤度比	55.939	3	.000
線型と線型による連関	18.375	1	.000
有効なケースの数	1200		

a. 0 セル (0.0%) は期待度数が 5 未満です。最小期待度数
は 25.96 です。

図 **8.5**　出力結果：クロス集計表と χ^2 検定

確率（両側）」に表示されている．χ^2 値は 56.644 であり，有意確率は 0.000 である．有意確率が 0.05 (5%) よりも小さいので，帰無仮説を棄却して研究仮説を

採択する．すなわち，母集団においても学歴と就労形態の間には関連性がある
と判断することになる．

8.4 結果のまとめ方

表 8.4 は分析結果をまとめた一例である．ここでは，度数と比率の両方を表
中に明記した上で，欄外に「上段：度数，下段：比率 (%)」と記載して見方を
説明している．行パーセントと列パーセントの両方を示す場合は表 8.2 のよう
にするとよい．χ^2 検定の結果については，χ^2 値（自由度 df）と有意性の水準
を，やはり表の欄外に記載している．

表 **8.4** 学歴と雇用形態のクロス集計表

学歴	就労形態				計
	自営業	正規雇用	非正規雇用	家事専業	
非大卒	34	200	134	53	421
	8.1	47.5	31.8	12.6	100.0
大卒	40	539	130	70	779
	5.1	69.2	16.7	9.0	100.0
計	74	739	264	123	1200
	6.2	61.6	22.0	10.3	100.0

上段：度数　下段：比率 (%)
$\chi^2(\mathrm{df}) = 56.644(3),\ p < 0.001$

参考文献

[1] 神林博史・三輪哲，『社会調査のための統計学：生きた実例で理解する』，技術評論社
(2011).

9

U 検定

統計的検定には様々な手法があるが，本章ではノンパラメトリック検定と呼ばれる一群の方法に焦点を当てる．ノンパラメトリック検定の理論的な特徴と，この方法を用いることが望ましい条件について説明した後，具体例として U 検定を取り上げ，その考え方と SPSS による実行方法を解説する．

9.1　ノンパラメトリック検定

統計的検定においては，何らかの理論的な仮定に依拠して分析手法が選択されているが，ノンパラメトリック検定は，パラメトリック検定の仮定が満たされないときに使用される．そこで本節では，両手法の理論的特徴と使い分けについて説明する．

9.1.1　検定における仮定の差異

統計的検定とは，母集団から無作為抽出された標本が手もとにある場合，標本において観測された変数間の関連性が母集団においても存在するといえるかどうかを確率的に判断することを目指すものであった．多くの場合，母集団を直接観察することは困難であるため，標本の特徴から母集団の特徴を推定するわけだが，このときに母集団に関して一定の仮定が置かれることがある．検定において特に重要なのは従属変数で，たとえば，t 検定では「従属変数は母集団では正規分布している」と仮定し，その分布のもとで標本平均の違いから母

集団平均の違いを推断するといった手続きがとられる．このように，母集団について特定の分布を仮定した上で，その分布に基づいて統計量を検定する手法をパラメトリック検定 (parametric test) と総称する．その多くは，従属変数が母集団において正規分布すると仮定している．

それに対して，母集団において従属変数に特定の分布を仮定せずに検定する手法群をノンパラメトリック検定 (nonparametric test) と呼ぶ．ノンパラメトリック検定では，標本データを異同，大小，順位などに着目して数値化し，従属変数として分析に用いる．

9.1.2　ノンパラメトリック検定を使用するケース

パラメトリック検定とノンパラメトリック検定はどのように使い分ければよいのだろうか．パラメトリック検定では，従属変数が母集団において正規分布すると仮定する手法が多いので，それができないときはノンパラメトリック検定を使用するというのが基本原則である．実際のデータ分析に即して，具体的に述べてみよう．

(1) 分布が左右非対称で偏りが大きなデータを扱うとき：正規分布の詳細については第 4 章を参照されたいが，その基本的な特徴は左右対称の釣鐘型（単峰型）となることであった．それゆえ，分布が左あるいは右に大きく偏っているデータでは正規分布は仮定できないであろう．

(2) 外れ値を含めた分析を行うとき：他の値に比べて極端に大きい（または小さい）外れ値を持つデータは左右対称とはいえず，正規分布を仮定することは難しい．

(3) ケース数が少なくて母集団の分布を特定できないとき：データ数が多ければ分布の推定は可能だが，研究領域によっては大量のデータ収集が難しいことがある．様々の理由で，少数のデータしか入手できないために，分布の形状について判断できないということがある．

以上の (1), (2), (3) のような理由で分布が不明なときには，パラメトリック検定が適用できないことが多い．そうしたときには，観測データを質的変数に変換してノンパラメトリック検定を使用する方が信頼性の高い結果が得られる

であろう.

(4) 順位に関するデータ（全体の中での相対的な位置づけを順位で表したデータ）や順序尺度で測定されたデータ（1 = 低学歴, 2 = 中学歴, 3 = 高学歴, 4 = 超高学歴 のように, 順序は判別しているが量的な差については測定されていないデータ）を分析するとき：従属変数が元々順位や順序レベルの情報しか含まれていない質的データに対しては, パラメトリック検定は適用できない.

心理学の研究でよく用いられる「1」〜「5」といったラベル付きの評定尺度は, 順序尺度（質的変数）とみなされることもあるが, それらラベル間には等間隔性が仮定されるとして, 間隔尺度（量的変数）として扱う研究も多い. 後者の場合, その評定尺度によって測定された変数が母集団において正規分布をすると仮定できる場合にはパラメトリック検定の対象となる.

(5) 従属変数が名義尺度データのとき：合格・不合格, 就労形態（自営業, 正規雇用, 非正規雇用, 家事専業）など, 従属変数が名義データのときもノンパラメトリック検定が適切である. 前章で取り上げた χ^2 検定はこうした質的データを扱うノンパラメトリック検定であった.

9.2　*U* 検定

本節ではノンパラメトリック検定の中から, 順位データを扱う *U* 検定（マン＝ホイットニーの *U* 検定：Mann-Whitney *U* test）を取り上げ, 具体的なデータ例を分析しながら, その考え方を解説する. ここでは *t* 検定との比較を通して *U* 検定の特徴を説明する.

9.2.1　*U* 検定と *t* 検定

表 9.1 に示すように, *U* 検定は *t* 検定との共通点が多く, ノンパラメトリック検定版の *t* 検定であるといっても差し支えないであろう. 両者はいずれも独立変数が質的（名義データ）で, 2 グループ間（たとえば, 男性と女性）で従属変数の分布のずれに偶然を超える大きな差があるかどうかを調べる手法である. *t*

表 **9.1** t 検定と U 検定の比較

	t 検定 （パラメトリック検定）	U 検定 （ノンパラメトリック検定）
従属変数	量的変数	質的変数（順序）
独立変数	質的変数（名義）	質的変数（名義）
グループ数	2	2
対応の有無	なし	なし
母集団に関する仮定	正規分布を仮定	仮定なし
検定対象となる代表値	平均	特になし

検定は分布の代表値として平均を使用し，その標本差に対して検定を行なっているが，U 検定では特定の代表値を用いているわけではない．対応の有無については両者ともに「対応なし」であり，このことはいずれも 2 つの独立した標本データを使用して検定するものであることを意味している．t 検定では，従属変数（量的変数）が母集団において正規分布することを仮定しているが，U 検定では分布に関して特別な仮定を設けていない．ノンパラメトリック検定である U 検定は，順位に関するデータや順序尺度で測定されたデータを従属変数として扱うものだが，元々量的変数である従属変数を順位データに変換して検定することも可能である．

9.2.2 U 検定の考え方

　本節では，具体的なデータ例を見ながら U 検定の考え方について説明する．無作為抽出した成人男性 8 名，女性 7 名を対象にソーシャル・ネットワーキング・サービス (SNS) の 1 日あたりの利用時間を調べたところ，表 9.2 のようなデータが得られたとする（架空のデータ）．このデータに基づいて，男性と女性の間には SNS の利用時間に差があると判断してもよいだろうか．

表 **9.2** 男女の SNS 利用時間

性別	SNS 利用時間（分）							平均
男性	30	60	0	0	45	900	180	90	163.1
女性	45	90	0	120	180	30	240		100.7

　SNS 利用時間は量的変数なので，一見すると *t* 検定を使用できるように思える．しかし，男性の中には使用時間が 900 分（15 時間）に及ぶケースが 1 つあり，これが外れ値となって平均を引き上げている．その結果，女性の平均が 100.7 分であるのに対して，男性の平均は 163.1 分であり，男性 > 女性 となっている．しかし，個々のデータを眺めると，全体としては女性の方が男性よりも SNS 利用時間が長いようにも見える．上で述べたように，外れ値のために平均が代表値としては不適切と思われる場合には，*t* 検定よりも *U* 検定を用いる方が望ましい．*U* 検定では個々のデータの量的差異を無視して順序関係に変換するので，外れ値の影響を除去することができるからである．*t* 検定では検定統計量である *t* 値を計算して有意確率を把握したが，*U* 検定では次のような考え方で検定統計量として *U* 値を求め，その有意確率を算出する．

　U 検定は素点を順位に変換したデータを用い，2 つの標本集団の順位分布のずれ，この例の場合では，SNS 利用時間に関する順位分布のずれが男性と女性において偶然に生じたとみなせるほど小さいものかどうかを判定するものである．2 つの集団を 1 つにまとめて順位を付けたとき，一方の集団が上位を独占するとか，他方の集団が下位に固まっているなど，順位分布に極端な偏りが見られるなら，そのずれは偶然によるものとはみなさない方が良いであろう．すなわち，帰無仮説（例：母集団において SNS 利用時間には男女差はない）を棄却することが合理的と考えることができる．

　順位分布のずれの指標として，*U* 検定では次のようなやり方で *U* 値を求める．2 グループを込みにして全ケースを大きいものから（小さいものからでも構わない）順位を付与した後，一方のグループに着目し，各ケースについて，他方のグループにおいて当該ケースより下位のケースがいくつあるかを数えて合計し，これを *U* 値とする．*U* 値が極端に小さい（当該グループに下位者が偏っている）か，あるいは極端に大きい（当該グループに上位者が偏っている）場合，そうした状況の発生確率は低いと考えられ，それが有意水準を下回る場合には，帰無仮説を棄却して両グループ間には実質的な差異があるという推論が可能になる．

9.2.3　*U* 検定の統計量の算出方法

　U 検定の仕組みを知るために，表 9.2 のデータに対して手計算で *U* 検定を実施してみよう．研究仮説を「SNS 利用時間には男女差がある」とするなら，帰無仮説は「SNS 利用時間には男女差はない」となる．

　手続きとしては，まず男女を合わせて素点の大きなものから順番に並べ，通し順位を付ける．表 9.3 はそれを男女別に示したものである．素点が等しいケースがあれば，それらには平均順位を付ける．たとえば，この表で素点 180 のケースは 2 つあるので，これらの順位は $(3+4)/2 = 3.5$ とする．素点 0 のケースは 3 つあるので，順位は $(13+14+15)/3 = 14$ となる．

表 **9.3**　*U* 値計算のための並べ替えと順位付け

		SNS 利用時間（分）とその順位								
男性	素点	900		180		90	60	45	30	0	0
	順位	1		3.5		6.5	8	9.5	11.5	14	14
女性	素点		240	180	120	90		45	30	0	
	順位		2	3.5	5	6.5		9.5	11.5	14	

　ここでは男性に注目して検定統計量である *U* 値を計算してみる．上の「*U* 検定の考え方」で示したように，男性の各ケースについて，本人よりも下位の女性が何人いるかを数えていくが，順位 1 位の素点 900 の男性の場合，それよりも下位の女性の数は 7 人である．次の 3.5 位の素点 180 の男性の場合は，同順位の女性を 0.5 とすると，彼よりも下位の女性の数は 5.5 である．このように全男性について本人より下位の女性の数を求め，それらを合計したものが *U* 値なので，下式のようになる．女性の場合も，同じやり方で *U* 値を求めることができる．

$$U(男性) = 7 + 5.5 + 3.5 + 3 + 2.5 + 1.5 + 0.5 + 0.5 = 24$$
$$U(女性) = 7 + 6.5 + 6 + 5.5 + 3.5 + 2.5 + 1 = 32$$

　今回の例ではケース数は男性 8 名，女性 7 名なので，男女のすべての組み合わせは 56 通りあり，$U(男性) + U(女性) = 56$ となる．この原理を利用して，ケー

ス数の積である 56 から U(男性) を引き算して U(女性) を求めることもできる．ただし，実際に U 検定を行うときは，どちらか一方のグループについて U 値を算出するだけでよい．

　本書では，次節で SPSS を使った分析方法を示すので割愛しているが，多くの統計書では U 値について出現確率が 5% や 1% となるときの値（臨界値）が付表として添付されている．この表を見ると，ケース数が 8 と 7 のときの 5% の臨界値は「10 : 46」となっている．これは，算出された U 値が 10 ～ 46 の範囲外にあれば 5% 水準で有意であることを意味するものだが，この例の U 値は範囲内なので，帰無仮説は棄却されず，男性と女性の SNS 利用時間には有意差は見られないと判断される．なお，どちらのグループで U 値を求めても有意性は変わらないので，通常はケース数の少ないグループについて算出する．

　また，ケース数が多い場合には，下の式 (9.1) を使って U 値を求めることもできる．

$$U_1 = n_1 n_2 + \frac{n_1(n_1 + 1)}{2} - R_1 \tag{9.1}$$

　この式で n_1 は男性のケース数，n_2 は女性のケース数，R_1 は男性の順位の合計（順位和）である．表 9.3 を使うと，$R_1 = 1 + 3.5 + 6.5 + 8 + 9.5 + 11.5 + 14 + 14 = 68$，$U_1 = 24$ となり，上で求めた U(男性) と一致する．もちろん，女性の場合には 32 となる．

9.3　SPSS による U 検定の実施

　SPSS では，次の手順で U 検定を実行できる．メニューバーから「分析 (A)」→「ノンパラメトリック検定 (N)」→「過去のダイアログ (L)」→「2 個の独立サンプルの検定 (2)」と順にクリックしていくと，「2 個の独立サンプルの検定」ダイアログボックス（図 9.1）が現れる．ここでは表 9.2 に示した架空のデータを分析対象としているので，「検定変数リスト (T)」に従属変数である SNS 利用時間を投入し，「グループ化変数 (G)」に独立変数である性別を投入する．続けて「グループの定義 (D)」ボタンをクリックすると，「2 個の独立サンプルの検定：グループの定義」ダイアログボックス（図 9.2）が表示されるので，ここで「グループ 1 = 1」（男性），「グループ 2 = 2」（女性）と入力する．今回のデー

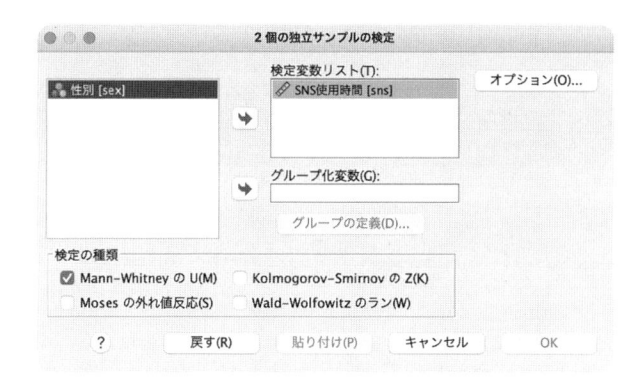

図 9.1 「2 個の独立サンプルの検定」ダイアログボックス

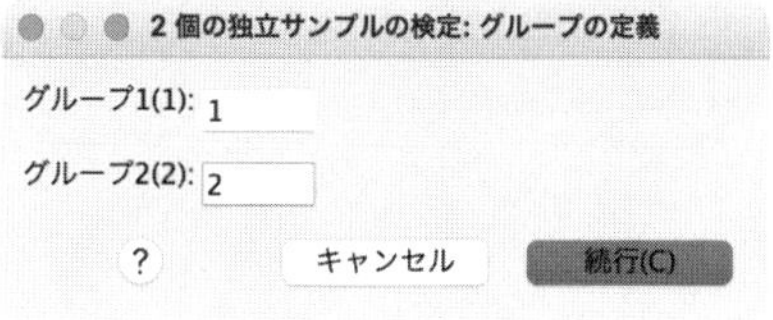

図 9.2 「2 個の独立サンプルの検定：グループの定義」ダイアログボックス

タでは性別という変数に 1 = 男性，2 = 女性 という数値を割り当てているので，このように入力している．「続行 (C)」ボタンをクリックして「2 個の独立サンプルの検定」ダイアログボックス（図 9.1）に戻り，「検定の種類」について「Mann-Whitney の U (M)」にチェックを入れる．最後に「OK」をクリックすると結果が出力される．

図 9.3 が出力結果である．「順位」表には独立変数の各カテゴリーの度数のほか，順位和や平均ランク（順位和/度数）といった情報が示されている．U 検定の結果を知るためには，この図の中の表「検定統計量」の「Mann-Whitney の U」とその有意確率を見ればよい．ここで U は 24.000 となっているが，この数値は表 9.3 を使って手計算で求めた U(男性) と一致する．この U 値に対応する有意確率は「漸近有意確率（両側）」に示されており，0.641 となっている．これは有意水準 5% (0.05) よりも大きいので，臨界値を使って上で見たときと同様，帰無仮説（SNS 利用時間には男女差はない）を棄却することはできない．した

Mann–Whitney 検定

順位

	性別	度数	平均ランク	順位和
SNS使用時間	男性	8	7.50	60.00
	女性	7	8.57	60.00
	合計	15		

検定統計量[a]

	SNS使用時間
Mann–Whitney の U	24.000
Wilcoxon の W	60.000
Z	-.466
漸近有意確率 (両側)	.641
正確な有意確率 [2*(片側有意確率)]	.694[b]

a. グループ化変数: 性別
b. 同順位に修正されていません。

図 **9.3**　*U* 検定の出力結果

がって，「SNS 利用時間には男女差がある」という研究仮説は支持されなかったと判断される．もしも有意確率が 0.05 よりも小さかったなら，帰無仮説を棄却し，研究仮説が支持されたと判断することができたであろう．

9.4　結果のまとめ方

　U 検定の結果については，表 9.4 のようにまとめればよい．従属変数が何であるかは表のタイトルに，独立変数の各カテゴリーについては表中に明記する．統計的に有意な結果が得られた場合は，検定統計量 *U* の右肩にアスタリスクを付与して有意水準を示すとともに，アスタリスクの読み方（例：$*p < 0.05$）を

表 **9.4**　SNS 利用時間に対する *U* 検定

性別	度数	平均ランク	順位和	*U*
男性	8	7.50	60	24
女性	7	8.57	60	
計	15			

表の下部欄外に記載する（詳細は第 6 章参照）．結果が有意にならなかった場合
は，表 9.4 のようにアスタリスクを付けずに U の値のみを記載する．

参考文献

[1] 森敏昭・吉田寿夫（編著），『心理学のためのデータ解析テクニカルブック』，北大路書
房 (1990).

[2] 内田治，『SPSS によるノンパラメトリック検定』，オーム社 (2014).

第 III 部

実験と分散分析

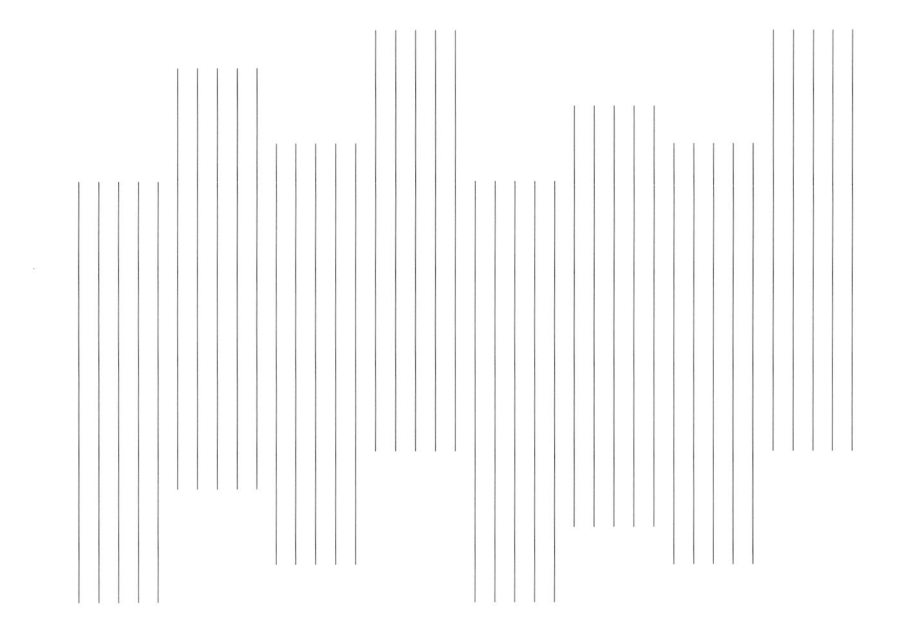

心理学では研究方法として実験が多用される．実験では，第1章で述べたように，研究参加者（被験者）を条件別に無作為に配分した上で観測結果を比較し，実験条件の効果を調べるが，その際，統計的検定として分散分析が用いられることが多い．これは，分散分析の仕組みが実験で用いられる要因配置によく適合するため，この分析法を用いることによって条件間の差を体系的に調べることができる．分散分析では，条件すべてに別々の被験者を配置するか（個体間要因配置），それとも条件間で同じ被験者に使うか（固体内要因配置）によって統計的分析手法が異なってくるので，研究者は，実験のデザインとマッチした分析法を選ぶよう注意が必要である．本書では，個体間要因だけの分析，固体内要因だけの分析，さらに両者の組み合わせによる分析などを，例を用いて解説する．

10

1要因分散分析

第7章において，2つのグループ間の平均の差が有意であるかどうかを検定する方法として t 検定について説明した．では，3つ以上のグループの平均を比較する場合にはどうすればよいのだろうか．t 検定を繰り返すのが一つの方法で，たとえば，A, B, C の3グループの場合なら，グループ A と B，グループ A と C，グループ B と C と3回 t 検定を行うのである．しかし，グループ数が増えたり，グループ構成が複雑になったりすると t 検定を繰り返すやり方では対応ができなくなるだけでなく，自由度や有意水準の考え方からして不合理なことも起こる．こうした問題を回避するために，グループ数が多くなった場合の平均の差の検定として t 検定に代わってよく用いられるものが分散分析 (analysis of variance: ANOVA) である．

10.1 分散分析による検定の考え方

最も単純な構造である個体間1要因分散分析 (one way between-subject ANOVA) を例に，この検定の原理を説明する．表 10.1 は，ある人物に関する10個の行動情報を参加者に与え，その人物の誠実さを5段階評定 (1〜5) させた実験結果である．この実験では，参加者を5人ずつ3グループに分け（個体間配置），10個の行動情報のうち1つだけを変えた情報を各グループに与えた．その行動情報とは，他の人に関する噂話を聞いたときの当該人物（この研究では「標的人物」と呼んだ）の反応である．第1グループには，標的人物が「そ

表 10.1 一部異なる情報を与えられたときの標的人物の誠実さ評定値：個体間要因配置

	情報操作条件（参加者グループ）			
	1	2	3	全体
	2	3	3	
	3	4	1	
	1	3	2	
	3	5	3	
	2	4	1	
平均 (M)	2.200	3.800	2.000	2.667
標準偏差 (SD)	0.837	0.837	1.000	1.175

れは興味深い」と反応したと伝えたが，第2グループには「人の噂話などすべきではない」と反応したと伝えた．そして，第3グループには，標的人物が何の反応も示さなかったと伝えた．このように一部の情報の違いが参加者たちによる標的人物の誠実さ評定に与える効果が検討された．この研究では，情報操作が独立変数，誠実さ評定が従属変数である．

　一部異なる情報が与えられたことによって3グループの評定にずれが生じたことが平均 (2.200, 3.800, 2.000) に表れている．このようなグループ間での平均の差が有意なものかどうかを判断するために，グループ間の分散（群間平方和という），つまり，グループ間での平均のばらつきとグループ内の分散（群内平方和という）とを比較する方法がある．同じ条件で実験を受けても種々の統制不能な原因によって参加者たちの反応にはばらつきが生じる．これを表すのがグループ内の分散，すなわち誤差による分散で，群内平方和にあたる．一方，群間平方和はグループ間の平均の差の大きさを表すもので，これは実験条件の違いによって生じたものとみなすことができる．仮に群間平方和が大きくても，群内平方和（誤差による分散）も大きくてグループ間に重なりが大きくなれば，グループ間の差は実質的には小さいことになる．そこで，群間平方和と群内平方和の比を求め（これは F 値あるいは F 比と呼ばれる），前者が後者と比較して十分に大きいかどうかを調べることが重要になる．

　それは，実験グループ間で観測された差を標本平均の差とみなし，「それらを抽出した母集団ではグループの平均間に差がない」という帰無仮説を立てて統計的検定を行うことである．これまでの章で繰り返し述べたように，帰無仮説

が仮に正しくても，抽出の偏りや誤差を生じさせる要因の影響によって，参加者の反応がグループ間において表 10.1 のようにばらつくことは有り得る．そのばらつき度がどれくらいの確率で起こるものかを F 分布を使って調べるのが分散分析である．この実験データに対応する F 分布は 2 つの自由度によって決まり，一つは「(グループ数) − 1」，もう一つは「(参加者数) − (グループ数)」である．

　標本データから算出した F 値の発生確率をこの F 分布から求め，その確率が有意水準よりも小さければ，「そのような稀にしか起こらないはずのことが起こったのだから，帰無仮説は誤りである」と判断して，帰無仮説を棄却することができる．つまり，グループの平均値間には単なる偶然や誤差による以上の有意味な差があると結論付けることができる．他方で F 値が小さくて，それが生じる確率が有意水準よりも大きければ帰無仮説を棄却できないので，母集団においてはグループ間に平均の差があるとは判断できないであろう．これが分散分析の考え方である．

　表 10.1 のデータについて F 値を計算してみたところ $F = 6.083$ となった．このときの F 分布は自由度が 2 と 12 のもので，この値以上の F 値が観察される確率は 0.015 だった．このことは，母集団において 3 グループ間に違いがないと仮定した場合（帰無仮説），表 10.1 のように標本グループ間において反応がばらつく（平均値にずれがある）のは 1.5% 以下の確率でしか起こりえない極めて稀な事態であることを示している．標本から得られた F 値の有意確率が 5% を下回っているので，有意性基準に従い，この実験データについては帰無仮説を棄却し，グループ間には有意差があると判断することができる．

　この結果は，標的人物の誠実さ評定に対して情報操作が条件間（のどこか）に有意な違いを発生させたことを意味している．このことを分散分析では主効果 (main effect) と呼ぶ．しかし，情報操作の主効果が有意であることは判明しても，3 グループ間のどこに差があるかまでは確定できない．これを調べるためには，分散分析に引き続いて，グループのペアごとに評定平均を比較することが必要である．これは多重比較 (multiple comparison) と呼ばれる分析だが，この際，よく用いられるのはボンフェローニ法（ダン法とも呼ばれる）で，これはグループのペア一つひとつに関する検定結果が有意かどうかを判断するため

の確率水準を，ペアが全部でいくつできるかを考慮して調整するという考え方に基づく分析方法である．

10.2   SPSS を使った個体間 1 要因分散分析の分析例

多重比較を含め，SPSS を使った個体間 1 要因分散分析の仕方を以下に示す．図 10.1 の左側は表 10.1 のデータから作成した SPSS データファイルである．メニューの「分析 (A)」から「平均の比較 (M)」→「一元配置分散分析 (O)」と進むと，図 10.1 右上の「一元配置分散分析」ダイアログボックスが開く．ここで「従属変数リスト (E)」に「誠実さ評定」を，「因子 (F)」に「グループ」を移す．次に，そのダイアログボックス内の右上にある「その後の検定 (H)」ボタンをクリックすると，この図の下部にある「その後の多重比較」ボックスが開き，多重比較の方法をここで指定することになる．ここでは「Bonferroni (B)」にチェックして，「続行」を押し，このボックスを閉じる．元のボックスに戻って「オプション (O)」をクリックすると，新たに図 10.2 の「オプション」ボックスが開く．ここではグループごとの平均と標準偏差を求めるために「記述統計 (D)」にチェックを入れ，「続行」を押すとこのボックスは閉じられ，図 10.1 に戻るの

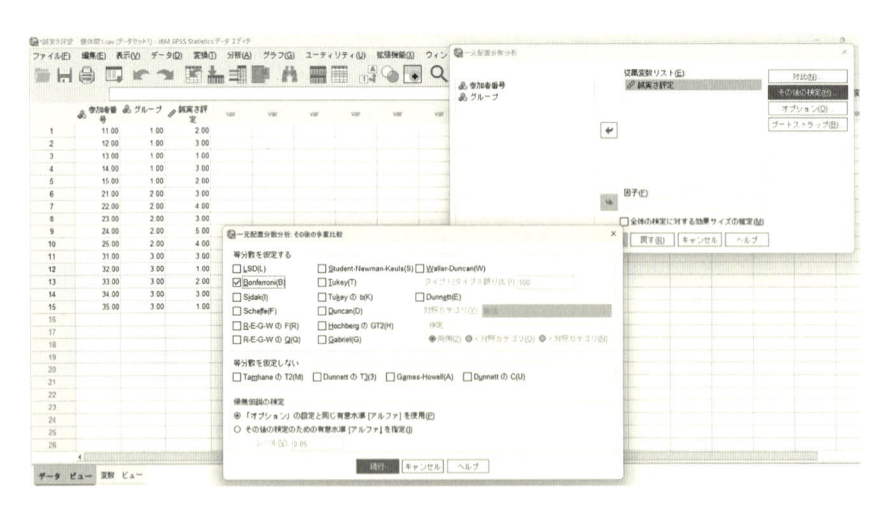

図 10.1 SPSS データファイルと 1 要因分散分析のコマンド選択画面

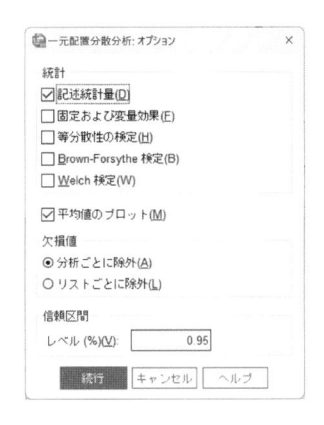

図 **10.2** SPSS1 要因分散分析のオプション画面

で，ここで右上のボックスの「OK」ボタンを押すと分散分析が実行される.

図 10.3 が出力結果である．この中にはいくつかの表が含まれているが，最初のものが各グループの平均，標準偏差などの記述統計量を示したものである．次の表「被験者間効果の検定」が分散分析表と呼ばれるもので，平方和，自由度，平均平方，F 値，有意確率が示されている．この分析結果は情報操作の主効果が有意であり（グループの $F = 6.083, p < 0.05$），それは 10 個の行動情報のうち 1 つを入れ替えただけで誠実さ評定が変化することを示している．

図 10.3 の最後の表が多重比較（ボンフェローニ法）の結果で，これを見ると，グループ 2 はグループ 1 およびグループ 3 よりも有意に評定値が高く（いずれも $p < 0.05$），一方，グループ 1 と 3 の間には有意差が無かったことがわかる．実際にはこのあと平均をプロットした図が出力されるが，ここでは省略する．

この分析結果から，人の噂話を聞かされたとき「噂話などすべきではない」と反応した人を実験参加者は，「それは興味深い」と応じたり，それを無視した人よりも誠実であると評定したと解釈できる．

10.3 個体内 1 要因分散分析

表 10.1 のデータを使った実験では，情報操作された 3 グループには別々の参加者が配置されていた．条件ごとに別々の参加者を配分する実験は個体間デ

記述統計

従属変数:　誠実さ評定

グループ	平均値	標準偏差	度数
1.00	2.2000	.83666	5
2.00	3.8000	.83666	5
3.00	2.0000	1.00000	5
総和	2.6667	1.17514	15

被験者間効果の検定

従属変数:　誠実さ評定

ソース	タイプ III 平方和	自由度	平均平方	F 値	有意確率	偏イータ 2 乗
修正モデル	9.733[a]	2	4.867	6.083	.015	.503
切片	106.667	1	106.667	133.333	.000	.917
グループ	9.733	2	4.867	6.083	.015	.503
誤差	9.600	12	.800			
総和	126.000	15				
修正総和	19.333	14				

a. R2 乗 = .503 (調整済み R2 乗 = .421)

多重比較

従属変数:　誠実さ評定

Bonferroni

(I) グループ	(J) グループ	平均値の差 (I-J)	標準誤差	有意確率	95% 信頼区間 下限	上限
1.00	2.00	-1.6000*	.56569	.046	-3.1723	-.0277
	3.00	.2000	.56569	1.000	-1.3723	1.7723
2.00	1.00	1.6000*	.56569	.046	.0277	3.1723
	3.00	1.8000*	.56569	.024	.2277	3.3723
3.00	1.00	-.2000	.56569	1.000	-1.7723	1.3723
	2.00	-1.8000*	.56569	.024	-3.3723	-.2277

観測平均値に基づいています。

誤差項は平均平方 (誤差) = .800 です。

*. 平均値の差は .05 水準で有意です。

図 **10.3**　個体間 1 要因分散分析の出力画面

ザイン (between-subject design) と呼ばれ，そのような操作がなされた独立変数を個体間要因 (between-subject factor) と呼ぶ．一方，3 種類の情報操作を同じ参加者に対して実施し，その効果を見るという実験デザインも有り得る．こうした個体内デザイン (within-subject design) では，同じ参加者に対して情報操作を行うので，この独立変数は個体内要因 (within-subject factor) と呼ばれる．また，この場合，一人の参加者が人物評定を 3 回行うので，従属変数は反復測定さ

れることから，このような実験スタイルを反復測定デザイン (repeated measure design) と呼ぶこともある．個体内要因配置によって得たデータの分散分析は，同じ 1 要因であっても個体間要因配置とは異なる手続きが用いられる．ここでは SPSS を使って，反復測定のある個体内 1 要因分散分析 (within-subject one way ANOVA) を試みる．多重比較の方法としてはやはりボンフェローニ法を用いる．

　分析に用いるデータは，数値自体は表 10.1 と同じものであるが，3 条件とも同じ 5 人の参加者に対して施行されたという点が異なる．そこで，表 10.1 を表 10.2 のように書き直した．なお，実際の実験では，条件の試行順がすべての参加者に対して同じにならないよう（順序効果を打ち消すため），ランダムに変えて施行される．

表 10.2　一部異なる情報を与えられたときの標的人物の誠実さ評定値：個体内要因配置

参加者番号	情報操作条件			全体
	1	2	3	
1	2	3	3	
2	3	4	1	
3	1	3	2	
4	3	5	3	
5	2	4	1	
平均 (M)	2.200	3.800	2.000	2.667
標準偏差 (SD)	0.837	0.837	1.000	1.175

　個体内デザインで行われた実験の SPSS データファイルは個体間要因のものとは構造が異なり，図 10.4 の左側のようになる．メニューから「分析 (A)」→「一般線型モデル (G)」→「反復測定 (R)」の順でメニューを選択すると，右側の「因子の定義」ボックスが開くので，ここで個体内要因の定義を行う．「被験者内因子名 (W)」の欄に個体内要因の名前を書き込むが，これは任意なので，ここでは「情報操作」とする．「水準数 (L)」の欄には条件数「3」を入力して，「追加 (A)」のボタンをクリックすると，この図のように，ボックス内に「情報操作 (3)」という形で個体内要因が定義される．

　次に，これとデータを関連付けるために「定義 (F)」ボタンをクリックする

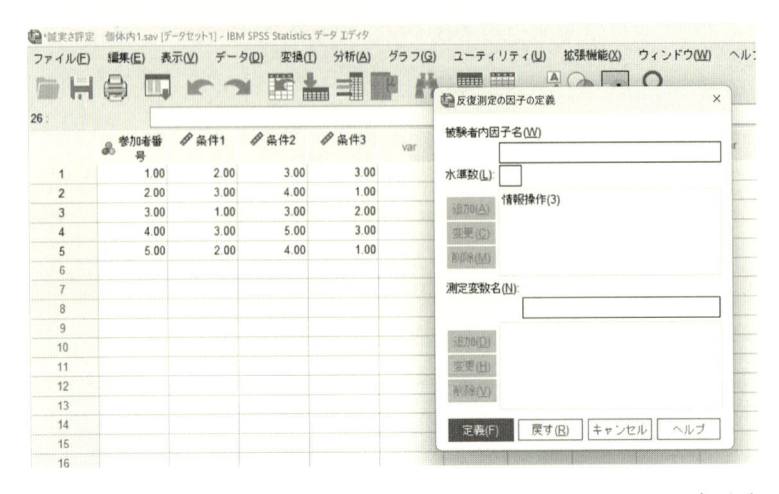

図 10.4 固体内 1 要因分散分析のためのデータファイルとコマンド入力画面

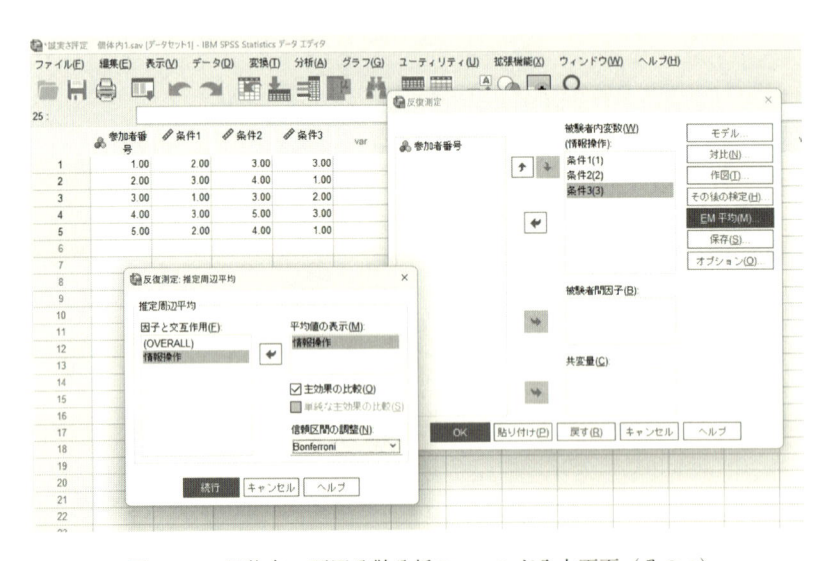

図 10.5 固体内 1 要因分散分析のコマンド入力画面（その 2）

と，図 10.5 右上の反復測定ボックスが現れる．「被験者内変数 (W)」ボックス内の「_?_(1)」をクリックし，次に左のボックス内の「条件 1」をクリックして「→」ボタンをクリックすると「条件 1」が「被験者内変数 (W)」のボックスに移

動し，被験者内変数の水準 1 に条件 1 のデータが関連付けられる．同じ作業を他の水準にも行なった上で，「EM 平均 (M)」ボタンをクリックすると，図 10.5 左下の「推定周辺平均」ウィンドウが開く．この中で，左側のボックスから「情報操作」を右側のボックスに移動し，そのボックスの下の「主効果の比較 (O)」にチェックを入れ，「Bonferroni」を選択する．「続行」を押すともとのボックスに戻るので，ここで「オプション (O)」ボタンを押し，「記述統計 (D)」にチェックした上で「続行」をクリックする．再度図 10.5 に戻ったところで「OK」をクリックして分析を実行する．

　図 10.6 は出力結果である．実際にはもっと多くの表が出力されるが，ここでは必要なものだけ抜粋して示している．反復測定の分散分析では，F 値の分布の歪みを調べて分析に支障がないかどうか確認するために「Mauchly の球面性検定」を行うが，今回の分析ではこれが非有意（有意確率が 0.05 より大）だったので，歪みはないと判断できる．そこで，次の表「被験者内効果の検定」の中の「球面性の仮定」で F 検定の結果を見ると，$F = 7.892$ ($p < 0.05$) なので，情報操作はこの場合も有意と判断される．個体内要因配置の場合，2 つの自由度は「条件数 − 1」と「(参加者数 − 1) × (条件数 − 1)」となる．

　なお，「Mauchly の球面性検定」が有意だった場合には「Greenhouse-Geisser」の分析結果を用いるが，イプシロン (ε) 値が 0 に近い場合は，F 分布の歪みが大きいために正確な有意確率の算出が困難で，分析結果の信頼度は低いとされる．

　最後の表「ペアごとの比較」は多重比較の結果であるが，この場合は条件 1 と 2 の間だけに有意差があるとされている ($p < 0.01$)．つまり，人の噂話を聞かされたとき「噂話などすべきではない」と反応した人を実験参加者は，「それは興味深い」と応じた人よりも誠実であると評価したことを意味している．この結論は，前節の個体間デザインのときとは異なっている．この分析結果は，データ自体は同じでも，それが個体間デザインの実験から得られたものか，それとも個体内デザインの実験から得られたものかによって，条件間の差の有意性は異なってくることがあることを示している．

記述統計

	平均値	標準偏差	度数
条件1	2.2000	.83666	5
条件2	3.8000	.83666	5
条件3	2.0000	1.00000	5

Mauchly の球面性検定[a]

測定変数名: MEASURE_1

					ε^b		
被験者内効果	Mauchly の W	近似カイ 2 乗	自由度	有意確率	Greenhouse-Geisser	Huynh-Feldt	下限
情報操作	.427	2.551	2	.279	.636	.799	.500

正規直交した変換従属変数の誤差共分散行列が単位行列に比例するという帰無仮説を検定します。

a. 計画: 切片
   被験者計画内: 情報操作

b. 有意性の平均検定の自由度調整に使用できる可能性があります。修正した検定は、被験者内効果の検定テーブルに表示されます。

被験者内効果の検定

測定変数名: MEASURE_1

ソース		タイプ III 平方和	自由度	平均平方	F 値	有意確率
情報操作	球面性の仮定	9.733	2	4.867	7.892	.013
	Greenhouse-Geisser	9.733	1.272	7.654	7.892	.033
	Huynh-Feldt	9.733	1.598	6.093	7.892	.022
	下限	9.733	1.000	9.733	7.892	.048
誤差 (情報操作)	球面性の仮定	4.933	8	.617		
	Greenhouse-Geisser	4.933	5.087	.970		
	Huynh-Feldt	4.933	6.390	.772		
	下限	4.933	4.000	1.233		

ペアごとの比較

測定変数名: MEASURE_1

(I) 情報操作	(J) 情報操作	平均値の差 (I-J)	標準誤差	有意確率[b]	95% 平均差信頼区間[b] 下限	上限
1	2	-1.600*	.245	.009	-2.570	-.630
	3	.200	.583	1.000	-2.110	2.510
2	1	1.600*	.245	.009	.630	2.570
	3	1.800	.583	.110	-.510	4.110
3	1	-.200	.583	1.000	-2.510	2.110
	2	-1.800	.583	.110	-4.110	.510

推定周辺平均に基づいた

*. 平均値の差は .05 水準で有意です。

b. 多重比較の調整: Bonferroni。

図 **10.6**　個体内 1 要因分散分析の出力画面

10.4　分散分析を行う際の留意点と結果のまとめ方

　分散分析は実験計画法と結びついた形で考案され，発展してきたものである．

その背後にある「思想」からすると，参加者の条件間無作為割り当てを行なっていない非実験データ（観察や調査などによって得られたデータ）にこれを適用するのはあまり適切とはいえないであろう．非実験の無作為標本で 3 つ以上のグループの平均の差に関する検定を行いたいのであれば，ダミー変数を用いた重回帰分析（第 13 章，第 14 章参照）を用いる方法もある．

　また分散分析と多重比較には，実験の方法や分析の目的に応じて，様々な手法・モデルがある．ここではそのうち限られたものしか紹介できなかったが，実際のデータ分析にあたっては，実験方法・分析目的に適しており，かつ統計学的な見地から望ましいとされる性質をできる限りそなえている手法・モデルを選択することになる．

　最後に，論文や報告書などに 1 要因分散分析の結果を表記する例を示す．表10.3 は 10.1 節で取り上げた個体間 1 要因分散分析の結果である．この表の「情報操作」と「誤差」の行には，図 10.3 の SPSS 出力画面中の表「被験者間効果の検定」に含まれている「グループ」と「誤差」の行に記載されている平方和，自由度，F 値，有意確率などを転記する．なお，この表では有意確率を SPSS 出力結果からそのまま転記しているが，有意確率を記載せず，F 値にアスタリスク ($*$) を付けることで有意性を示すこともできる．こうした様々な表記法については第 6 〜 9 章を参照されたい．

　個体内 1 要因分散分析の結果を報告する際にも，表 10.3 と同じ形式のものが使える．その際には，表 10.3 の「情報操作」と「誤差」の行には，図 10.6 のSPSS 出力画面中の表「被験者内効果の検定」に含まれている「情報操作　球面性の仮定」と「誤差（情報操作）球面性の仮定」の行に記載されている平方和，自由度，F 値，有意確率を転記する．

　分析結果の報告にあたっては，本文中において実験要因（この場合は，情報操作）が個体間か個体内かを明記しておけば，個体間分析でも個体内分析でも，

表 10.3　1 要因分散分析表の例

	平方和	自由度	F	有意確率
情報操作	9.733	2	6.083	0.015
誤差	9.600	12		

表 10.3 のような同じ形式の表を使用することができる.

参考文献

[1] 岩原信九郎, 『教育と心理のための推計学 新訂版』, 日本文化科学社 (1965).

[2] 山内光哉, 『心理・教育のための分散分析と多重比較：エクセル・SPSS 解説付き』, サイエンス社 (2008).

11

2要因の分散分析

前章では分散分析を用いた検定について，その原理を述べた後，独立変数が1個だけの分析方法を SPSS を使った実例を示しながら説明した．本章では，独立変数が2個あり，それらの組み合わせによって作られる多くの条件やグループから成る実験デザインで得られたデータの分析法を解説する．

11.1 個体間2要因分散分析：SPSS による分析例

11.1.1 個体間2要因実験デザイン

表 10.1 は独立変数が1個のもので，参加者を5人ずつ3グループ（条件）に分け，それぞれ，一部が異なる行動情報を与えて，標的人物の誠実さ評定を行わせた実験の結果であった．情報操作というのは，他の人に関する噂話を聞いたときの標的人物の反応の違いに関するものである．第1グループに示した情報では，標的人物が「それは興味深い」と反応したが，第2グループでは「噂話などすべきではない」と反応した．そして，第3グループでは，その人物は何の反応も示さなかった．この同じ実験を男女に分けて実施し，性別を第2の独立変数にすると2要因の実験デザインとなる．表 11.1 は，このデザインに基づいて，女性 15 名，男性 15 名を行動情報の異なる3条件に5名ずつをランダムに配置したときの実験結果である．

性別と情報操作で参加者をグループ分けすると，グループ数は $2 \times 3 = 6$ となる．参加者はこの6グループのどれかに配置されて実験を受けることになるの

表 11.1   異なる情報を与えられたときの標的人物の誠実さ評定値：個体間 2 要因配置

	情報条件			全体
	1	2	3	
男性参加者	2	3	3	
	3	4	2	
	2	3	2	
	3	5	3	
	2	4	1	
女性参加者	3	2	2	
	2	2	2	
	3	3	3	
	2	1	2	
	1	2	3	
平均値 (M)	2.300	2.900	2.300	2.500
標準偏差 (SD)	0.675	1.197	0.675	0.900

で，この実験デザインは個体間 2 要因配置と呼ばれる．もしも t 検定でグループ間の差を検討しようとすると数十回の検定が必要になる．また，男女を通して情報条件だけの差を検定するとか，全体としての性差を検定するとなると，更に回数が増える．また，同じデータを使って同じ検定を数十回繰り返すのは統計的信頼性の上で問題があるという指摘もある．これらの点から考えて，複数の独立変数の組み合わせによって作られた多くのグループから成る実験デザインでは，それらの間の差を体系的に吟味していく分散分析の手法が適している．

11.1.2 SPSS による分析方法

図 11.1 は表 11.1 のデータから SPSS データファイルを作ったものである．「性別」という変数では 1 = 女性，2 = 男性 としている．個体間 2 要因分散分析 (two way between-subject ANOVA) のためには，メニューの「分析 (A)」から「一般線型モデル (G)」→「一変量 (U)」と進む．図 11.1 の右上の「1 変量」ダイアログボックスが表示されたら，その中の左ボックスから「従属変数 (D)」のボックスに「誠実さ評定」を，「固定因子 (F)」ボックスには「性別」と「情報操作」を移す．右上の「EM 平均 (M)」ボタンをクリックすると図 11.1 中央の「推定周辺平均」のウィンドウが開くので，この中の左のボックスから「性別」「情報操作」「性別*情報操作」を右のボックス「平均値の表示 (M)」に移し，更に，「主

図 11.1　個体間 2 要因分散分析のデータファイルとコマンド指定画面

効果の比較 (O)」にチェックを入れ，「信頼区間の調整 (N)」では「Bonferroni」を選択する．「続行」をクリックしてこのボックスを閉じ，右上のダイアログボックスに戻ったところで「OK」ボタンを押すと分析が実行される．

11.1.3　主効果と交互作用効果の検定

図 11.2 は，出力結果のうち主要な部分だけを抜粋したものである．2 要因分散分析の結果は複雑なので，多様な角度から結果を見る必要があるが，重要な差を見落とさないためには体系的に結果を検討していくのがよい．まず，全体としての性差を調べるが，これは 3 条件を込みにしたときの全体としての男女差なので，性別の主効果と呼ばれる．図 11.2 の中の表「1. 性別」の平均値を見ると女性の方が男性よりも高いが，この差が有意かどうかを調べるには表「被験者間効果の検定」を見る．この中の「性別」の $F = 5.063, p = 0.034$ は性別の主効果が有意で，情報条件を分けずに全体として見ると，女性は男性よりも標的人物をより誠実であると評定したことを意味している．しかし，条件ごとに男女差を見た場合にはこれとは異なる結果となる可能性も残されているので，次節で分析を更に進める．

　次に，男女を合わせたとき，全体としての 3 情報条件間の差，すなわち，情報

被験者間効果の検定

従属変数: 誠実さ評定

ソース	タイプ III 平方和	自由度	平均平方	F 値	有意確率
修正モデル	10.700[a]	5	2.140	4.013	.009
切片	187.500	1	187.500	351.563	.000
性別	2.700	1	2.700	5.063	.034
情報操作	2.400	2	1.200	2.250	.127
性別 * 情報操作	5.600	2	2.800	5.250	.013
誤差	12.800	24	.533		
総和	211.000	30			
修正総和	23.500	29			

a. R2 乗 = .455 (調整済み R2 乗 = .342)

推定周辺平均

1. 性別

推定値

従属変数: 誠実さ評定

性別	平均値	標準誤差	95% 信頼区間 下限	上限
女性	2.800	.189	2.411	3.189
男性	2.200	.189	1.811	2.589

2. 情報操作

推定値

従属変数: 誠実さ評定

情報操作	平均値	標準誤差	95% 信頼区間 下限	上限
1.00	2.300	.231	1.823	2.777
2.00	2.900	.231	2.423	3.377
3.00	2.300	.231	1.823	2.777

ペアごとの比較

従属変数: 誠実さ評定

(I) 情報操作	(J) 情報操作	平均値の差 (I-J)	標準誤差	有意確率[a]	95% 平均差信頼区間[a] 下限	上限
1.00	2.00	-.600	.327	.236	-1.441	.241
	3.00	-5.551E-17	.327	1.000	-.841	.841
2.00	1.00	.600	.327	.236	-.241	1.441
	3.00	.600	.327	.236	-.241	1.441
3.00	1.00	5.551E-17	.327	1.000	-.841	.841
	2.00	-.600	.327	.236	-1.441	.241

推定周辺平均に基づいた

a. 多重比較の調整: Bonferroni。

図 11.2　個体間 2 要因分散分析の出力画面

操作の主効果を調べてみる．3 条件の平均は図 11.2 の中の「2. 情報操作」の表に示されている．これら条件間の差の有意性を表「被験者間効果の検定」で見てみると，$F = 2.250, p = 0.127$ だった．これは情報操作の主効果は非有意だったこと，つまり男女を込みにすると情報操作の 3 条件間には有意差がないことを示している．しかし，男女別に情報操作の効果を見ることも必要なので，これについても次項で検討してみる．

11.1.4 交互作用の分析

この研究では，性別 × 情報操作 によって作られた 6 グループに対して実験が行われた．性別の効果と情報操作の効果を別々に見た結果が上記の主効果であるが，しかし，これらを組み合わせて作られた 6 グループ間には，主効果とは異なる差異パターンが見られる可能性もある．このように，複数の要因を組み合わせることによって新しい効果が生まれることを交互作用という．たとえば，全体としては女性は男性よりも高得点だったが，情報条件別に男女を比較するならこれとは違った結果が見られるかもしれない．また，情報操作の主効果は非有意だったが，男女別に分析するならどちらかでは情報操作の効果が見られるかもしれない．このように，要因の組み合わせによって新たな効果が検出されるとすれば，それは交互作用効果 (interaction effect) と呼ばれるものである．

SPSS 出力では，交互作用効果は図 11.2 の表「被験者間効果の検定」の中の性別 * 情報操作 の行に示されている．ここでは $F = 5.250, p = .013$ であったことから，交互作用は有意で，6 グループ間には主効果とは異なる差異パターンがあることを示唆しているが，それがどのようなパターンなのかは，この F 値からだけではわからない．そこで交互作用を更に詳細に分析していくことになるが，その前に，6 グループの平均値を図に表してみて，どこに差がありそうか見当を付けておくことにする．

図 11.2 の SPSS 出力画面には「3. 性別 * 情報操作」という表が続くが，ここでは省略している。ここに 6 グループの平均値が示されているので，これをもとに作図したものが図 11.3 である．これを見ると，女性では情報操作の条件間に差がありそうだが，男性ではないように見える．また，条件 2 においてのみ男女差があるように見える．こうした推測が正しいかどうかを検証するには，

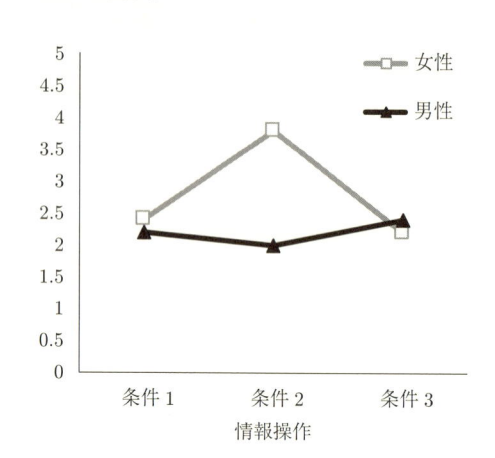

図 11.3　誠実さ評定における性別と情報操作の交互作用

条件別に見た場合，どこに男女差があるのか（性別の単純効果 (simple effect)），また，男女別に見た場合，条件差はあるのかどうか（情報操作の単純効果），また，その場合，どの条件間に有意差があるか（情報操作の多重比較）などを調べる必要がある．

11.1.5　単純効果と多重比較の検定

　これらの分析を SPSS を使って行うためには，メニューから既成のコマンドを選択するだけでは不十分で，シンタックスコマンドというものを自分で作らなければならない．上で述べたように，個体間 2 要因分散分析を行うためのすべての準備を終えて図 11.1 の右上のダイアログボックスに戻ったら，下部の「貼り付け (P)」ボタンを押すと，図 11.4 のようなシンタックスウィンドウが開く（この図は以下に述べる修正を既に加えたものである）．このウィンドウの中でシンタックスの一部を書き換えて，単純効果と多重比較を行うコマンドを自分で作るのである．下線を引いた 2 行は自分で書き加えた部分であるが，このうち上の行は情報操作の条件ごとに性別の単純効果を，下の行は男女別に情報操作の単純効果を検定するよう指示するものである．それぞれ，多重比較を行う指示も加えられている．

　シンタックスが完成したら，メニューの中の「▶」をクリックすると単純効

```
UNIANOVA 誠実さ評定 BY 性別 情報操作
  /METHOD=SSTYPE(3)
  /INTERCEPT=INCLUDE
  /POSTHOC=情報操作(BONFERRONI)
  /EMMEANS=TABLES(性別)
  /EMMEANS=TABLES(情報操作)
  /EMMEANS=TABLES(性別*情報操作) compare (性別) ADJ(Bonferroni)
  /EMMEANS=TABLES(性別*情報操作) compare (情報操作) ADJ(Bonferroni)
  /PRINT=DESCRIPTIVE
  /CRITERIA=ALPHA(.05)
  /DESIGN=性別 情報操作 性別*情報操作.
```

図 11.4 個体間 2 要因分散分析に単純効果の検定と多重比較を加えるためのシンタックス

果と多重比較を加えた個体間 2 要因分散分析が実行される．なお，シンタック
スコマンドの一部だけを選択して「▶」をクリックすると，その選択された部分
だけが実行されるので，慣れてくるとこうした使い方も便利である．

　この分析の出力には，前の分散分析の結果（図 11.2）にいくつかの表が追加
された形で表示されるので，必要な部分を読み取ることになる．図 11.5 は性別
の効果に関する分析結果である．その中にある 2 つの表のうち下の「1 変量検
定」は性別の単純効果を示しているが，「対比」の行を見ると，性別は情報操作
の条件 2 においてのみ有意であった（$F = 15.188, p < .01$）．上の表は多重比較
だが，ここにも同じ結果が示されている．

　図 11.6 は情報操作の分析結果に関する抜粋である．この中の下の表「1 変量
検定」は単純効果であるが，これを見ると，情報操作は女性においては有意だ
が（$F = 7.125, p < .01$），男性においてはそうではないことが読み取れる．そこ
で，女性の 3 条件間のどこに有意差があるかを調べるために，上の表「ペアご
との比較」（多重比較）を見てみると，女性の条件 2 の平均が条件 1 および条件
3 よりも 5%水準において有意に高いことがわかる．

　この単純効果・多重比較の分析結果は交互作用の図（図 11.2）から推測され
たものと一致するものであった．このデータに関する分散分析結果をまとめて
述べると，次のようにいえるであろう．

　　「情報操作の主効果は非有意だったが，性別の主効果は有意であった．し

ペアごとの比較

従属変数: 誠実さ評定

情報操作	(I) 性別	(J) 性別	平均値の差 (I-J)	標準誤差	有意確率[b]	95% 平均差信頼区間[b] 下限	上限
1.00	女性	男性	.200	.462	.669	-.753	1.153
	男性	女性	-.200	.462	.669	-1.153	.753
2.00	女性	男性	1.800[*]	.462	.001	.847	2.753
	男性	女性	-1.800[*]	.462	.001	-2.753	-.847
3.00	女性	男性	-.200	.462	.669	-1.153	.753
	男性	女性	.200	.462	.669	-.753	1.153

推定周辺平均に基づいた

*. 平均値の差は 0.05 水準で有意です。

b. 多重比較の調整: Bonferroni。

1 変量検定

従属変数: 誠実さ評定

情報操作		平方和	自由度	平均平方	F 値	有意確率
1.00	対比	.100	1	.100	.188	.669
	誤差	12.800	24	.533		
2.00	対比	8.100	1	8.100	15.188	.001
	誤差	12.800	24	.533		
3.00	対比	.100	1	.100	.187	.669
	誤差	12.800	24	.533		

F 値は 性別 の多変量効果を検定します。これらの検定は、推定周辺平均中の一時独立対比較検定に基づいています。

図 **11.5**　性別の単純効果と多重比較を示す出力画面

かし，交互作用効果が有意だったので，単純効果と多重比較分析を行なったところ，誠実さ評定における情報操作の影響は女性にのみ見られ，女性参加者は情報条件 2 において，他の情報条件よりも標的人物の誠実さを高く評価した．一方，男性参加者ではこうした情報操作の影響は見られなかった．更に性差は，実際には，情報条件 2 においてのみ生じており，「人の噂話などすべきでない」と反応した人を女性参加者は男性参加者よりもより誠実であると評定した．」

仮にこの実験データを性別だけの一要因で分析し，女性は男性よりも高得点であったという結果から，「女性は男性よりも人を誠実であると評価しやすい」という結論を導くなら，それはミスリーディングなものとなったであろう．これに対して，この分析例では，2 要因分散分析から交互作用効果を見出し，そ

ペアごとの比較

従属変数: 誠実さ評定

性別	(I) 情報操作	(J) 情報操作	平均値の差 (I-J)	標準誤差	有意確率[b]	95% 平均差信頼区間[b]	
						下限	上限
女性	1.00	2.00	-1.400*	.462	.017	-2.589	-.211
		3.00	.200	.462	1.000	-.989	1.389
	2.00	1.00	1.400*	.462	.017	.211	2.589
		3.00	1.600*	.462	.006	.411	2.789
	3.00	1.00	-.200	.462	1.000	-1.389	.989
		2.00	-1.600*	.462	.006	-2.789	-.411
男性	1.00	2.00	.200	.462	1.000	-.989	1.389
		3.00	-.200	.462	1.000	-1.389	.989
	2.00	1.00	-.200	.462	1.000	-1.389	.989
		3.00	-.400	.462	1.000	-1.589	.789
	3.00	1.00	.200	.462	1.000	-.989	1.389
		2.00	.400	.462	1.000	-.789	1.589

推定周辺平均に基づいた

*. 平均値の差は 0.05 水準で有意です。

b. 多重比較の調整: Bonferroni。

1 変量検定

従属変数: 誠実さ評定

性別		平方和	自由度	平均平方	F 値	有意確率
女性	対比	7.600	2	3.800	7.125	.004
	誤差	12.800	24	.533		
男性	対比	.400	2	.200	.375	.691
	誤差	12.800	24	.533		

F 値は 情報操作 の多変量効果を検定します。これらの検定は、推定周辺平均中の一時独立対比較検定に基づいています。

図 **11.6** 情報操作の単純効果と多重比較を示す出力画面

こから進んで情報条件別に性別の単純効果検定を実施することによって，噂話に嫌悪を示す人に対して女性が特に好意的だったという事実にたどり着き，性差が生じる状況をかなり絞り込むことできた．このようにして，複数の要因を組み合わせて実験を行い，交互作用効果を分析することによって，要因効果が生じる条件を明確にし，更に一歩真実に近づくことが可能になる．したがって，多要因分散分析は，仮説のより精緻な検証を目指す研究を後押しするものであるといえよう．

11.2　混合 2 要因分散分析：SPSS による分析例

11.2.1　反復測定要因を含む実験デザインと SPSS による分析

　次に，2 要因のうち一方が個体内であるデータの分析方法について考えてみ
よう．情報操作による人物評定の 3 条件を同じ参加者に実施したときの分析方
法については 10.3 節で述べた．本節では，参加者を更に男女に分け，こうした
情報操作の効果の違いを男女別に見ようとするもので，前節同様，性別 × 情報
操作 の 2 要因分析となるが，今度は情報操作が個体内要因であることに注意が
必要である．このように，個体間と個体内の要因を組み合わせて行われる実験
は混合デザイン (mixed design) と呼ばれている．本節では，こうした場合の分
析に用いられる混合 2 要因分散分析 (two way mixed design ANOVA) について
述べる．

　分析には図 11.7 に示された SPSS データファイルを用いる．性別は 1 = 女性，
2 = 男性 で，条件 1 ～ 3 は同じ参加者に 3 種類の異なる情報操作を実施したと
きの結果である．実際の実験では，条件 1 ～ 3 の試行順をランダムに変えて，全
参加者が同じ順番で情報操作を受けることがないようにするが，これは，順序
効果を避けるためである．

　SPSS メニューから「分析 (A)」→「一般線型モデル (G)」→「反復測定 (R)」
と進むと「反復測定の因子の定義」ウィンドウが開くので（図 10.4 参照），因

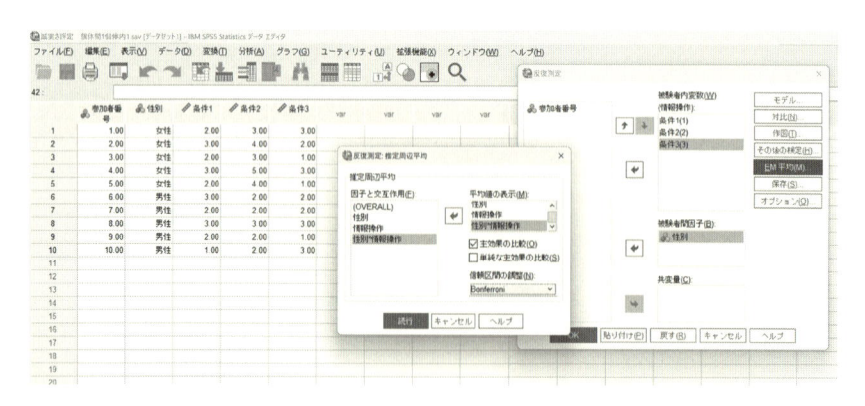

図 11.7　混合 2 要因分散分析のデータファイルとコマンド選択画面

子名を「情報操作」，水準数を「3」として「追加」ボタンをクリックする．そうしておいて「定義 (F)」ボタンをクリックすると図 11.7 の右上の「反復測定」ダイアログボックスが開くので，ここも前章同様，「被験者内変数 (M)（情報操作）」のボックスに左のボックスから「条件 1 ～ 3」を移動させる．前章との違いは，このダイアログボックスの中にある「被験者間因子 (B)」のボックスに左のボックスから「性別」を移動させる点である．これが済んだら「EM 平均 (M)」ボタンを押す．今度は図 11.7 の中央の「推定周辺平均」ダイアログボックスが開くので，この中で「平均値の表示 (M)」ボックスに左から「性別」「情報操作」「性別 * 情報操作」を移動させ，加えて「主効果の比較 (O)」をチェックして，「信頼区間の調整 (N)」では「Bonferroni」を選択する．「続行」を押すと，右上のウィンドウに戻るので，「OK」ボタンをクリックして分析を実行させる．

11.2.2 主効果と交互作用効果の検定

　分析結果の出力が図 11.8 である．Mauchly の球面性検定が非有意なので，「被験者内効果の検定」の表では「球面性の仮定」を見ることになる．すると，情報操作の主効果が有意だったので ($F = 5.583$, $p < 0.05$)，条件間のどこかに有意な違いがあることがうかがわれる．しかし，情報操作 * 性別 の交互作用も有意 ($F = 5.583$, $p < 0.5$) だったことから，条件間の差は男女によって異なる可能性があることも示唆される．

　一方，「被験者間効果の検定」の表を見ると，性別の主効果は非有意だったが ($F = 2.133$, $p = 0.182$)，上で見たように，交互作用が有意だったので，条件別に見た場合はどこかに有意な性差が存在する可能性もある．このため，単純効果や多重比較によって更に分析を行う必要があるが，どこにどのような差があるのか見当を付けるために，ここでも平均値を用いて図を描いてみることにする（図 11.9）．

　図 11.9 を見ると，条件間の差は女性においてのみ顕著で，女性においては条件 2 が他の条件よりも高得点なのではないかと思われる．また，この条件 2 においてのみ性差が有意なのではないか，といった推測も立てられる．これらを確認するために，単純効果と多重比較の分析を試みることにする．

Mauchly の球面性検定^a

測定変数名:　MEASURE_1

					ε^b		
被験者内効果	Mauchly の W	近似カイ 2 乗	自由度	有意確率	Greenhouse-Geisser	Huynh-Feldt	下限
情報操作	.703	2.466	2	.291	.771	1.000	.500

正規直交した変換従属変数の誤差共分散行列が単位行列に比例するという帰無仮説を検定します。

a. 計画: 切片 + 性別
　　被験者計画内: 情報操作

b. 有意性の平均検定の自由度調整に使用できる可能性があります。修正した検定は、被験者内効果の検定テーブルに表示されます。

被験者内効果の検定

測定変数名:　MEASURE_1

ソース		タイプ III 平方和	自由度	平均平方	F 値	有意確率
情報操作	球面性の仮定	4.467	2	2.233	5.583	.014
	Greenhouse-Geisser	4.467	1.542	2.896	5.583	.024
	Huynh-Feldt	4.467	2.000	2.233	5.583	.014
	下限	4.467	1.000	4.467	5.583	.046
情報操作 * 性別	球面性の仮定	4.467	2	2.233	5.583	.014
	Greenhouse-Geisser	4.467	1.542	2.896	5.583	.024
	Huynh-Feldt	4.467	2.000	2.233	5.583	.014
	下限	4.467	1.000	4.467	5.583	.046

ソース		タイプ III 平方和	自由度	平均平方	F 値	有意確率
誤差 (情報操作)	球面性の仮定	6.400	16	.400		
	Greenhouse-Geisser	6.400	12.337	.519		
	Huynh-Feldt	6.400	16.000	.400		
	下限	6.400	8.000	.800		

被験者間効果の検定

測定変数名:　MEASURE_1
変換変数:　平均

ソース	タイプ III 平方和	自由度	平均平方	F 値	有意確率
切片	182.533	1	182.533	182.533	.000
性別	2.133	1	2.133	2.133	.182
誤差	8.000	8	1.000		

図 **11.8**　混合 2 要因分散分析の出力画面

11.2.3　単純効果と多重比較の検定

　個体間 2 要因分散分析の場合と同様，図 11.7 の右上のダイアログボックス内にある「貼り付け (P)」ボタンを押してシンタックスウィンドウを開き（図 11.10)，それに下線を引いた 2 行を追加する．この追加コマンドは個体間 2 要因の場合と同じものである．このシンタックスを実行すると，初めに図 11.8 と同じものが出力され，その後，単純効果と多重比較の分析結果が表示される．

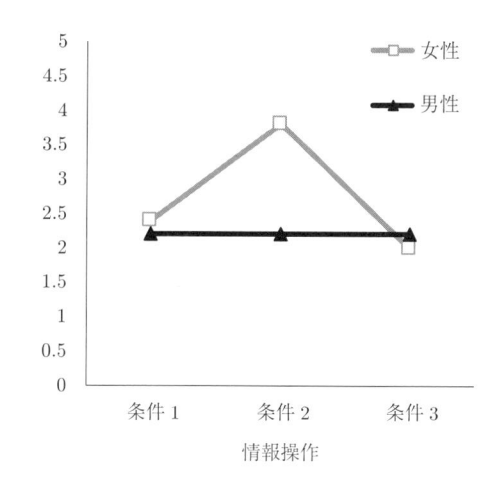

図 11.9 誠実さ評定における性別と情報操作の相互作用

```
GLM 条件 1 条件 2 条件 3 BY 性別
  /WSFACTOR=情報操作 3 Polynomial
  /METHOD=SSTYPE(3)
  /EMMEANS=TABLES(性別)
  /EMMEANS=TABLES(情報操作)
  /EMMEANS=TABLES(性別*情報操作)
  /EMMEANS=TABLES(性別*情報操作) COMPARE (性別) ADJ(BONFERRONI)
  /EMMEANS=TABLES(性別*情報操作) COMPARE (情報操作) ADJ(BONFERRONI)
  /PRINT=DESCRIPTIVE
  /CRITERIA=ALPHA(.05)
  /WSDESIGN=情報操作
  /DESIGN=性別.
```

図 11.10 混合 2 要因分散分析における単純効果の検定と多重比較加えるためのシンタックス

　図 11.11 は性別に関する分析結果である．この中の表「1 変量検定」は情報操作の条件ごとに性別の単純効果を検定した結果であるが，「対比」を見ると，条件 2 においてのみ性別の効果が有意であった ($F = 14.222, p < 0.01$)．「推定値」の表に示された平均値から，この条件においては男性よりも女性が高得点であることがわかる．更に，「ペアごとの比較」の表は多重比較の結果だが，これを裏付けるように，条件 2 においてのみ男女差が有意であることが示されている．

推定値

測定変数名:　MEASURE_1

性別	情報操作	平均値	標準誤差	95% 信頼区間 下限	上限
女性	1	2.400	.316	1.671	3.129
	2	3.800	.300	3.108	4.492
	3	2.000	.412	1.049	2.951
男性	1	2.200	.316	1.471	2.929
	2	2.200	.300	1.508	2.892
	3	2.200	.412	1.249	3.151

ペアごとの比較

測定変数名:　MEASURE_1

情報操作	(I) 性別	(J) 性別	平均値の差 (I-J)	標準誤差	有意確率[b]	95% 平均差信頼区間[b] 下限	上限
1	女性	男性	.200	.447	.667	-.831	1.231
	男性	女性	-.200	.447	.667	-1.231	.831
2	女性	男性	1.600*	.424	.005	.622	2.578
	男性	女性	-1.600*	.424	.005	-2.578	-.622
3	女性	男性	-.200	.583	.740	-1.545	1.145
	男性	女性	.200	.583	.740	-1.145	1.545

推定周辺平均に基づいた

　*. 平均値の差は .05 水準で有意です。

　b. 多重比較の調整: Bonferroni。

1 変量検定

測定変数名:　MEASURE_1

情報操作		平方和	自由度	平均平方	F 値	有意確率
1	対比	.100	1	.100	.200	.667
	誤差	4.000	8	.500		
2	対比	6.400	1	6.400	14.222	.005
	誤差	3.600	8	.450		
3	対比	.100	1	.100	.118	.740
	誤差	6.800	8	.850		

F 値は 性別 の多変量効果を検定します。これらの検定は、推定周辺平均中の一時独立対比検定に基づいています。

図 11.11　混合 2 要因分散分析における性別の単純効果の検定と多重比較

　図 11.12 は情報操作の単純効果検定と多重比較分析の結果である．この中の表「多変量検定」は男女別に情報操作の単純効果を検定したものだが，4 つの指標によって分析結果が示されている．どの指標についても F 値と有意確率は同じで，女性においてのみ情報操作が有意であったことを示している．一般

4. 性別 * 情報操作

推定値

測定変数名: MEASURE_1

性別	情報操作	平均値	標準誤差	95% 信頼区間 下限	95% 信頼区間 上限
女性	1	2.400	.316	1.671	3.129
	2	3.800	.300	3.108	4.492
	3	2.000	.412	1.049	2.951
男性	1	2.200	.316	1.471	2.929
	2	2.200	.300	1.508	2.892
	3	2.200	.412	1.249	3.151

ペアごとの比較

測定変数名: MEASURE_1

性別	(I) 情報操作	(J) 情報操作	平均値の差 (I-J)	標準誤差	有意確率[b]	95% 平均差信頼区間[b] 下限	95% 平均差信頼区間[b] 上限
女性	1	2	-1.400*	.283	.003	-2.253	-.547
		3	.400	.480	1.000	-1.046	1.846
	2	1	1.400*	.283	.003	.547	2.253
		3	1.800*	.412	.007	.557	3.043
	3	1	-.400	.480	1.000	-1.846	1.046
		2	-1.800*	.412	.007	-3.043	-.557
男性	1	2	.000	.283	1.000	-.853	.853
		3	.000	.480	1.000	-1.446	1.446
	2	1	.000	.283	1.000	-.853	.853
		3	.000	.412	1.000	-1.243	1.243
	3	1	.000	.480	1.000	-1.446	1.446
		2	.000	.412	1.000	-1.243	1.243

推定周辺平均に基づいた

*. 平均値の差は .05 水準で有意です。

b. 多重比較の調整: Bonferroni。

多変量検定

性別		値	F 値	仮説自由度	誤差自由度	有意確率
女性	Pillai のトレース	.834	17.565[a]	2.000	7.000	.002
	Wilks のラムダ	.166	17.565[a]	2.000	7.000	.002
	Hotelling のトレース	5.019	17.565[a]	2.000	7.000	.002
	Roy の最大根	5.019	17.565[a]	2.000	7.000	.002
男性	Pillai のトレース	.000	.000[a]	2.000	7.000	1.000
	Wilks のラムダ	1.000	.000[a]	2.000	7.000	1.000
	Hotelling のトレース	.000	.000[a]	2.000	7.000	1.000
	Roy の最大根	.000	.000[a]	2.000	7.000	1.000

F 値はそれぞれ表示された他の効果の各水準の組み合わせ内の 情報操作 の多変量単純効果を検定します。このような検定は推定周辺平均間で線型に独立したペアごとの比較に基づいています。

図 11.12　混合 2 要因分散分析における情報操作の単純効果の検定と多重比較

には Willks のラムダ (λ) を用いるので，論文には「$F(2,7) = 17.565$, $p < 0.01$, Willks' $\lambda = 0.166$」と記載するのがよい．

　次に，女性においてどの条件間に有意差があったかを調べるためには，多重比較の結果を示した「ペアごとの比較」を見るが，これによると，条件2が条件1および3と有意に異なることが示されている．つまり，女性においては条件2が条件1および3よりも有意に高得点であったが，男性においては条件間に違いがなかったことがこの出力から読み取れる．

　以上の単純効果・多重比較の分析結果より，図11.9に基づく推測が統計的に裏付けられたことになる．すなわち，誠実さ評定における情報操作の影響は女性にのみ見られ，女性参加者は情報条件2において他の情報条件よりも標的人物の誠実さを高く評価したが，一方，男性参加者ではこうした情報操作の影響は見られなかった．また，男女差は情報条件2においてのみ生じていた．したがって，この分析の結論としては，前節同様，「人の噂話などすべきでない」と反応した人を女性参加者は男性参加者よりも誠実であると評定した，となるであろう．

11.3　2要因分散分析の結果のまとめ方

　2要因の分散分析を SPSS で実施すると多くの表が出力されるので，論文や報告書において分析結果を報告する際には，これらの中から必要な数値を読み取って分散分析表を作成することが肝要である．表11.2は，本章の前半で説明した個体間2要因分散分析の結果をまとめたものである．この中の数値は図11.2「個体間2要因分散分析の出力画面」の中の表「被験者間効果の検定」から抜き出したものである．具体的には，「性別」，「情報操作」，「性別 * 情報操作」，

表 11.2　個体間2要因分散分析表

	平方和	自由度	F	有意確率
性別	2.700	1	5.063	0.034
情報操作	2.400	2	2.250	0.127
性別 × 情報操作	5.600	2	5.250	0.013
誤差	12.800	24		

「誤差」の行にある平方和，自由度，F 値，有意確率を転記したものである．

　2 要因分散分析では交互作用（この例では，性別 × 情報操作）が重要な役割を果たすが，この分析例でも交互作用が有意なので，その意味を適切に解釈することが研究成果を過不足なく報告するために必要である．そのためには，図 11.3 のようなグラフを使って視覚的に表現しながら，結果を説明するのが良いであろう．

　表 11.3 は混合 2 要因分散分析表である．表 11.2 との違いは 2 種類の誤差項が含まれることである．まず，個体間要因である「性別」の平方和，自由度，F 値，有意確率などは，SPSS 出力の図 11.8 中の表「被験者間効果の検定」から該当する数値を転記する．表 11.3 の「誤差（個体間）」の平方和と自由度も，図 11.8 中の同じ表から転記する．一方，表 11.3 の「情報操作」，「性別 × 情報操作」には個体内要因が含まれているので，これらの平方和，自由度，F 値，有意確率などは，図 11.8 中の表「個体内要因の検定」の「球面性の仮定」の行から転記する．表 11.3 の「誤差（個体内）」の平方和と自由度も，図 11.8 の同じ表の「誤差（情報操作）」の「球面性の仮定」行から転記する．このように，混合 2 要因分散分析では，特に SPSS 出力が大量なので，報告のための分散分析表を作成する際には，出力を丁寧に読み取り，適切な数値を転記するよう注意が必要である．

表 11.3　混合 2 要因分散分析表

	平方和	自由度	F	有意確率
性別	2.133	1	2.133	.182
誤差（個体間）	8.000	8		
情報操作	4.467	2	5.583	.014
性別 × 情報操作	4.467	2	5.583	.014
誤差（個体内）	6.400	16		

参考文献

[1] 竹原卓真，『SPSS のススメ 1 三訂版：2 要因の分散分析をすべてカバー』，北大路書房 (2022).

[2] 山内光哉, 『心理・教育のための分散分析と多重比較：エクセル・SPSS 解説付き』, サイエンス社 (2008).

第 IV 部

調査と回帰分析

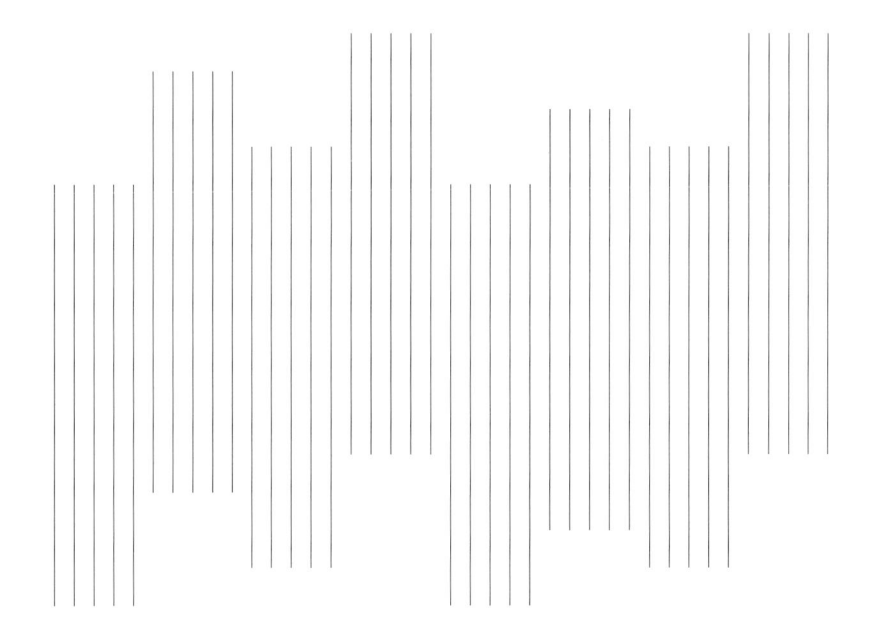

社会学や社会心理学の研究では，数百人から数千人を対象にした大規模な調査が行われることがある．こうした大量の調査データに対しては，組織的にかつ精緻な分析を行うために種々の回帰分析が用いられる．第 IV 部では，こうした回帰分析について解説する．第 12 章では，その基本となる単回帰分析を取り上げるが，これは 2 変数間の関係を扱うもので，この章ではその原理である最小二乗法の考え方を説明する．第 13 章では，回帰分析を複数の独立変数に拡張した重回帰分析について，また，第 14 章では，従属変数が 2 カテゴリーの質的変数である場合に用いられるロジスティック回帰分析について解説する．第 15 章では，疑似相関の問題を取り上げ，回帰分析の中でこれに対処する変数の統制について述べる．

12

単回帰分析

本章では，相関と回帰の関連性を論じたあと，独立変数が1つである単回帰分析 (simple regression analysis) を取り上げ，その考え方を説明する．単回帰分析を実際に行う際の SPSS の使用方法や結果の読み取り方，分析結果のまとめ方についても解説する．

12.1　相関と回帰

相関と回帰はいずれも2変数の関係性を示すもので，両者は密接に結びついている．回帰 (regression) では，2変数のうちの一方を原因事象（独立変数 x），他方を結果事象（従属変数 y）と仮定した上で，$y = f(x)$ という関数によって両者の関係を定式化する．たとえば「収入の高さは幸福度を強める」という心理学的・社会学的な仮説があるとして，それに基づいて収入を原因事象（独立変数 x），幸福度を結果事象（従属変数 y）と仮定し，たとえば，$y = 3 + 0.06x$ といった回帰式によって両者の関係性を表現する．この例ならば，幸福度に対する収入の影響力の大きさは 0.06 であり，収入が1単位分増えるごとに幸福度が 0.06 上昇することが仮定されている．回帰式を使えば独立変数の値から従属変数の値を予測することが可能であり，上記の例で収入単位が万円ならば，年収が 400 万円 ($x = 400$) の人の幸福度 (y) は 27 点 ($= 3 + 0.06 \times 400$) であると予測できる．

相関 (correlation) は，第3章で述べたように，2変数のあいだの関連性（共変

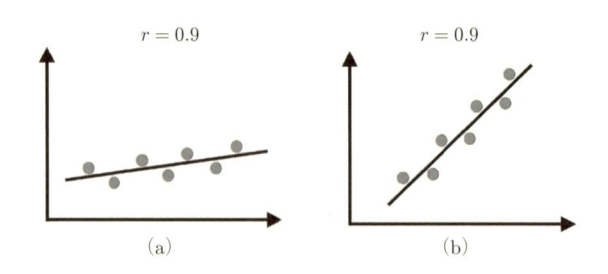

図 12.1　相関係数は直線の傾きを反映しない

動 (covariance)) の強さを示すものだが，それは回帰式の精度と見ることもできる．図 3.10 で示したように，ケースが直線状に散布するほど回帰式の予測力は高まるが，そのときは，相関係数も高まって 1 に近づく．ただし，相関係数と回帰直線の傾きを混同しないよう注意が必要である．図 12.1(a) と (b) の散布図には，傾きの異なる 2 つの直線が描かれているが，いずれも相関係数は 0.9 である．直線の傾きは，回帰式に示されるように，従属変数に対する独立変数の影響力の大きさ，すなわち，独立変数が 1 単位分変化したときの従属変数の変化量を意味するものだが，こうした情報は相関係数には含まれていない．むしろ相関係数は，2 つの変数がどれくらい密接に連動し合っているのか，どれくらい大きく重なり合っているのかを示す指標で，後に述べる回帰式の説明率などの計算に用いられる．

12.2　回帰分析の考え方

　回帰分析 (regression analysis) は，一方の事象の強度から他方の事象の強度を予測しようとするものである．厳密にいえば，回帰分析だけで因果関係を証明できるわけではないが，一方が原因，他方が結果であるという仮定の上で，原因事象（独立変数）が結果事象（従属変数）をどれくらい変化させる効果があるのかを明らかにする統計技法が回帰分析であるといえる．

　回帰分析の考え方を示したのが図 12.2 で，この図では独立変数 x を横軸，従属変数 y を縦軸とした散布図が作られている．図中の点は，研究に参加した各ケースのデータを表しており，それは変数 x と y の値を座標にプロットされて

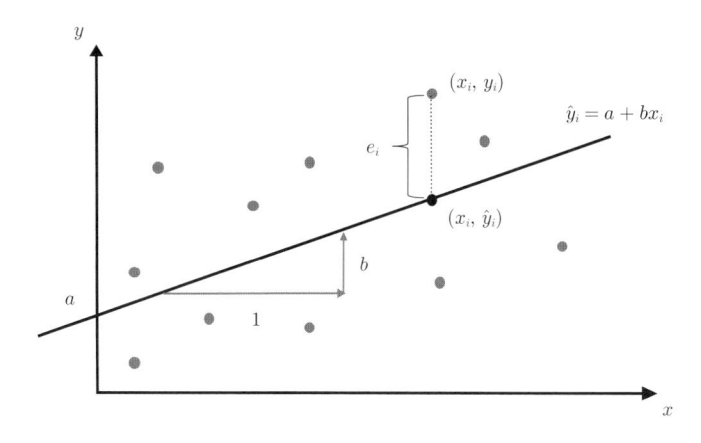

図 **12.2**　回帰分析の考え方

いる.

　回帰分析の目的は，このような散布図の上に変数 x と y の関係をもっともよく表す直線（回帰直線）を見付けることである．図 12.2 には 1 つの直線が引かれているが，散布図がこのように広がっている場合には，どこに直線を引いても，必ずそれに載らないケースが生じる．各ケースの直線からのずれをできるだけ小さくできるよう，全体として散布図にもっとも当てはまりの良い直線を見出すことが回帰分析の目的である．相関係数は，こうして得られた回帰直線と全ケースのずれの程度を表すものでもある．

　回帰直線の一般式は式 (12.1) のように表される.

$$\hat{y}_i = a + bx_i \tag{12.1}$$

　この回帰式 x_i に特定の値を代入すれば，y_i の値を予測することができる．これは i 番目の回答者について，その x の値から y の値を予測しようとするものである．しかし，y の予測値 (predicted value) は回帰直線上の値なので，図 12.2 の散布図例のように，必ずしも実測値 (observed value) と一致するとは限らない．このため，この式では，予測値は実測値と区別するために $\hat{y}_i$ と表現されている．一方，実測値を表すときはこの予測値にずれ，すなわち誤差 (e) を加えた式 (12.2) となる.

$$y_i = a + bx_i + e_i \tag{12.2}$$

これらの回帰式における a は切片 (intercept) で，縦軸と回帰直線との交点 $(x = 0)$ における y の値を意味している．b は回帰直線の傾きで，回帰係数 (regression coefficient) と呼ばれる．それは独立変数 x が 1 単位増加したときの従属変数 y の増分を表している．b がマイナスのときは，独立変数 x が 1 単位増加したときの従属変数 y の減分を表す．回帰分析では a と b を推定して回帰式を定め，これを通して従属変数 y に対する独立変数 x の効果の大きさを推定しようとするものである．

　式 (12.2) から明らかなように，a と b の値が変化すると回帰直線も変化する．切片 a が大きくなると直線は全体として上方向に，小さくなると下方向に平行移動する．傾き b は回帰直線の傾き角度を表している．b がプラスのとき回帰直線は右肩上がりになり，マイナスになると右肩下がりになる．b が 0 のとき回帰直線は水平になる．

12.3　回帰式の求め方

　a と b を推定する際の基本的な考え方は，散布図上のすべてのケースからできるだけ近い直線を見付けるというものである．そのため最小二乗法 (least squares method) という手法が用いられる．図 12.2 の散布図において，あるケースの実測値 (x_i, y_i) から垂線を引き，それが回帰直線と交わる点の y 値がそのケースの予測値 $(x_i, \hat{y}_i)$ である．実測値にできるだけ近い回帰直線を引くということは，実測値 y_i と予測値 $\hat{y}_i$ との差（誤差）を可能な限り小さくするような直線を探すということである．この誤差 (residual) は式 (12.1) と式 (12.2) より式 (12.3) で表される．

$$e_i = y_i - \hat{y}_i \tag{12.3}$$

　このような誤差をすべてのケースについて算出し，それらの合計が最小になるような a と b を求めるが，その際，式 (12.4) に示されているように，誤差の 2 乗を合計する．

$$\sum {e_i}^2 = \sum (y_i - \hat{y_i})^2 \tag{12.4}$$

式 (12.4) に式 (12.2) を代入すると式 (12.5) が得られる．そして，このような誤差の二乗和が最小の値をとるように a と b の値を決定する．これが最小二乗法である．

$$\sum {e_i}^2 = \sum \{y_i - (a + bx_i)\}^2 \tag{12.5}$$

数学的な導出過程は省略するが，偏微分法などを用いて計算していくと，式 (12.5) の値を最小にする a と b は式 (12.6) と式 (12.7) によって求められることがわかる．$\overline{x}$ と $\overline{y}$ はそれぞれ x と y の平均を意味している．式 (12.7) より回帰係数 b は x と y の共分散を x の分散で割ったものであることがわかる．

$$a = \overline{y} - b\overline{x}, \tag{12.6}$$

$$b = \frac{\sum (x_i - \overline{x})(y_i - \overline{y})}{\sum (x_i - \overline{x})^2}. \tag{12.7}$$

図 12.2 の例の場合は，最小二乗法によって $a = 0.5$, $b = 0.35$ と推定されたので，回帰式は $y = 0.5 + 0.35x + e$ になる．これは独立変数 x が 1 単位増加すると従属変数 y は 0.35 増加すると予測するものである．

12.4　決定係数

さきに，散布図上のデータ（現実のデータ）に対する回帰直線（統計の理論的なモデル）の当てはまりの良さが相関係数に表されていると述べたが，回帰分析では，これに相当する指標が決定係数 (coefficient of determination: R^2) と呼ばれている．

図 12.3 の (a) と (b) は，いずれも散布図に回帰直線を引いたものであるが，これを見ると (b) よりも (a) の方が個々のケースと回帰直線との距離が短くなっており，データと回帰直線との乖離が小さいことがわかる．すなわち，(b) よりも (a) の方がデータに対する回帰直線の当てはまりが良いということであるが，決定係数はこのような当てはまりの良さを評価するための指標であり，最小値 0 から最大値 1 をとる ($0 \leq R^2 \leq 1$)．決定係数が 1 に近いほど，データに対す

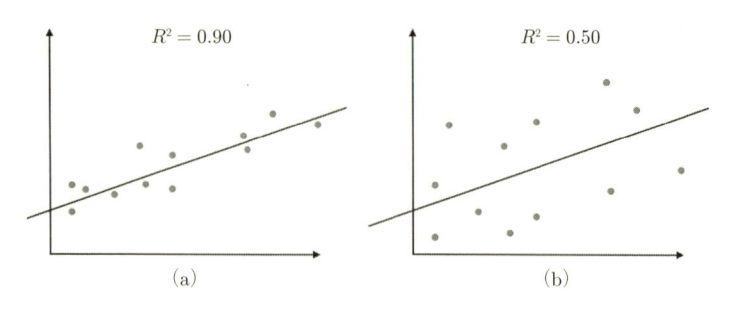

図 12.3　散布図と決定係数

る回帰直線の当てはまりが良いことを意味している.

　決定係数を求める計算式は式 (12.8) の通りである. 右辺第 2 項の分母は従属変数 y の偏差平方和で, y のばらつきの大きさを表している. 分子は従属変数 y の実測値と予測値の差の平方和, つまり実測値と予測値のずれを 2 乗して全ケースについて合計したものである. したがって, 右辺第 2 項全体では, 従属変数のばらつき全体のうちで, 回帰式で説明されずに残っているばらつきの割合を表している. これを 1 から引くことで, 回帰式で説明される分散の割合を求めることができる.

$$R^2 = 1 - \frac{\sum_{i=1}^{n} (y_i - \hat{y}_i)^2}{\sum_{i=1}^{n} (y_i - \overline{y})^2} \tag{12.8}$$

　したがって, 決定係数とは, 従属変数の分散のうちの何パーセントを回帰式によって統計的に説明できるかを表すものである. たとえば, 幸福度を従属変数 y, 年収を独立変数 x として単回帰分析を行なった結果, $y = 3 + 0.06x$ という回帰式と 0.030 という決定係数が得られたとしよう. これは, 幸福度の分散のうちの 3.0% を上記の回帰式によって説明できるということを示している. この決定係数を見ることで, 回帰式に表現された変数間の関係に関する理論的モデルが現実のデータにどれくらい適合しているか評価することができる.

　なお, 単回帰分析においては, 決定係数は相関係数の 2 乗にあたる. したがって, 2 変数間の相関係数がわかる場合は, それを 2 乗することで回帰式の説明力の程度を把握することができる.

12.5　SPSS を使った回帰分析の実際

　次に，調査研究で得られた実際のデータに対して SPSS を使って回帰分析を行なってみよう．ここで扱うデータは日本全国に居住する 20 ～ 59 歳の男女を母集団として無作為抽出された対象者を標本として社会調査を行なったものである ($N = 1200$)．幸福度（最小値 0 点，最大値 35 点）を従属変数，世帯年収（単位は万円）を独立変数として単回帰分析を行う．

　SPSS の操作方法は次の通りである．メニューから「分析 (A)」→「回帰 (R)」→「線形 (L)」とクリックしていくと図 12.4 のようなダイアログボックスが開く．「従属変数 (D)」に幸福度を，「独立変数 (I)」に世帯年収を入力して「OK」をクリックすると結果が出力される．なお，「OK」をクリックする前に，右上の「統計量 (S)」をクリックし，その先で表示されるダイアログボックスにて「記述統計量 (D)」にチェックを入れておくと，各変数の記述統計量が出力されるので便利である．

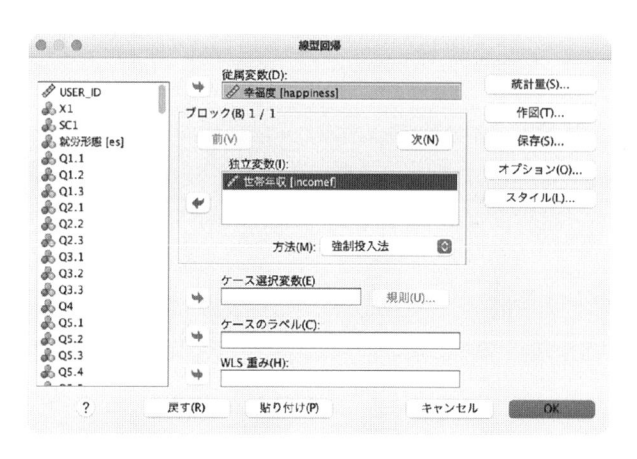

図 **12.4**　「線形回帰」ダイアログボックス

　出力される結果のうち重要な部分を図 12.5 に示す．この中の表「係数」が推定された回帰式を表している．"(定数)"というのは回帰式における切片（回帰式の a）で，この分析例では 17.310 であった．独立変数である世帯年収の回帰

モデルの要約

モデル	R	R2 乗	調整済み R2 乗	推定値の標準誤差
1	.180[a]	.032	.032	6.60083

a. 予測値: (定数)、世帯年収。

分散分析[a]

モデル		平方和	自由度	平均平方	F 値	有意確率
1	回帰	1746.558	1	1746.558	40.085	.000[b]
	残差	52198.079	1198	43.571		
	合計	53944.637	1199			

a. 従属変数 幸福度

b. 予測値: (定数)、世帯年収。

係数[a]

モデル		非標準化係数		標準化係数	t 値	有意確率
		B	標準誤差	ベータ		
1	(定数)	17.310	.384		45.062	.000
	世帯年収	.003	.000	.180	6.331	.000

a. 従属変数 幸福度

図 **12.5** 単回帰分析の出力結果

係数は，非標準化係数 B の 0.003 である．したがって，推定された回帰式は，$y = 17.310 + 0.003x$ となり，このことは，世帯年収が 1 単位（1 万円）増えるごとに幸福度は 35 点満点中 0.003 点増え，仮に世帯年収が 100 万円増えるならば，幸福度は 0.3 点 (8.57%) 増加するということを意味している．なお，切片は 17.310 なので世帯年収が 0 の場合の幸福度は 17.310 点である．

SPSS では回帰係数の統計的検定が行われ，「母集団において回帰係数は 0 である」という帰無仮説が t 検定によって吟味され，t 値とともにその有意確率も出力される．もしもそれが統計的に有意でなかった場合は，帰無仮説は棄却されないので，その独立変数については「効果なし」と解釈しなければならない．しかし，今回の例では，世帯年収の回帰係数の有意確率は 0.000 と有意だったので，「世帯年収が 1 単位（1 万円）増えると，幸福度は 0.003 増加する」と解釈することができる．

切片についても統計的検定が行われるが，帰無仮説は「切片は 0 である」（す

なわち，独立変数が 0 のときは従属変数も 0）というものである．通常，回帰分析を行う目的は，独立変数が従属変数に及ぼす効果の大きさを把握することであり，切片の意味が積極的に検討されることはあまりない．そのため，切片の検定結果に関心が払われることも稀であるが，回帰式の構成要素に対する検定結果として出力がなされる．今回の例では "(定数)" の有意確率は 0.000 であるため，帰無仮説は棄却され，統計的に有意であると判断できる．すなわち，母集団においても切片は 0 ではないとの判断が妥当であるといえる．

図 12.5 の出力結果のうち表「モデルの要約」の中の「R2 乗」は決定係数で，その数値 0.032 であった．決定係数についても回帰係数と同様に，「母集団においては 0 である」という帰無仮説のもとで検定が行われており，その結果は表「分散分析」に示されている．もしも，有意確率が 0.05 よりも大きく，F 値が非有意ならば，その回帰式では従属変数の変動を説明できないということになる．今回の例では，有意確率は 0.000 であるため統計的に有意であることから，「母集団において決定係数は 0 ではない」と判断してよい．したがって，決定係数に基づいて「幸福度の分散のうちの 3.2% を，世帯年収を独立変数とした回帰式によって説明できる」と解釈することができる．

12.6　回帰分析の結果のまとめ方

論文や報告書を作成するとき，単回帰分析の結果は図表にするほど複雑ではないので，次のように本文の中で表記するのが良いであろう．本章で使った分析例に即して述べてみると，

> 「1200 人に対する調査データに関する回帰分析の結果，幸福度に対する世帯年収の回帰係数は 0.003，切片は 17.310，決定係数は 0.032 で，いずれの統計量も 0.1% 水準で有意だった」

となるであろう．以上，本章では，幸福度を従属変数，世帯年収を独立変数とする例を取り上げ，独立変数が 1 個である単回帰分析について説明した．次章では独立変数が 2 個以上の重回帰分析について解説する．

参考文献

[1] 数理社会学会（監修），与謝野有紀・栗田宣義・間淵領吾・安田雪・高田洋（編），『社会の見方，測り方』，勁草書房 (2006).

13

重回帰分析

単回帰分析では独立変数は1つだけであるが，重回帰分析 (multiple regression analysis) では複数の独立変数を分析に含めることができる．たとえば前章では，幸福度を従属変数，世帯年収を独立変数とした単回帰分析を行なったが，幸福度に影響を及ぼす要因は世帯年収だけではないであろう．性別，年齢，学歴，婚姻形態（結婚しているかどうかなど），就労形態（正規雇用，非正規雇用，自営業など）といった変数も幸福度を左右している可能性がある．このような場合，幸福度を従属変数とし，性別，年齢，学歴，世帯収入，婚姻形態，就労形態など複数の要因を独立変数とした重回帰分析を行えば，それぞれの要因が幸福度に対してどのような効果をもたらすのかを数量的に把握することができる．

13.1　量的独立変数を用いた重回帰分析：SPSS による分析例

複数の独立変数を用いるこうした回帰分析では，変数の種別によって分析手法が異なるが，本章の前半では，独立変数，従属変数ともに量的変数である重回帰分析の原理と分析方法について，具体例を用いて解説する．本章の後半では，独立変数に質的変数が含まれた重回帰分析について説明する．質的変数はダミー変数と呼ばれるものに変換した上で分析に投入するが，その作成方法を中心に述べる．一方，質的変数を従属変数とした回帰分析にもいくつか種類があるが，本書では，第14章でロジスティック回帰分析を取り上げて，これについて解説する．

13.1.1　重回帰式：偏回帰係数と標準化偏回帰係数

　単回帰分析では，従属変数を y，独立変数を x として $y = a + bx + e$ という回帰式を作り，この回帰直線において予測値と実測値とのずれ（誤差）を表す e ができるだけ小さくなるように最小二乗法を用いて切片 a と傾き b を推定していた．それに対して重回帰分析では独立変数が複数あるので，回帰式（重回帰式）は式 (13.1) のようになる．これは複数の独立変数と従属変数の理論的関係を表すものなので「重回帰モデル」とも呼ばれる．

$$y = a + b_1 x_1 + b_2 x_2 + \cdots + b_k x_k + e \tag{13.1}$$

　重回帰分析においても，単回帰分析と同様に，誤差 e の 2 乗和ができるだけ小さくなるような切片 a と係数 $b_1, b_2, \ldots, b_k$ を求める．これらの係数は偏回帰係数 (partial regression coefficient) と呼ばれ，独立変数が 1 単位増加したときの従属変数の変化量，すなわち，従属変数に対する独立変数の効果の大きさを表している．切片 a はすべての独立変数に 0 を代入したときの値を意味している．

　重回帰分析では複数の独立変数を扱うので，従属変数に対する効果の大きさを独立変数間で比較する必要性が出てくる．しかし，多くの場合，独立変数の測定単位は異なっているので，偏回帰係数の大きさを直接比較しても意味はない．たとえば，幸福度に対する重回帰分析において教育年数と世帯年収のそれぞれについて偏回帰係数が得られたとして，これらの係数は「教育年数が 1 年増加したときの幸福度の変化量」，「世帯年収が 1 万円増加したときの幸福度の変化量」を意味しており，それらの係数の比較に意味を見出すのは難しい．このような場合に使われるのが標準化偏回帰係数 (standardized regression coefficient) である．これは，すべての変数を平均 0，標準偏差 1 に標準化してから重回帰分析を行なったときの偏回帰係数のことである．

　標準化偏回帰係数を用いた重回帰式は式 (13.2) の通りである．標準化していない重回帰分析と区別するため，係数 b と誤差 e については β（ベータ）と ε（イプシロン）を用いて表記する．すべての独立変数を標準化すると切片 $a = 0$ となるため，切片の項は存在しない．

$$y = \beta_1 x_1 + \beta_2 x_2 + \cdots + \beta_k x_k + \varepsilon \tag{13.2}$$

　標準化偏回帰係数は「教育年数が1標準偏差分増加したときの幸福度の変化量」,「世帯年収が1標準偏差分増加したときの幸福度の変化量」というように,標準偏差を単位とした従属変数の変化量を表すことになる.したがって,元々は異なる単位で測定された独立変数どうしでも,それらの β を比較し,従属変数に対してどちらの独立変数の効果が大きいかを論じることができる.

13.1.2　自由度調整済み決定係数

　単回帰分析においては,決定係数を用いて実測データに対する回帰直線の当てはまりの良さを評価していた.重回帰分析でも同様に,決定係数を利用して重回帰モデルのデータに対する適合度を評価することができる.しかし,重回帰分析の場合は独立変数の数が増えるほど決定係数は大きくなるという性質があり,従属変数に対して実質的にはほとんど影響力を持たない独立変数も決定係数の増加に寄与してしまうということが有り得る.このため,独立変数の数が異なる複数の重回帰モデルを比較評価する際には,独立変数の数の影響を取り除いた決定係数が必要となるが,それは自由度調整済み決定係数 (adjusted coefficient of determination) と呼ばれるものである.

13.1.3　SPSS による量的独立変数を用いた重回帰分析の実際

　ここでは,実際の調査データ例を使い,幸福度を従属変数,年齢,学歴（教育年数）,世帯年収（万円）を独立変数とした重回帰分析を,SPSS を使って行うことにする.これらの変数はいずれも量的変数である.この分析データは,日本全国に居住する 20 〜 59 歳の男女を母集団とし,そこから無作為抽出された 1200 名（男性 600 名,女性 600 名）を標本として社会調査を行なって得られたものである.

　SPSS の操作方法は単回帰分析の場合と同様である.メニューから「分析 (A)」→「回帰 (R)」→「線形 (L)」とクリックして進むと,図 13.1 のようなダイアログボックスが開く.ここで「従属変数 (D)」に幸福度を,「独立変数 (I)」に年齢,教育年数,世帯年収を左側の変数リストから選択して投入し,「OK」をクリックする.

　結果は図 13.2 のように出力される.この中の表「モデルの要約」における「R2

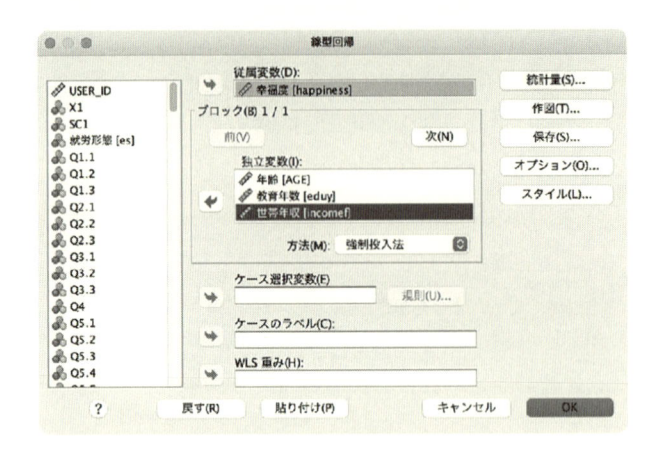

図 **13.1**　「線形回帰」ダイアログボックス（重回帰分析）

乗」には決定係数が示されており，今回の例では 0.048 となっている．決定係数に関する統計的検定の結果については「分散分析」における F 値の有意確率を見ればよい．ここでの値は 0.000 であり，0.050 よりも小さいために統計的に有意と判断できる．このことから，年齢，教育年数，世帯年収という 3 変数を独立変数とした重回帰モデルによって，回答者の間にある幸福度の分散のうち 4.8% を統計的に説明できると解釈することができる．

　自由度調整済み決定係数も表「モデルの要約」に含まれ，「調整済み R2 乗」に示されている．ここでその値は 0.046 であり，自由度を調整していない決定係数よりもわずかに小さな値となっている．自由度調整済み決定係数は，2 つ以上の重回帰モデルがあるとき，それらのデータに対する当てはまりの良さを比較するために使用するので，今回の例のように重回帰モデルが 1 つだけのときは特に取り上げる必要はない．

　図 13.2 の中の表「係数」における「非標準化係数 B」には，それぞれの独立変数の偏回帰係数が示されており，これを見ることで独立変数が 1 単位増加したときの従属変数の変化量を把握できる．これらの偏回帰係数については t 値を用いた統計的検定が行われ，その結果は右端の「有意確率」に示される．

　独立変数の効果については，偏回帰係数の大きさと有意確率の両方をセット

モデルの要約

モデル	R	R2 乗	調整済み R2 乗	推定値の標準誤差
1	.220[a]	.048	.046	6.55141

a. 予測値: (定数)、世帯年収, 教育年数, 年齢。

分散分析[a]

モデル		平方和	自由度	平均平方	F 値	有意確率
1	回帰	2611.120	3	870.373	20.278	.000[b]
	残差	51333.516	1196	42.921		
	合計	53944.637	1199			

a. 従属変数 幸福度
b. 予測値: (定数)、世帯年収, 教育年数, 年齢。

係数[a]

モデル		非標準化係数		標準化係数	t 値	有意確率
		B	標準誤差	ベータ		
1	(定数)	17.797	1.523		11.686	.000
	年齢	-.069	.018	-.110	-3.786	.000
	教育年数	.150	.087	.050	1.727	.084
	世帯年収	.003	.000	.190	6.556	.000

a. 従属変数 幸福度

図 13.2 重回帰分析の出力結果

にして解釈する．偏回帰係数として何らかの数値が示されていたとしても，有意確率が 0.050 よりも大きい場合は統計に有意ではないため，その独立変数は従属変数に対して効果を及ぼしているとは判断できない．たとえば，教育年数の偏回帰係数は 0.150 であるが，有意確率は 0.084 なので統計的に有意ではない．このことは，「母集団においては教育年数の偏回帰係数は 0 である」という帰無仮説を棄却できないことを意味している．つまり，この標本における偏回帰係数は 0.150 だったが，母集団ではそれが 0 である可能性を否定できないので，この重回帰分析の結果からは，教育年数は幸福度に対して実質的な効果を及ぼさず，教育年数が長くても短くても幸福度には差がないと解釈することになる．

　もしも，偏回帰係数の有意確率が 0.050 よりも小さい場合は，上記の帰無仮説を棄却できるので，その場合は，母集団においても独立変数は従属変数に対して何らかの効果を及ぼしていると判断することができる．たとえば，年齢とい

う独立変数の有意確率は 0.000 と統計的に有意である．偏回帰係数は −0.069 となっているので，年齢が 1 歳増えるごとに幸福度は 35 点満点中 0.069 点 (0.19%)低下するという関係があり，年齢は幸福度に対して負の効果を持っていると解釈することができる．世帯年収についても有意確率は 0.000 であり統計的に有意である．偏回帰係数は 0.003 なので，世帯年収が 1 万円増えるごとに幸福度は 0.003 点 (0.009%) 上昇するという関係があり，世帯年収は幸福度に対して正の効果を持っていると解釈することになる．

　しかし，標準化されていないこうした偏回帰係数 B は「独立変数が測定に用いられた尺度の 1 単位分（1 万円，1 年など）増加したときの従属変数の変化量」を意味するものなので，年齢と年収のように，測定単位が異なる独立変数間で比較することはできない．一方，標準化偏回帰係数を表す図 13.2 中の「標準化係数ベータ」は，独立変数と従属変数が，元々の測定単位にかかわらず平均 0，標準偏差 1 となるように標準化されたときの偏回帰係数を表しているので，従属変数に対する効果の大きさを独立変数間で比較することができる．たとえば，統計的に有意な効果を持っていた年齢と世帯年収のベータ (β) はそれぞれ −0.110 と 0.190 であったが，絶対値を比較すると世帯年収の方が年齢よりも大きいことから，幸福度に対しては年齢よりも世帯年収の方が大きな効果を持つといえよう．

　表「係数」の中の定数は重回帰式における切片を表しており，この分析例では 17.797 となっている．これは，この重回帰式において，年齢，教育年数，世帯年収のすべてに 0 を代入すると幸福度は 17.797 点になるということだが，これは仮に，年齢が 0 歳，教育年数は 0 年，世帯年収は 0 円というケースがあるとしたなら，その人物の幸福度は 17.797 点になることを意味している．また，その有意確率は 0.000 と 0.050 よりも小さいので，母集団において切片は 0 ではないと解釈することができる．ただし，重回帰分析の目的は，多くの場合，従属変数に対する独立変数の効果を調べることなので，実際の研究で切片の値が考察の対象となることはほとんどない．

　表「係数」の見方をまとめると，まずは有意確率を見て，どの独立変数が統計的に有意であるのかを確認する．次に，統計的に有意であった独立変数について非標準化係数 (B) の欄にある偏回帰係数を見ることで，従属変数に対する

独立変数の効果を年や万円といった測定単位の視点から把握する．最後に標準化係数（ベータ）の欄に示される標準化偏回帰係数を確認し，従属変数に対する効果の大きさを独立変数間で比較することになる．

13.1.4 多重共線性

重回帰分析を行う際は，多重共線性 (multicollinearity) に注意する必要がある．多重共線性とは独立変数間に強い相関があることにより，重回帰分析の結果が歪んでしまう現象のことである．重回帰分析では，独立変数どうしは無相関であることを仮定して偏回帰係数の推定を行なっているが，実際のデータでは独立変数間に相関があることが多い．その相関が大きいと，統計理論上の前提とのギャップが大きくなり，不自然な分析結果が生じたりするが，これが多重共線性の問題である．具体的には，他の独立変数と強い相関を持つ別の独立変数を追加すると，統計的に有意であった変数が有意でなくなったり，同じ独立変数の偏回帰係数の符号が逆転したりするような現象である．

具体例を見るため，幸福度を従属変数，年齢，教育年数，世帯年収を独立変数とした重回帰分析において，多重共線性を発生させるような人工的な独立変数を追加してみる．1 から 200 までの範囲でランダムに整数を発生させ，回答者ごとに世帯年収にこの整数を加算して人工的変数「世帯年収＋乱数 200」を作成する．この人工的変数と世帯年収の相関係数は 0.990 であるが，これを独立変数に追加して行なった重回帰分析の結果は図 13.3 の通りである．

図 13.2 と図 13.3 にある「係数」の表を見比べると，多重共線性の影響を確認

係数[a]

モデル		非標準化係数		標準化係数	t 値	有意確率	共線性の統計量	
		B	標準誤差	ベータ			許容度	VIF
1	(定数)	17.586	1.550		11.347	.000		
	年齢	-.070	.018	-.111	-3.810	.000	.945	1.059
	教育年数	.148	.087	.049	1.706	.088	.949	1.053
	世帯年収	.001	.003	.046	.231	.817	.020	49.158
	世帯年収＋乱数200	.002	.003	.146	.739	.460	.020	49.241

a. 従属変数 幸福度

図 **13.3** 多重共線性のある重回帰分析

できる．年齢，教育年数，世帯年収という 3 変数だけを独立変数とした図 13.2
の分析結果では，世帯年収は幸福度に対して有意な効果を持ち，世帯年収が大
きくなるほど幸福度も高くなるという関係が見られた．しかし，世帯年収と強
い相関を持つ「世帯年収＋乱数 200」を追加して分析した図 13.3 では，世帯年
収の有意確率は 0.817 まで上昇し，統計的に非有意となった．すなわち，相関
の強い複数の変数を投入したことによって多重共線性が発生し，世帯年収の効
果を適切に把握することができなくなってしまったのである．

　多重共線性が生じているかどうかを確認する方法としては，VIF (variance
inflation factor) の算出というものがある．SPSS のメニューバーから「分析 (A)」
→「回帰 (R)」→「線形 (L)」とクリックして進み，「線形回帰」ダイアログボッ
クス（図 13.1）を表示させる．ここで右上にある「統計量 (S)」をクリックする
と，「線形回帰：統計」ダイアログボックスが現れるので，そこで「共線性の診
断 (L)」にチェックを入れ，「続行」→「OK」をクリックする．すると，重回帰
分析の結果の出力において，図 13.3 のように「係数」の表の右側に「共線性の
統計量」として許容度と VIF が表示される．

　心理学や社会学の研究では，一般に，VIF が 2 よりも小さければ多重共線性
は生じていないと判断される．「世帯年収＋乱数 200」を追加したこの例では，
世帯年収と「世帯年収＋乱数 200」の VIF が 49.158, 49.241 という大きな値を示
しており，これらの変数の組み合わせが多重共線性を生じさせたことをうかが
わせる．このような場合は，どちらか一方の変数を分析から除外することで多
重共線性の問題を回避することができることが多い．実際，ここでの例でも，「
世帯年収＋乱数 200」を追加する前の重回帰分析結果（図 13.2）では，世帯年収
の VIF は 1.058 と，許容範囲内だったのである．なお，SPSS の出力（図 13.3）
に表示される「許容度」とは VIF の逆数 (1/VIF) であり，値が小さいほど多重
共線性が生じている可能性が高くなることを示すものである．

13.1.5　結果のまとめ方

　論文を執筆する際には，重回帰分析の結果を表 13.1 のように整理する．独立
変数それぞれについて偏回帰係数，標準誤差 (standard error)，標準化偏回帰係
数を記載する．各変数に関する統計的検定の結果については，t 値や有意確率を

表 **13.1** 幸福度に対する重回帰分析

	偏回帰係数	標準誤差	標準化偏回帰係数
年齢	−0.069***	0.018	−0.110***
教育年数	0.150	0.087	0.050
世帯年収	0.003***	0.000	0.190***
切片	17.797***	1.523	
決定係数	0.048***		
ケース数	1200		

*** $p < 0.001$

記入する代わりに，係数の右側にアスタリスクを付けて表し，その読み方を表の下部欄外に書いておく．今回の例では，いずれの係数にもアスタリスクが 3 つ (***) 付いており，それらの係数が 0.1% 水準で統計的に有意である ($p < 0.001$) ことを意味している．表の下段には切片，決定係数，ケース数などを記載する．切片と決定係数の有意性もアスタリスクを付けて示す．

13.2 質的独立変数を用いた重回帰分析：SPSS による分析例

　ここまでは，幸福度を従属変数，年齢，教育年数，世帯年収を独立変数とした重回帰分析のように，独立変数がすべて量的変数である場合について解説を行なった．しかし，ときには，質的変数（名義尺度および順序尺度の変数）を独立変数として重回帰分析に含めたいことがある．たとえば，幸福度に対して，年齢や教育年数などの量的変数の効果だけでなく，性別（男性，女性），婚姻形態（結婚している，非婚パートナーあり，非婚パートナーなし），就労形態（自営業，正規雇用，非正規雇用，家事専業）といった質的変数の効果を把握したいことがある．このような場合には，質的変数の素データをそのまま分析に用いるのではなく，ダミー変数と呼ばれる新たな変数を作成し，これを独立変数にすることになる．なお，重回帰モデルの考え方や重回帰式の作り方は，量的独立変数を用いる場合と同じである．

13.2.1 ダミー変数の考え方
　単純化のため，幸福度を従属変数，年齢と性別を独立変数とした重回帰分析

を考えてみる．年齢は量的変数であり，20 歳，21 歳，…，59 歳というように測定単位に対応した多数の値を持っている．このとき，重回帰分析における年齢の偏回帰係数は，年齢が 1 歳増加したときの幸福度の変化量を意味している．

一方，性別という変数は質的変数であり，「男性」，「女性」という 2 カテゴリーから成る．これを独立変数とするときは，ダミー変数 (dummy variable) に変換した上で重回帰分析に投入する．男性または女性のいずれかを基準カテゴリーとし，ダミー変数化したもう一方のカテゴリーとの間で従属変数の比較を行うことになる．たとえば，女性を基準カテゴリーとしたとき，男性に関するダミー変数の偏回帰係数が 3.0 で統計的に有意であったとすると，これは，女性よりも男性の方が，幸福度が 3.0 点高いことを意味している．

13.2.2 ダミー変数の作成と使用方法

質的変数をダミー変数として重回帰分析の独立変数とするには，まず，カテゴリー数分の値セットを作る．性別のような 2 カテゴリーの場合には，下記に示すように，女性を基準カテゴリーとした値セットと男性を基準カテゴリーとした値セットを作る．これがダミー変数である．

- 女性を基準カテゴリーとする値セット（男性ダミー）：女性 = 0，男性 = 1
- 男性を基準カテゴリーとする値セット（女性ダミー）：男性 = 0，女性 = 1

実際の重回帰分析では，これらのうちどちらか一方を用いる．2 カテゴリーの場合は，どちらを用いても同じ値の偏回帰係数が得られる（プラス・マイナス符号は逆転する）．上の例で，もしも男性を基準カテゴリーとして女性ダミーを分析に用いたなら，偏回帰係数は −3.0 となり，それは，男性に比べて女性の幸福度が 3.0 点低いことを意味することになる．

カテゴリーが 3 個以上の質的変数についても，まず，カテゴリー数分の値セットを作ることから始める．たとえば，就労形態という質的変数が「自営業」，「正規雇用」，「非正規雇用」，「家事専業」という 4 カテゴリーから成るとすると，下記のように，4 個の値セットを作成する．

- 自営業ダミー：自営業 = 1，正規雇用 = 0，非正規雇用 = 0，家事専業 = 0

- 正規雇用ダミー：自営業 = 0，正規雇用 = 1，非正規雇用 = 0，家事専業 = 0
- 非正規雇用ダミー：自営業 = 0，正規雇用 = 0，非正規雇用 = 1，家事専業 = 0
- 家事専業ダミー：自営業 = 0，正規雇用 = 0，非正規雇用 = 0，家事専業 = 1

これらの値セットは，特定カテゴリーに 1 を，他のカテゴリーにはすべて 0 を与えるもので，たとえば，自営業ダミーでは，「自営業 = 1」，他のカテゴリーの値はすべて 0 にする．

重回帰分析にあたっては，基準カテゴリーをどれにするか決め，そのダミーを除く他の 3 個のダミーを独立変数に投入する．たとえば，「家事専業」を基準カテゴリーとするなら，家事専業ダミーは分析に含めず，それ以外の自営業ダミー，正規雇用ダミー，非正規雇用ダミーを独立変数として投入する．この場合，分析の結果得られる各ダミーの偏回帰係数は，従属変数に関する家事専業と各カテゴリーとの差を意味することになる．たとえば，正規雇用ダミーの偏回帰係数が 2.0 であったなら，それは家事専業の回答者に比べて正規雇用就労の回答者は幸福度が 2.0 点だけ高いことを意味している．つまり，ダミー変数を使った重回帰分析の結果は，基準としたカテゴリーと他のカテゴリーの比較という観点から解釈される．

以上のように，カテゴリーが 3 個以上の質的変数の場合は，どれを基準カテゴリーにするか（どの値セットを除去するか）によって，分析によって得られる偏回帰係数は異なってくるし，その意味するところも異なってくる．これが性別のような 2 カテゴリー変数との違いである．したがって，3 カテゴリー以上の質的変数の場合には，どのカテゴリーを基準とするかが重要である．どれを基準カテゴリーとするかに関して統計上のルールはなく，分析者が自由に選択できるので，仮説検証という観点から基準カテゴリーを決めることになる．今回の例では家事専業を基準カテゴリーとしているが，仮に幸福度について正規雇用と非正規雇用のあいだに差があるという仮説を検証したいなら，正規雇用あるいは非正規雇用のいずれかを基準カテゴリーとする分析を行うことになるであろう．

13.2.3　SPSS によるダミー変数を用いた重回帰分析の実際

　それでは，ダミー変数を用いた重回帰分析を SPSS で実行してみよう．これは，幸福度を従属変数，年齢，教育年数，世帯年収という 3 つの量的変数に加えて，性別，婚姻形態，就労形態という 3 つの質的変数を独立変数に含めた重回帰分析を行うものである．性別については女性を基準カテゴリーとして男性ダミーを使用する．婚姻形態については「非婚パートナーあり」を基準カテゴリーとして「結婚している」および「非婚パートナーなし」のダミーを使用する．就労形態については，家事専業を基準カテゴリーに設定し，自営業，正規雇用，非正規雇用の 3 ダミーを用いる．

　SPSS の操作方法は次の通りである．メニューから「分析 (A)」→「回帰 (R)」→「線形 (L)」とクリックして進み，「線形回帰」ダイアログボックス（図 13.1）にて従属変数と独立変数を指定する．従属変数は幸福度であるが，独立変数は，年齢，教育年数，世帯年収，男性ダミー，結婚しているダミー，非婚パートナーなしダミー，自営業ダミー，正規雇用ダミー，非正規雇用ダミーであり，これらを投入して「OK」をクリックすると，図 13.4 のような分析結果が出力される．

　ダミー変数の効果は表「係数」に示されている．結果の読み取り方については，量的変数を独立変数とした場合と同様に，まずは表右端の有意確率を見て，ダミー変数が有意な効果を持っているかどうかを確認する．有意確率が 0.05 よりも大きい場合は，そのダミー変数は統計的に有意ではない．すなわち，基準カテゴリーとダミー変数化された当該カテゴリーの間には従属変数について差があるとはいえないと判断することになる．この例では，自営業ダミー，正規雇用ダミー，非正規雇用ダミーはいずれも有意確率が 0.05 よりも大きく，統計的に有意ではなかった．したがって，自営業と家事専業，正規雇用と家事専業，非正規雇用と家事専業のあいだには幸福度について差があるとはいえないことになる．この結果は，年齢，教育年数，世帯年収，性別などの変数とともに投入した重回帰分析では，就労形態の違いは幸福度に対して独自の影響力を持たないことを意味している．

　一方，有意確率が 0.05 よりも小さい場合は，そのダミー変数は統計的に有意であるため，偏回帰係数を見てダミー変数の効果の大きさを把握することにな

モデルの要約

モデル	R	R2 乗	調整済み R2 乗	推定値の標準誤差
1	.332[a]	.110	.104	6.35065

a. 予測値: (定数)、非正規雇用ダミー、結婚しているダミー、自営業ダミー、教育年数、世帯年収、男性ダミー、年齢、非婚パートナーなしダミー、正規雇用ダミー。

分散分析[a]

モデル		平方和	自由度	平均平方	F 値	有意確率
1	回帰	5951.102	9	661.234	16.395	.000[b]
	残差	47993.534	1190	40.331		
	合計	53944.637	1199			

a. 従属変数 幸福度

b. 予測値: (定数)、非正規雇用ダミー、結婚しているダミー、自営業ダミー、教育年数、世帯年収、男性ダミー、年齢、非婚パートナーなしダミー、正規雇用ダミー。

係数[a]

モデル		非標準化係数 B	標準誤差	標準化係数 ベータ	t 値	有意確率
1	(定数)	18.784	1.596		11.768	.000
	年齢	-.093	.019	-.147	-4.881	.000
	教育年数	.163	.087	.054	1.882	.060
	世帯年収	.002	.000	.142	4.812	.000
	男性ダミー	-1.621	.434	-.121	-3.732	.000
	結婚しているダミー	2.569	.533	.190	4.819	.000
	非婚パートナーなしダミー	-.664	.578	-.043	-1.148	.251
	自営業ダミー	1.150	1.001	.041	1.148	.251
	正規雇用ダミー	.036	.715	.003	.050	.960
	非正規雇用ダミー	-1.165	.721	-.072	-1.616	.106

a. 従属変数 幸福度

図 **13.4**　重回帰分析の出力結果（ダミー変数を含む）

る．たとえば，男性ダミーの有意確率は 0.000 であり統計的に有意である．男性ダミーの偏回帰係数は −1.621 となっているので，基準カテゴリーである女性に比べて，男性は幸福度が 1.621 点低いことがわかる．

　婚姻形態については「結婚している」ダミーが有意となっており，偏回帰係数は 2.569 である．よって，基準カテゴリーである「非婚パートナーあり」に比べて，「結婚している」では幸福度が 2.569 点高いことがわかる．これら 2 つのカテゴリーに属する回答者たちはいずれもパートナーがいるが，上記の結果は，結婚しているかどうかによって両者の幸福度に差が生じることを意味して

いる.

　一方,「非婚パートナーなし」ダミーは有意ではなかった. よって基準カテゴリーである「非婚パートナーあり」と「非婚パートナーなし」の間には幸福度に差がないことがわかる. この結果は, 結婚していない人びとについて見た場合, パートナーの有無は幸福度の差を生じさせないことを意味している.

　まとめると, ダミー変数の効果の読み取り方は次の通りである. まず偏回帰係数の有意確率を確認し, 統計的に有意であった場合は, 基準カテゴリーとダミー変数化されたカテゴリーとの間で従属変数について差があったと判断する. この差はダミー変数の効果の大きさを表す. 統計的に有意でなかった場合は, 2つのカテゴリー間において従属変数の差はないと判断する.

13.2.4　結果のまとめ方

　分析結果は表 13.2 のように整理すると見やすい. ダミー変数を用いて表現した質的変数については,「独立変数」の列に元々の変数名とそのカテゴリーを記載するが, 基準カテゴリーには（基準）と表記する. たとえば, 性別の場合なら「性別」という変数名のもとに「男性」,「女性」という 2 カテゴリーを示すが,

表 **13.2**　独立変数にダミー変数を含めた幸福度の重回帰分析

独立変数		偏回帰係数	標準誤差	標準化偏回帰係数
年齢		-0.093^{***}	0.019	-0.147^{***}
教育年数		$0.163^{\dagger}$	0.087	$0.054^{\dagger}$
世帯年収		0.002^{***}	0.000	0.142^{***}
性別	男性	-1.621^{***}	0.434	-0.121^{***}
	女性（基準）			
婚姻形態	結婚している	2.569^{***}	0.533	0.190^{***}
	非婚パートナーあり（基準）			
	非婚パートナーなし	-0.664^{***}	0.578	-0.043
就労形態	自営業	1.150	1.001	0.041
	正規雇用	0.036	0.715	0.003
	非正規雇用	-1.165	0.721	-0.072
	家事専業（基準）			
切片		18.784	1.596	
決定係数		0.110^{***}		
ケース数		1200		

$*** \ p < 0.001$　　$\dagger p < 0.10$

基準カテゴリーとなった女性については（基準）と表記する．「男性」ダミーの偏回帰係数は -1.621 であり，0.1%水準で統計的に有意なので，偏回帰係数の右側にアスタリスクを 3 つ付与する ($***$)．基準カテゴリーである女性には偏回帰係数などは出力されないので，この行は空白となる．

　婚姻形態についても同様である．「独立変数」列に，変数名「婚姻形態」と 3 カテゴリーを示す．これらのうち，基準カテゴリーである「非婚パートナーあり」に（基準）と付記する．「結婚している」ダミーの偏回帰係数は 2.569 であり，0.1%水準で統計的に有意であるため，偏回帰係数の右側にアスタリスクを 3 つ付与する．一方，「非婚パートナーなし」では偏回帰係数が統計的に有意ではなかったため，アスタリスクを付与しない．

　表の下部欄外には統計的検定に関する記号の読み方を記載する．5%水準で有意であるときはアスタリスクを 1 つ ($*$ $p < 0.05$)，1%水準で有意なら 2 つ ($**$ $p < 0.01$)，0.1%水準で有意なら 3 つ ($***$ $p < 0.001$) 付与することが一般的である．10%水準で有意であるときはダガー ($\dagger$ $p < 0.10$) を記載するが，これについては 5%という基準を超えているため，統計的に有意ではないと判断されることもある．

　本章では質的変数のうち，就労形態のような名義尺度の変数を例としてダミー変数について解説したが，順序尺度の変数（例：低学歴，中学歴，高学歴）の場合でも，ダミー変数の作成方法，結果の読み取り方，まとめ方は同様である．

参考文献

[1] 三輪哲・林雄亮（編著），『SPSS による応用多変量解析』，オーム社 (2014).
[2] 数理社会学会（監修），筒井淳也・神林博史・長松奈美江・渡邉大輔・藤原翔（編），『計量社会学入門 社会をデータでよむ』，世界思想社 (2015).

14

ロジスティック回帰分析

　本章では，従属変数が質的である場合の回帰分析の一種であるロジスティック回帰分析 (logistic regression analysis) について解説する．重回帰分析と比較しながらロジスティック回帰分析の特徴を述べたのち，オッズやロジットという概念を用いてロジスティック回帰分析の考え方を説明する．さらに，SPSS でロジスティック回帰分析を実行する方法を説明した上で，分析結果の読み取り方を解説する．

14.1　重回帰分析とロジスティック回帰分析

　教育年数や年収，心理尺度で測られた幸福度のように，従属変数が量的変数である場合は，第 13 章で解説した重回帰分析を使用することができる．一方，従属変数が「結婚したことがある／結婚したことがない」，あるいは「就職内定を得られた／得られなかった」といった 2 カテゴリーの質的変数である場合には，通常の重回帰分析では対応できない．こうした場合に使用されるものとしてロジスティック回帰分析がある．独立変数ついては，ロジスティック回帰分析は重回帰分析と同様，量的変数でも質的変数でも対応できる．質的変数についてはやはりダミー変数化した上で独立変数として使用することになる．重回帰分析とロジスティック回帰分析で対応可能な変数の違いを表 14.1 にまとめておいた．

表 **14.1**　重回帰分析とロジスティック回帰分析の特徴比較

分析手法	独立変数	従属変数
重回帰分析	量的変数	量的変数
	質的変数（ダミー変数）	
ロジスティック回帰分析	量的変数	質的変数（2 カテゴリー）
	質的変数（ダミー変数）	

14.2　ロジスティック回帰分析の考え方

　従属変数が 2 カテゴリーの質的変数，すなわち，生起するか（値 1）生起しないか（値 0）といった事象に対して行われるロジスティック回帰分析では，当該事象が生起するかどうかを直接予測するのではなく，それが生起する発生確率に着目し，これに対して複数の独立変数がどのように寄与するかを明らかにしようとする.

14.2.1　オッズとロジット

　その際，ロジスティック回帰分析では，従属変数の発生確率をオッズ，あるいはこれを自然対数変換したロジットという指標を用いて行うので，まず，これらの説明から始める.

　ある事象の発生確率を表す代表的指標は比率（全ケース中で当該事象が観察された割合）である. わかりやすいように，独立変数も 2 カテゴリーの質的変数を例にとって考えてみる. 従属変数は結婚経験の有無（あり＝1，なし＝0）とし，独立変数は年収とするが，後者についても 300 万円以上かどうか（以上＝1，未満＝0）で対象者をカテゴリー化する. もちろん架空のデータだが，年収 300 万円以上の男性の中から無作為に抽出した 10 名のうち 8 名に結婚歴が見られたとすると，このグループ内での当該事象の発生比率は 0.8 である. 一方，同様に無作為抽出された年収 300 万円未満の男性 10 名では 2 名にしか結婚歴がなかったとすると，こちらのグループでの発生比率は 0.2 である. 両グループ間での発生比率の比は 4.0 なので，ここから，年収が 300 万円以上であることはそれ未満の場合と比べて，結婚経験という事象を生起させる効果が 4 倍高いといえる.

　発生確率を表す指標として，オッズ (odds) というものが使われることもある．これは，式 (14.1) に示されているように，ある事象が起きる確率 p の，その事象が起きない確率 $1 - p$ に対する比を表すもので，上の例だと，高年収グループのオッズは $0.8/(1 - 0.8) = 4$，低年収グループのオッズは $0.2/(1 - 0.2) = 0.25$ となる．これらオッズの比（オッズ比）をとると $4/0.25 = 16.0$ となり，年収が 300 万円以上であることは，それ未満であることに比べて，結婚事象を生起させる効果がオッズ換算で 16.0 倍大きいといえる．

　独立変数が量的変数の場合もオッズとオッズ比は算出可能で，その場合のオッズ比 (odds ratio) は独立変数が 1 単位変化したときのオッズの変化を表す．様々な事情で比率が使えないとき，独立変数の従属変数に対する影響力の指標としてオッズ比が用いられることがある．

$$\text{オッズ} = \frac{p}{1 - p} \tag{14.1}$$

　オッズ比は，比率同様，独立変数が従属変数の生起に与える影響力の大きさを表すもので，どちらもそれが 1 よりも大きいことは生起を促進し，1 よりも小さいことはそれを抑制するものである（もちろん，統計的検定は必要として）．また，オッズ比は，比率同様，数値が大きければそれだけ影響力が大きいことを示している．こうした理由で，比率が使用できないときには，オッズ比がその代用として用いられることがある．オッズの違いは，比率のように「○倍効果が大きい」といった額面通りの解釈はできないものの，比率同様，影響力の大きさを表す指標とみなすことができるからである．

　比率は直感的にわかりやすいし，実際に，社会科学の統計分析ではこちらの方がはるかによく用いられている．しかし，本章で述べるロジスティック回帰分析では，オッズとオッズ比，更に，式 (14.2) のように，オッズを自然対数変換したロジット (logit) と呼ばれる指標が使われるが，これは，それらがこのタイプの回帰分析の演算に好都合なためである．

$$\text{ロジット} = \log_e \left(\frac{p}{1 - p} \right) \tag{14.2}$$

14.2.2　ロジスティック回帰モデル

　従属変数の発生確率の推定にロジットを用い，これを複数の独立変数の線形

結合によって予測するものがロジスティック回帰モデルの中核であり, それは式 (14.3) のように表現される.

$$\log_e \left(\frac{p}{1-p} \right) = a + b_1 x_1 + \cdots + b_k x_k \qquad (14.3)$$

この式は, 重回帰モデルと同様, 左辺には従属変数が, 右辺には切片と重みづけられた複数の独立変数が加算的に並べられている. 式 (14.3) に示されたロジスティック回帰式の分析でも, その目的は重回帰分析と同様で, 切片および各独立変数の重みづけを推定することである. ただし, 従属変数がロジットである点が特徴である. なぜ, そうする必要があるのかは次項で述べるとして, 重回帰分析では最小二乗法によって切片 a と独立変数の偏回帰係数 b を求めたのに対して, ロジスティック回帰分析では最尤法 (maximum likelihood method) という手法が使用される.

重要な点として, ロジットは $-\infty$ から $+\infty$ の値をとるが, これも次項で説明するように, ロジットの値がプラス方向に大きくなればなるほど従属変数の生起確率は大きくなって 1 に近づくし, ロジットがマイナス方向に大きくなればなるほど従属変数の生起確率は小さくなって 0 に近づく. つまり, ロジットを増加させる独立変数は従属変数の生起を促すプラスの要因であり, ロジットを減少させる独立変数は従属変数の生起を抑えるマイナスの要因なのである.

14.2.3 ロジスティック曲線

図 14.1 は, 質的変数である結婚経験と年収の関係を散布図に描いてみたものである. この図では, 年収は量的変数のままで使われている. 量的変数であることから年収は様々な値をとるが, 結婚経験は「あり ＝ 1」か「なし ＝ 0」のいずれかの値である. 第 12 章で解説したように, 通常の回帰分析では散布図上に回帰直線を引き, 最小二乗法を用いて直線の傾きと切片を推定する. しかし, 2 カテゴリーの変数である結婚経験と年収の散布図上に回帰直線を引くと, 図 14.1(a) のようになり, ほとんどの点はこの直線から外れてしまうために, モデルとしての当てはまりはほとんど期待できない.

そこで, 図 14.1(b) のような滑らかに変化する S 字曲線を描いてみると, こちらの方が実測値とのずれが小さくなる. これがロジスティック曲線と呼ばれる

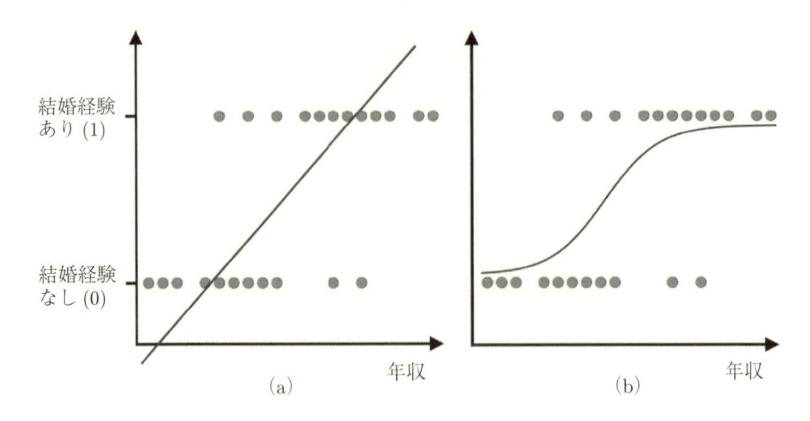

図 14.1　回帰直線とロジスティック曲線

もので，この曲線を利用して従属変数の発生確率の予測を行うのがロジスティック回帰分析である．この曲線は式 (14.4) で表されるが，この式において，p は $y = 1$ すなわち結婚経験ありとなる確率であり，x_1 は年収である．

$$p = \frac{\exp(a + b_1 x_1)}{1 + \exp(a + b_1 x_1)} \tag{14.4}$$

この式に含まれている $a + b_1 x_1$ がわかれば従属変数の生起確率 p を求めることができるが，x_1 は各ケースの年収という変数なので，a と b_1 を推定する手続きがロジスティック回帰分析の中核を成す作業となる．式 (14.4) は式 (14.5) のように変形できるが，この式の左辺こそ前項で述べたロジットである．

$$\log_e \left(\frac{p}{1 - p} \right) = a + b_1 x_1 \tag{14.5}$$

この式は，独立変数 x_1，すなわち年収と，従属変数 y のロジットが直線回帰することを意味している．つまり，年収が増えればそれだけ結婚という事象が生起しやすくなる（あるいは，生起しにくくなる）ということを意味している．ある年収に対応する結婚可能性は，式 (14.5) ではロジットで表されているが，それが式 (14.4) の変形であるとするなら，ロジスティック曲線を使って 0 〜 1 の範囲にある結婚生起確率を推定することができることを意味している．

式 (14.4) と式 (14.5) は，いずれも独立変数が 1 個だけの場合だが，$a + b_1 x_1$ と

いう部分は線形結合可能なので独立変数の数を増やすこともできる．式 (14.5) に複数の独立変数を組み込むと，式 (14.3) で示したロジスティック回帰式となる．つまり，式 (14.3) に示されたロジスティック回帰式とは，ロジスティック曲線を使って従属変数の生起確率を推定する手続きの一部だったのである．ロジスティック回帰式における切片 a や係数 $b_1, b_2, \ldots, b_k$ を最尤法で推定したのち，式 (14.4) にそれらの値を代入することで，各ケースについて従属変数の生起確率を予測することができる．

そして，繰り返しになるが，ロジットがプラス方向で大きくなれば従属変数の生起確率は大きくなって 1 に近づき，一方，ロジットがマイナス方向に大きくなれば従属変数の生起確率は小さくなって 0 に近づくことが式 (14.4) から理解されるであろう．したがって，式 (14.3) に基づく分析の結果，ロジットを増加させることが観察された独立変数は従属変数の生起を促すプラスの要因であり，ロジットを減少させることが観察された独立変数は，従属変数の生起を抑えるマイナスの要因であることになる．

14.2.4 擬似決定係数と -2 対数尤度

回帰分析における決定係数 R^2 と同様に，ロジスティック回帰分析においても，データに対する回帰モデルの適合度の指標がある．一つは擬似決定係数 (psudo R-squared)，もう一つは -2 対数尤度（-2 log-likelihood：対数尤度に -2 を掛けたもの）である．

擬似決定係数には Cox & Snell や Nagelkerke などが提案するいくつかの種類があるが，いずれも最小値 0 から最大値 1 までの範囲を持つ．それぞれの擬似決定係数は計算方法が異なるため，同じデータに用いた場合でも異なる数値が得られるが，解釈の方法は重回帰分析の場合と同様である．すなわち，擬似決定係数の値が大きくなり 1 に近づくほどデータに対するロジスティック回帰モデルの当てはまりが良いことを意味している．

一方，-2 対数尤度はデータに対する回帰モデルの当てはまりの悪さを表している．したがって，数値の読み方は擬似決定係数とは逆方向になり，-2 対数尤度が大きいほどデータに対する回帰モデルの当てはまりが悪いという意味になる．その範囲は 0 から無限大であるため，擬似決定係数のように値の大きさと

モデルの当てはまりの良さを対応させて解釈することは難しいが，適合度指標の一つとして擬似決定係数と併せて用いられ，特に，複数のロジスティック回帰モデルの適合度を比較するときには有益である．

14.3　SPSS を使ったロジスティック回帰分析の実際

これまでの章の分析例でも使用した「生活と意識に関する実態調査」データのうち，就業している男性に対象を限定した上で，結婚経験（経験あり＝1，なし＝0）を従属変数としてロジスティック回帰分析を行なってみよう．どのような社会的属性を持っている男性に結婚歴が多いかを調べるため，ここでは，年齢，学歴（教育年数），個人年収，就労形態（自営業，正規雇用，非正規雇用）を独立変数として取り上げる．就労形態については非正規雇用を基準カテゴリーとして自営業ダミー，正規雇用ダミーを用意する．

元のデータは日本全国に居住する 20 ～ 59 歳の男女 1200 名（男性 600 名，女性 600 名）を対象に社会調査を行なって得られたものであったが，ここでは男性 600 名のうち家事専業 3 名を除外した 597 名を分析対象とする．従属変数である結婚経験の分布を見ると，結婚経験ありが 366 名 (61.3%)，なしが 231 名 (38.7%) であった．

14.3.1　SPSS の操作法

SPSS のメニューから「分析 (A)」→「回帰 (R)」→「二項ロジスティック (G)」とクリックして進むと，図 14.2 のダイアログボックスが開くので，「従属変数 (D)」に結婚経験 (marriage) を投入する．「ブロック (B)」に独立変数である年齢 (AGE)，教育年数 (eduy)，個人年収 (incomei)，自営業ダミー (jieid)，正規雇用ダミー (seikid) を投入し，「OK」をクリックする．

14.3.2　SPSS の出力とその読み取り

分析結果として様々な表が出力されるが，特に重要なのは図 14.3 の表「モデルの要約」と「方程式中の変数」である．表「モデルの要約」では，−2 対数尤度と擬似決定係数が示される．ここでは年齢，教育年数，個人年収（単位は

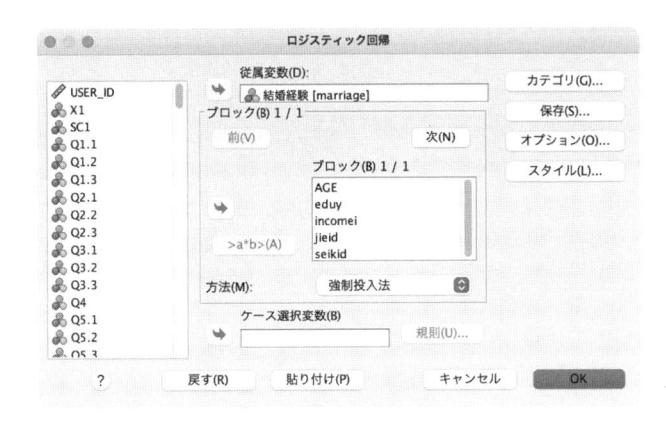

図 **14.2** ロジスティック回帰」ダイアログボックス

モデルの要約

ステップ	−2 対数尤度	Cox-Snell R2 乗	Nagelkerke R2 乗
1	626.893[a]	.248	.336

a. パラメータ推定値の変化が .001 未満であるため、反復回数 5 で推定が打ち切られました。

方程式中の変数

		B	標準誤差	Wald	自由度	有意確率	Exp(B)
ステップ 1[a]	年齢	.098	.012	67.160	1	.000	1.103
	教育年数	.046	.045	1.033	1	.309	1.047
	個人年収	.001	.000	4.100	1	.043	1.001
	自営業ダミー	1.774	.525	11.418	1	.001	5.897
	正規雇用ダミー	2.711	.462	34.509	1	.000	15.050
	定数	−6.861	1.001	46.950	1	.000	.001

a. ステップ 1: 投入された変数 年齢, 教育年数, 個人年収, 自営業ダミー, 正規雇用ダミー

図 **14.3** ロジスティック回帰分析の出力（従属変数：結婚経験あり = 1，なし = 0）

万円），自営業ダミー，正規雇用ダミーという独立変数を用いたロジスティック回帰モデルの適合度が示されており，擬似決定係数は Cox & Snell が 0.248，Nagelkerke は 0.336 となっている．−2 対数尤度は 626.893 である．

　次に表「方程式中の変数」を見ると，結婚経験に対する各独立変数の影響力の大きさを把握することができる．教育年数の有意確率は 0.309 であり 0.05 よりも大きいため，統計的に有意ではない．すなわち，年齢，個人年収，就労形

態の影響を考慮した今回のロジスティック回帰モデルにおいては，教育年数の長さは結婚経験に影響を及ぼさず，教育年数が長くても短くても結婚経験ありとなる確率には差がないと解釈することができる．

一方，年齢と個人年収の有意確率はいずれも 0.05 よりも小さく統計的に有意であるため，両者は結婚経験ありとなる確率に対して影響を及ぼしていると解釈することができる．その向きと大きさについては B や Exp(B) が指標となる．B は式 (14.3) における b，すなわち，ロジットに対する偏回帰係数なので，これは独立変数が 1 単位増加したときのロジットの増分を意味している．たとえば，年齢の B は 0.098 であることから，これは年齢が 1 歳増えるごとに結婚経験ありのロジットが 0.098 増加すると解釈することができる．個人年収の方は，B が 0.001 なので，個人年収が 1 万円増えるごとに結婚経験ありのロジットが 0.001 増加するといえる．

Exp(B) はこのロジット変化量を指数変換したものでオッズ比を表している．式 (14.1) と (14.2) で示したようにロジットはオッズを対数変換したものなので，ロジットの変化量を指数変換することでオッズ比を得ることができる．年齢の Exp(B) は 1.103 であり，このことは年齢が 1 歳増えるごとに結婚経験ありとなるオッズ比が 1.103 ずつ増えることを意味している．同様に個人年収の Exp(B) は 1.001 なので，個人年収が 1 万円増えるたびに結婚経験ありとなるオッズ比が 1.001 増えることがわかる．以上より，年齢が高くなるほど，また個人年収が高くなるほど結婚しやすくなるといえる．

就労形態については自営業ダミーと正規雇用ダミーのいずれもが有意となっていた．自営業ダミーの B は 1.774 であり，基準カテゴリーである非正規雇用に比べると，自営業は結婚経験ありとなるロジットが 1.774 大きいことがわかる．要するに，非正規雇用よりも自営業の方が結婚しやすいということであるが，どの程度結婚しやすいかをオッズ比で把握したいときは Exp(B) を見るとよい．自営業ダミーの Exp(B) は 5.897 であることから，非正規雇用に比べて自営業では結婚経験ありとなるオッズが 5.897 倍大きいことがわかる．同様に正規雇用ダミーの B は 2.711 なので，正規雇用における結婚経験のロジットは非正規雇用よりも 2.711 大きい．Exp(B) は 15.050 なので，非正規雇用に比べると正規雇用では結婚経験ありとなるオッズが 15.050 倍大きいことがわかる．こ

うしたことから，就労形態は結婚経験に対して大きな影響力を持つといえるだろう．

　ただし，本章の冒頭でも述べたように，オッズ比は比率ではないので，正規雇用／非正規雇用の結婚経験のオッズ比が 15.050 だからといって「正規雇用者には 15 倍既婚者が多い」という意味にはならない．オッズ比が有意であることは「正規雇用が既婚者を増やす」効果があることが確認されたということ，その効果は自営業の効果（オッズ比 5.897）よりも大きいということを意味するにすぎない点は，結果の解釈において留意しなければならない．

14.3.3　ロジスティック回帰分析における係数の意味：量的変数の場合

　具体的な分析例を示したところで，ロジスティック回帰分析における係数の読み取り方について，再度，整理しておく．B と Exp(B) の解釈の仕方について，独立変数が量的変数である場合と質的変数（ダミー変数）である場合とに分けて説明する（表 14.2）．

表 14.2　ロジスティック回帰分析における係数の読み取り方

		独立変数の効果		
		負	効果なし	正
	係数の種類	$B < 0$ $0 < $ Exp(B)$ < 1$	$B = 0$ Exp(B)$ = 1$	$0 < B$ $1 < $ Exp(B)
意味	量的変数	独立変数が大きいほど生起確率が減少する	独立変数の大きさは生起確率とは無関係	独立変数が大きいほど生起確率が増加する
	質的変数 （ダミー変数）	基準カテゴリに比べて当該カテゴリであると生起確率が減少する	基準カテゴリと当該カテゴリのあいだに生起確率の差はない	基準カテゴリに比べて当該カテゴリであると生起確率が増加する

　まず独立変数が量的変数の場合であるが，ロジットの範囲は $-\infty$ から $+\infty$ であるため，B については重回帰分析と同様に独立変数が 1 単位増えたときのロジットの増分として解釈すればよい．すなわち，B の値がプラスで統計的に有意であるときは，独立変数が増えると従属変数として着目している事象（以下，従属事象）の生起確率が高まり，B がマイナスで統計的に有意であるときはその生起確率が低下する．B が 0 近辺で統計的に有意でないときは，独立変数は

従属事象の生起確率とは無関連であり，前者の変化と後者の変化は連動しないことを意味している．

Exp(B) はオッズ比であり，独立変数が 1 単位増加したときの従属変数のオッズの増分を表している．まず，Exp(B) が 1 近辺で統計的に有意でないときは，独立変数が増加しても従属事象が生起する確率は変化せず，独立変数と従属事象の生起確率のあいだには関連がないことを意味している．しかし，Exp(B) が 1 よりも大きく統計的に有意であるときは，独立変数は従属事象の生起確率に正の効果を及ぼし，独立変数の値が大きいほど従属事象の生起確率が高くなることを意味している．独立変数が 1 単位増加するごとに Exp(B) の値に相当する大きさで，従属事象が生起するオッズは高まっていく．たとえば Exp(B) が 1.130 ならば，独立変数が 1 単位増えるたびに従属事象が生起するオッズは 1.130 倍ずつ高まっていくと解釈できる．

一方，Exp(B) が 1 未満で統計的に有意であるときは，独立変数は従属事象の生起確率に対して負の効果を持っている．たとえば，Exp(B) = 0.840 は独立変数が 1 単位増加するにつれて従属事象が生起するオッズ比が 0.840 倍ずつ増加していくことを示しているが，少数倍ずつ増加していくのだから，実質的には従属事象の生起確率は低下していくということになる．

14.3.4　ロジスティック回帰分析における係数の意味：質的変数の場合

独立変数が質的変数（ダミー変数）の場合は，基本的には重回帰分析におけるダミー変数と同様に解釈すればよい．B がプラスで統計的に有意であるときは，ダミー変数化されたカテゴリーが基準カテゴリーと比べて，従属事象の生起確率を B が示すロジット分増加させることを意味している．反対に，B がマイナスで統計的に有意であるときは，ダミー変数化されたカテゴリーが基準カテゴリーと比較して，従属事象の生起確率を B が示すロジット分減少させることを表している．B が 0 近辺で統計的に有意でないときは，ダミー変数化されたカテゴリーと基準カテゴリーとの間では，従属事象の生起確率には違いがないと解釈できる．

Exp(B) は，ダミー変数化されたカテゴリーが基準カテゴリーと比較して，従属事象の生起確率を変化させる効果がオッズにして何倍大きいかを示すもので

ある．たとえば，ある有意なダミー変数の Exp(B) が 2.421 ならば，ダミー変数化されたカテゴリーは基準カテゴリーと比較して，従属事象の生起確率を高める効果がオッズにして 2.421 倍大きいことを意味する．一方，Exp(B) が 1 未満の場合は従属事象を「より生起させにくくなる」という意味になるので，たとえば，有意なあるダミー変数の Exp(B) が 0.721 であるならば，ダミー変数化されたカテゴリーは基準カテゴリーと比較して，従属事象の生起確率をオッズにして 0.721 倍にする（生起確率を減少させる）と解釈される．

　ダミー変数を用いる分析では，基準カテゴリーを入れ替えると出力される B や Exp(B) の値も変わってくるが，しかし，結果そのものは変わらない点に注意が必要である．たとえば，さきの結婚経験を従属変数，年齢，教育年数，個人年収，就労形態を独立変数とした分析では，非正規雇用を基準カテゴリーとしたときの自営業ダミーの係数は B が 1.774，Exp(B) は 5.897 であった（図 14.3）．このことは，既に述べたように，非正規雇用者よりも自営業者に結婚経験が多いことを意味していた．図 14.4 は基準カテゴリーを自営業に変更して分析し直したものだが，今度は非正規雇用ダミーの B が −1.774，Exp(B) が 0.170 となり，これは自営業者よりも非正規雇用者の結婚経験が少ないことを意味している．

方程式中の変数

		B	標準誤差	Wald	自由度	有意確率	Exp(B)
ステップ 1[a]	年齢	.098	.012	67.160	1	.000	1.103
	教育年数	.046	.045	1.033	1	.309	1.047
	個人年収	.001	.000	4.100	1	.043	1.001
	正規雇用ダミー	.937	.360	6.771	1	.009	2.552
	非正規雇用ダミー	−1.774	.525	11.418	1	.001	.170
	定数	−5.086	.926	30.193	1	.000	.006

a. ステップ 1: 投入された変数 年齢, 教育年数, 個人年収, 正規雇用ダミー, 非正規雇用ダミー

図 14.4　ダミー変数の基準カテゴリーを入れ替えたロジスティック回帰分析（従属変数：結婚経験あり = 1，なし = 0）

　2 つの分析結果を見比べると，これらのダミー変数の係数は逆向きになっているが，いずれも，非正規雇用者よりも自営業者の方が結婚経験ありとなる蓋然性が高いことを意味している．自営業と非正規雇用のどちらを基準カテゴリー

とするかによって，「自営業は非正規雇用よりも結婚経験ありとなるオッズが 5.897 倍になる」（自営業者は非正規雇用者よりも結婚しやすい）となるか，それとも「非正規雇用は自営業よりも結婚経験ありとなるオッズが 0.170 倍になる」（非正規雇用者は自営業者よりも結婚しにくい）となるかなど，表現は異なっているが意味は同じである．ダミー変数を用いた分析においては，どのカテゴリーを基準とすべきかについて統計学上のルールなどはないので，分析者が研究目的に応じて選ぶことになる．

14.4　結果のまとめ方

　論文を執筆する際は，SPSS の出力結果を表 14.3 のようにまとめる．独立変数と切片については B，標準誤差，Exp(B) を記載し，B と Exp(B) の右側にアスタリスクを付与することで，それらの係数に対する統計的検定の結果を示す．アスタリスクの数とそれに対応する有意水準については，「$*p < 0.05$」のように，表の欄外に注記する．表の下段には，ロジスティック回帰モデルの適合度指標である擬似決定係数と -2 対数尤度およびケース数を記入する．なお，従属変数が何であり，2 カテゴリーのいずれを 1 として分析したかについては表のタイトルに書いておくとよい．

　本章では質的変数を従属変数とする回帰分析のうち，0 または 1 という 2 値の

表 14.3　結婚経験（あり = 1，なし = 0）に対するロジスティック回帰分析（男性のみ）

独立変数		B	標準誤差	Exp(B)
切片		-6.861^{***}	1.001	0.001^{***}
年齢		0.098^{***}	0.012	1.103^{***}
教育年齢		0.046	0.045	1.047
個人年収		0.001^{*}	0.000	1.001^{*}
就労形態	自営業	1.774^{**}	0.525	5.897^{**}
	正規雇用	2.711^{***}	0.462	15.050^{***}
	非正規雇用（基準）			
Cox and Snell R^2		0.248		
Nagelkerke R^2		0.336		
-2 対数尤度		626.893		
ケース数		597		

$* \ p < 0.05, \ ** \ p < 0.01, \ *** \ p < 0.001$

場合に使用されるロジスティック回帰分析について解説した．質的変数のカテゴリーが3つ以上ある場合や，それらのあいだに順序関係がある場合には，多項ロジスティック回帰分析，順序ロジスティック回帰分析が使用される．これらの手法については参考文献を参照されたい．

参考文献

[1] 三輪哲・林雄亮（編著），『SPSS による応用多変量解析』，オーム社 (2014).
[2] 数理社会学会（監修），与謝野有紀・栗田宣義・間淵領吾・安田雪・高田洋（編），『社会の見方，測り方』，勁草書房 (2006).

15

疑似相関と変数の統制

調査や実験などによって得られたデータを統計的に分析する際には，まずは平均や標準偏差等を用いた記述的な分析を行い，データの統計的な特徴を捉えようとするであろう．次の段階では，より進んだ仮説検証的な分析として，変数間の相関関係を調べることになることが多い．しかし，相関の解釈については慎重でなければならない．それは，相関関係が必ずしも因果関係のような実質的な関係性を表すものではなく，見かけ上のものである場合もあるからである．本章では，こうした疑似相関のしくみとその判別方法について解説する．

15.1 疑似相関

第1章で述べたように，実験的な研究において被験者を実験条件に無作為割り当てすることで独立変数以外の要因を統制するなら，条件間に見られる従属変数の差異は人為的に操作された独立変数の差異によって生じているので，独立変数と従属変数の関連性は因果関係を表すものと解釈することが可能である．しかし，無作為割り当てを行わない調査研究では，着目する変数に対して種々の影響を与える攪乱要因の影響を完全には排除できないことが多い．

15.1.1 疑似相関が起こるしくみ

そうした研究で得られたデータの分析においては，仮に変数間に何らかの関連性が見られたとしても，それをもって直ちに両者のあいだに因果関係がある

とはいえないことが多い．たとえば，ある変数 x が大きくなるにつれて別の変数 y も大きくなるという相関関係が見られたとしても，それは単に変数 x と y が同時に変化している，すなわち共変しているだけであり，「x の変化が原因となって y の変化を引き起こす」といった因果関係は存在しないのかもしれない．このように 2 つの変数のあいだに相関関係は見られるが因果関係は存在しないとき，両者のあいだには疑似相関 (spurious correlation) があるという．

　疑似相関が発生するしくみについて，小学生とその母親を対象に行われた架空の調査データをもとに考えてみよう．この調査においては「朝食を摂る頻度」（1 週間に子どもが朝食を摂る日数），「母親の学歴」，「子どもの学業成績」が測定されたが，相関分析をしたところ，「朝食頻度」と「学業成績」の間に正の相関が見られた．すなわち，朝食を摂る頻度の高い子どもほど学業成績が良いという関係が見られたのである．しかし，これをもって朝食頻度と学業成績の間に因果関係があると判断することには慎重でなければならないであろう．というのは，この例の場合，両変数のこうした関連性は，それらの背後にある母学歴という第 3 の変数によって生じたものだったからである．学歴の高い母親ほど子どもに朝食を摂らせる傾向があり（母学歴→朝食頻度という因果関係），また彼女たちは子どもの学習行動を強化することによって，子どもの学業成績にも貢献していた（母学歴→学業成績という因果関係）からである．つまり，図 15.1 に示すように，子どもの朝食頻度も学業成績も母学歴という共通の原因事象によって生み出された結果事象であり，両者の間には，「朝食頻度が学業成績を高める」といった直接的な因果関係があるわけではなかった．この場合，朝

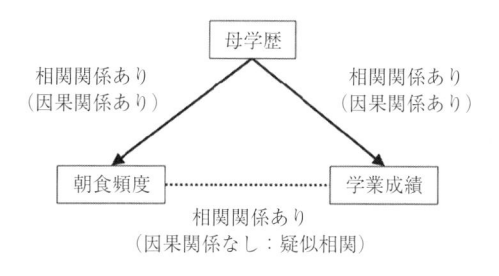

図 **15.1**　疑似相関のしくみ

食頻度と学業成績のあいだの相関は，背後にある母学歴という変数によって生じた見かけ上の関連性，すなわち疑似相関であったのである.

15.1.2　疑似相関の弊害

　疑似相関に気付かず，単なる相関関係を因果関係であると誤解するとどんな不都合があるだろうか. これについては，学術面と実践面でそれぞれデメリットが考えられる.

　学術研究の目的の一つは，心理現象や社会現象が生じるメカニズムを明らかにすることである. すなわち，ある現象が，なぜ，どのようにして発生するかを把握することであるが，この作業の中心は「因果関係を解明する」ということである. そこで，研究者たちは「A → B」という仮説の形をとって因果関係を設定し，それをデータによって検証しようとする. 疑似相関に気付かないというのは，実質的には関係のない変数 A と B のあいだに因果メカニズムが存在すると誤認するということであり，それは本来の学術目的に資するものではないだけでなく，その後の研究を誤った方向に導くというリスクもある. これが学術面のデメリットである.

　研究成果はまた，実社会において，事故の予測や予防，病気の診断と治療，社会病理の理解と対策など，教育，医療，経済，政治，安全など多様な問題解決のために利用される. しかし，研究成果が誤ったものだと，現実の問題解決に役立たないだけでなく，その活動に投資される社会的資源を無駄遣いさせてしまうことになる. たとえば，「子どもに朝食を摂らせることには学業成績を向上させる効果がある」と誤信して，ある自治体が子どもに朝食を摂らせるよう家族に促すキャンペーンを実施したとしよう. その効果が生じなかった場合には，この行政活動のために投資された経済的，時間的，人的資源は無駄になってしまう. 子どもの学業成績を高めているのは，実際には，子どもの学習活動に対する親からの強化やサポートであることを正しく認識したならば，行政活動のための貴重な資源をより有益なやり方で投資できたであろう. このように，疑似相関に気付かないことは実践的なデメリットをもたらすこともある.

　こうしたデメリットがあることから，研究データを分析するときは疑似相関を見抜いて変数どうしの関係を適切に把握する必要がある. そのためには，ど

のように対処するのが良いであろうか．他の研究知見と整合性があるかどうか検討したり，理論的な分析を試みたりするほかに，データ収集後の分析によってもいくつかの対処が可能であるが，それは概ね変数を統制するという方法である．

15.2　変数の統制による疑似相関の吟味

変数を統制する（コントロールする）とは，第3の変数の効果を取り除いた上で，焦点を当てた2変数間の関連性を検討することである．子どもと母親に関する調査の場合なら，母学歴の影響を除去した状態で，朝食頻度と学業成績の関係を分析することが考えられる．

第3変数の効果を取り除くというのは，第3変数の値を一定にするという意味でもある．2変数AとBの関係が疑似相関であり，それが第3変数Cとの関係 (C → A, C → B) によって生み出されたものであったとしたら，第3変数Cの影響を取り除くと，C → A, C → B という影響関係が消失し，その結果，変数AとBのあいだの相関も消失するであろう．これによって，変数AとBの間の相関は疑似であったことを明らかにすることができる．第3変数を統制する具体的な方法としては，「標本を分割する」，「回帰分析を利用する」という2つの方法がある．

15.2.1　標本分割による疑似相関の吟味

標本分割による変数の統制について，子どもと母親の調査の例で見てみよう．母学歴について「大卒」と「非大卒」という2カテゴリーを設定し，これによって標本を分割することを考えてみる．すなわち，子どもたちを母親が大卒か非大卒かでグループ分けし，グループごとに朝食頻度と学業成績の関係を見てみるのである．

疑似相関である場合

疑似相関の有無を調べるためには，朝食頻度と学業成績の相関関係が標本分割の前後で変化するかどうかを確認すればよい．図15.2は朝食頻度と学業成績

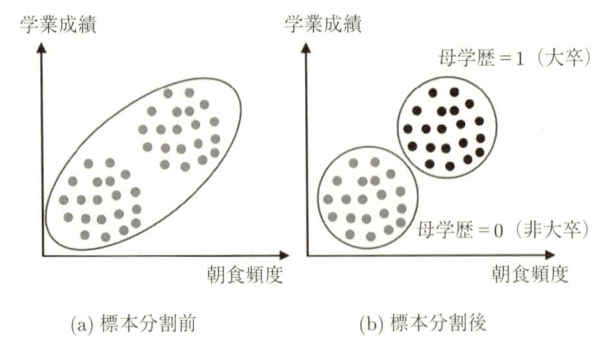

図 15.2   標本分割による第 3 変数の統制（疑似相関があるとき）

を 2 軸とする散布図であるが，左側の (a) は標本分割前，すなわち標本全体の分布状況を，右側の (b) は母の学歴による標本分割後の分布状況を表している．

標本分割前の散布図では，ケースの分布は右肩上がりとなっており，朝食頻度と学業成績のあいだには強い相関があることが見てとれる．相関係数を算出したならば，0.8 程度の大きな値をとるであろう．これだけ見ると，朝食頻度が学業成績を高めるという因果関係が存在するように思えるかもしれない．

しかし，標本分割後の散布図において母非大卒のグループだけ見ると，ケースの分布は円形になっており，朝食頻度と学業成績のあいだには相関がないことがわかる．このグループでは，その相関係数は 0 に近い値をとるであろう．同様に母大卒のグループにおいても，ケースは円形に分布しており，「朝食頻度が高くなるほど学業成績も高くなる」といった相関関係は見られない．

このようなとき，朝食頻度と学業成績のあいだにあった相関は疑似であったと考えられる．データ全体で見たときは両者のあいだには相関があったけれども，第 3 変数である母学歴で標本を分割し，グループ別に分析すると朝食頻度と学業成績の相関は消失してしまったからである．データ全体における朝食頻度と学業成績の相関は，母学歴が高い（大卒）子どものグループでは朝食頻度と学業成績の両方が高く，母学歴が低い（非大卒）子どものグループは両方とも低いという事情によってもたらされた疑似相関であったのである．

したがって，一般的に述べるなら，第 3 変数 C を基準とした標本分割の前後

で変数 A と B の関係が「相関あり」から「相関なし」に変化する場合には，標本分割前の変数 A と B の相関は疑似相関であったと判断することができる.

疑似相関ではない場合

　ケースの分布状況によっては，標本分割によって疑似相関が否定される場合もある.それは，図 15.3 のようにケースが分布しているときである.標本分割前，すなわち標本全体においては，ケースは右肩上がりの分布をしており，朝食頻度と学業成績のあいだには正の相関があることが見てとれる（図 15.3(a)）.

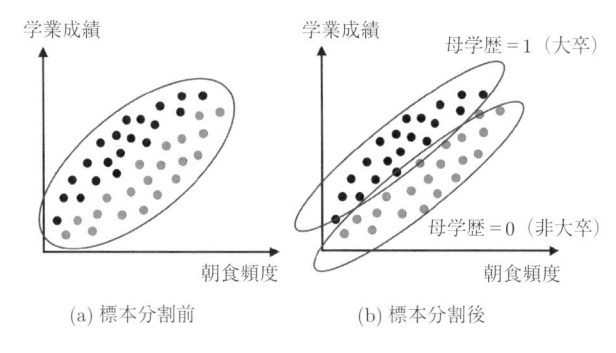

(a) 標本分割前　　　　　　　(b) 標本分割後

図 **15.3**　標本分割による第 3 変数の統制（疑似相関がないとき）

　一方，標本分割後の分布である図 15.3(b) を見ると，母大卒グループの分布は全体として母非大卒グループの分布の上に位置するので，大卒の母親を持つ子どもは非大卒の母親を持つ子どもに比べて学業成績が良いことがわかる.しかし，母大卒，母非大卒いずれのグループにおいてもケースは右肩上がりに分布し，「朝食頻度が高いほど学業成績も高くなる」という正の相関が見られる.

　この場合には，標本分割によって母学歴の効果を取り除いたけれども，朝食頻度と学業成績のあいだの相関関係は消失しなかったので，標本全体における朝食頻度と学業成績の相関関係は，母学歴という第 3 変数によってもたらされた疑似相関ではなく，両者のあいだには実質的な関係があったものと判断できる.

　一般的に述べると，第 3 変数 C を基準とした標本分割の前後で変数 A と B の関係が「相関あり」のまま変化しない場合は，標本分割前に見られた変数 A

と B の相関は疑似相関ではなく，両者のあいだには何らかの実質的な関係性が
あったものといえる．

15.2.2　回帰分析による疑似相関の検討

　疑似相関の有無を判別する別のやり方は第 3 の変数の影響を統計的に除去す
るもので，このときには回帰分析が使われることが多い．回帰分析には様々な
種類があるが，本節では重回帰分析（第 13 章）を用いた分析例を紹介する．

疑似相関である場合

　重回帰分析では複数の独立変数を投入し，それらが従属変数に与える独自の
効果を見ることができる．それらの効果の大きさは，各独立変数の偏回帰係数
の大きさによって示される．重回帰分析における独立変数の「独自」の効果と
は，他の独立変数の値を一定にしたときの当該の独立変数の影響力だけを取り
出したものである．たとえば，子どもと母親の調査データの例でいえば，朝食
頻度の「独自」の効果とは，母学歴が大卒（または非大卒）の子どもだけを取
り出して，朝食頻度と学業成績の関係を見ているようなものである．重回帰分
析による疑似相関検出の手続きは，次のように行われる．

　まず第 1 段階では，子どもの学業成績を従属変数，朝食頻度を独立変数とし
た回帰分析を行う（モデル 1）．これは独立変数が 1 つなので単回帰分析にな
る．この単回帰分析では母親の学歴は考慮されていないから，さきの議論にお
ける標本分割前の状態に相当する．したがって，朝食頻度と学業成績のあいだ
には正の相関があり，学業成績に対する朝食頻度の効果を示す偏回帰係数はプ
ラスの値で有意になるであろう．表 15.1 は架空のデータだが，朝食頻度の範囲
を 0 〜 7 点，学業成績の範囲を 1 〜 100 点で調査を行なったとして分析した結
果であるが，この表のモデル 1 における朝食頻度の偏回帰係数が有意になって
いるのはこのことを示している．

　第 2 段階では，独立変数に母学歴を追加して分析をやり直す．これは子ども
の学業成績を従属変数，子どもの朝食頻度と母大卒ダミー（基準：母非大卒，第
13 章参照）の 2 変数を独立変数とする重回帰分析となる（モデル 2）．この分析
の結果，得られる朝食頻度の偏回帰係数は，単回帰分析（モデル 1）の場合と

表 15.1　子どもの学業成績に対する重回帰分析（疑似相関があるとき）

独立変数		モデル 1		モデル 2	
		偏回帰係数	標準誤差	偏回帰係数	標準誤差
朝食頻度		3.739**	1.454	0.855	1.735
母学歴	大卒			16.642**	3.370
	非大卒（基準）				
切片		16.856**	3.898	24.630**	3.603
決定係数		0.592		0.745	
調整済み決定係数		0.590		0.744	
F 値		30.675**		44.186**	
ケース数		320		320	

$**\,p < 0.01$

は異なり，母学歴を一定にしたときの朝食頻度の「独自」の効果を表している．
表 15.1 の中のモデル 2 の分析結果を見ると，朝食頻度の偏回帰係数は有意では
なくなっており，母大卒ダミーという第 3 変数を回帰モデルに追加することに
よって（すなわち，母学歴を統制した後では），学業成績に対する朝食頻度の効
果が消失していることがわかる．このような場合は，モデル 1 で見られた朝食
頻度と学業成績の相関は，母学歴によってもたらされた疑似相関であると判断
すべきであろう．

疑似相関ではない場合

　疑似相関がない場合は，分析結果は表 15.2 のようになるであろう．これはさ

表 15.2　子どもの学業成績に対する重回帰分析（疑似相関がないとき）

独立変数		モデル 1		モデル 2	
		偏回帰係数	標準誤差	偏回帰係数	標準誤差
朝食頻度		3.739**	1.369	2.812*	1.258
母学歴	大卒			14.375**	1.487
	非大卒（基準）				
切片		35.979**	3.542	28.792**	3.547
決定係数		0.351		0.499	
調整済み決定係数		0.349		0.496	
F 値		32.304**		57.966**	
ケース数		320		320	

$*\,p < 0.05,\ **\,p < 0.01$

きの分析と同様に人工的に作成したデータに対して重回帰分析を行なったものであり，従属変数は子どもの学業成績である．独立変数はモデル 1 では朝食頻度のみであり，モデル 2 ではこれに母大卒ダミーを追加している．

　朝食頻度の偏回帰係数はモデル 1 とモデル 2 のいずれにおいても有意であり，母大卒ダミーの投入前後で有意性は変化していないことがわかる．モデル 2 においても朝食頻度の偏回帰係数が有意であることは，母学歴を一定にした場合でも朝食頻度は学業成績に対して有意な正の効果を持っていることを示している．このことは，母親の学歴にかかわらず，大卒であっても非大卒であっても朝食頻度は子どもの学業成績に対してプラスの効果を持つことを意味している．したがって，モデル 1 で見られた朝食頻度の効果は疑似的なものではなく，朝食頻度は学業成績に対して何らかの実質的な効果をもたらしていると解釈することができる．

　なお，ここでは従属変数が量的変数であったため重回帰分析を用いたが，これが質的変数の場合には，第 14 章で解説したロジスティック回帰分析を使用することになる．

　また，モデル 1 は「単回帰分析である」と述べたが，実際には，子どもの性別や年齢といった母学歴以外の変数があらかじめ独立変数に組み込まれていても構わないので，その場合は，モデル 1 も重回帰分析となる．いずれにしろ，独立変数を追加する（すなわち，新たな変数によって統制する）ことによって既存の独立変数の偏回帰係数が有意でなくなったのであれば，その独立変数について当初見られた効果は疑似的なものであった可能性が高いといえるであろう．

参考文献

[1] ボーンシュテット, G. W. & ノーキ, D.（海野道郎・中村隆（監訳）），『社会統計学：社会調査のためのデータ分析入門』，ハーベスト社 (1992).

第 V 部

因子分析

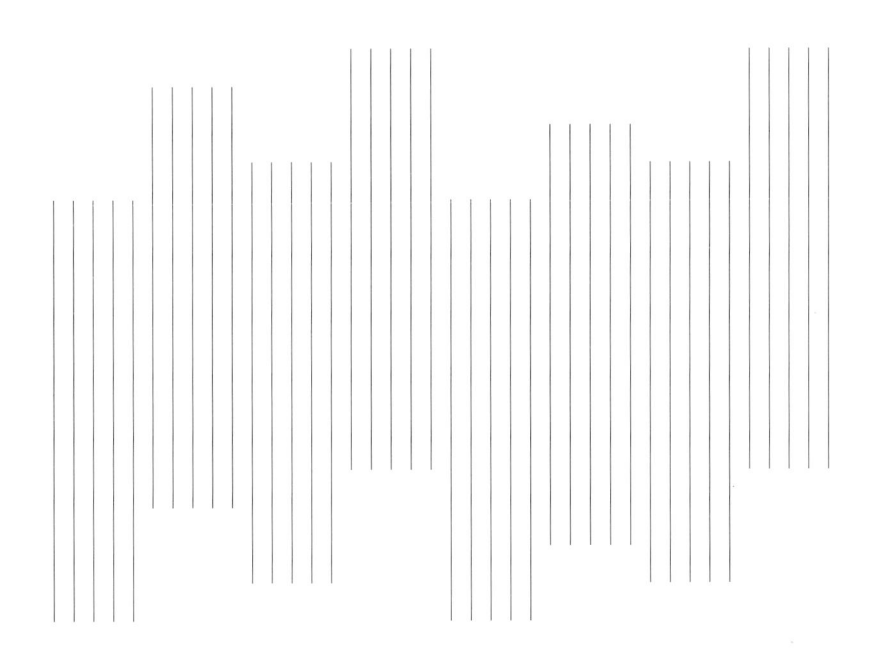

心理学や社会学では，実験や調査によって得られたデータが統計分析の対象となる．しかし，観測値そのものではなく，それらに加工を加えたり，何らかの観点から集約した数値の方が意味を持つ場合もある．たとえば，一群の観測値が全体として1つの心理・社会変数を測定していると考えられる場合には，この共通変数（潜在変数）を取り出して，それを分析の対象とする方が有意味である．このような場合に用いられるのが因子分析である．因子分析は心理学分野において発展し，様々のバリエーションが試みられてきたが，現代ではいくつかの基本パターンに収束しつつある．この第V部では，因子分析の考え方を述べた上で，標準的な分析方法を紹介し，分析例を示しながら因子の解釈の仕方を解説する．

16

因子分析の理論的基礎

　心理学の研究では，しばしば，回答者に多くの質問項目を提示し，それぞれについて自分の心情や性向に最も近い選択肢を $1 \sim 5$ の中から選ばせるといった評定尺度法が用いられる．心理学者は，こうした回答者の一連の反応の背後には目に見えない複数の心理的要因がはたらいており，それらの組み合わせによって，ある質問項目に対してある特定の選択肢を選ぶという具体的な反応が生み出されていると考えている．評定尺度に対する回答だけでなく，人のすべての行動反応の背後には同様の複合的心理プロセスがはたらいていると仮定することができる．この仮定に基づいて，人の心の中にはたらいており，多様な行動反応を生み出す潜在的な心理要因を発見し，その影響力の範囲を推定するために用いられる統計的手法が因子分析 (factor analysis) である．因子分析はコンピュータが普及するずっと以前から心理学の歴史とともに発展してきたもので，心理学の理論と密接な関係があり，また，そのモデルや方法には多様なバリエーションがあるが，ここでは現代のもっとも標準的なやり方を紹介する．

16.1　因子分析の理論

16.1.1　観測変数と潜在変数

　因子分析とは，すでに述べた通り，評定尺度への回答などの行動反応が内的な複数の心理要因（因子）の組み合わせによって起きると仮定し，それらの因子を同定し，その比重を推定する統計手法のことである．その基本概念は観測変

数と潜在変数である．観測変数 (observed variable) とは質問項目に対する回答
反応のように実際に測定されたものであるのに対し，潜在変数 (latent variable)
の方は直接測定できないが，観測変数の背後にはたらいていると仮定される心
理要因（因子）である．

　研究者が，たとえば学力とか外向性とか正義とか，人の心の中にあると仮定
される能力，性質，概念，態度などの潜在変数を調べたいと思ったときには，理
論的考察にもとづいて，それらを反映すると思われる行動反応に注目し，実験
や調査によってこれらを測定しようと試みる．冒頭で述べたように，通常，1つ
の観測変数は複数の潜在変数の影響を受けている．たとえば，デザートにケー
キを食べるかヨーグルトを食べるかという行動反応は，食欲だけではなく，栄
養とか健康とかへの関心，さらには経済的関心からも影響を受けていることが
ある．一つの摂食行動の強さは複数の潜在変数からの多角的な影響の結果とし
て現れている．つまり，因子分析とは，観測変数に影響を与えているこれらの
複数の潜在変数を観測変数間の関連性から探ることを目的としているのである．

16.1.2　因子の理論的構築：信頼感を例に

　因子分析の考え方を，男女カップルの信頼感尺度 (Rempel *et al.*, 1985) を例
にとって説明してみよう．信頼感は心の中にある目に見えないものなので潜在
変数（因子）であるが，仔細に検討すると更にいくつかの因子に区分すること
ができる．「恋人と一緒なら安心できる」，つまり，相手を信用できるという気
持ちの強さは「信用」という潜在変数を仮定させる．また，恋人はいざという
ときに頼りになるかどうかが重要で，そうでないとお互いに親密になる意味が
ないと考える人もいる．この「頼もしさ」という潜在変数も信頼感を構成する
因子の一つと考えられる．一方，恋人なら自分に対しては嫌なことをしないだ
ろうという確信が信頼の構築につながるという考え方もある．この「予測可能
性」もまた信頼感の構成要素として想定することができる．

16.1.3　因子を表現した項目作成

　理論的にこれら3因子を仮定したら，次の段階では，それぞれの因子を反映す
ると思われる質問項目を複数作成し，これらを用いて因子の推定を行うことに

なる．この例で使われる信頼感尺度に関する因子と項目の理論的関係が図 16.1 に描かれている．図にする場合には，慣例的に，潜在変数（因子）は楕円，観測変数（質問項目）は長方形で表現する．因子分析では，1つの項目への回答反応は理論的に強い関連が仮定された特定因子だけでなく，その他のすべての因子からも影響を受けているが，その影響の度合いが異なると考える．そこで，この図でも各項目に対して全因子から矢印（パス）が引かれているが，その影響の度合いによってパスの太さが変えられている．このパスで表されている各因子の各項目への影響度を因子負荷量 (factor loading) と呼ぶ．

　全因子が全項目に多少とも影響を与えていると仮定することから，潜在変数は共通因子と呼ばれることもある．全共通因子で特定項目への反応をどれくらい説明できるかを示す指標は共通性 (commonality) と呼ばれ，その大きさは特定項目に対する全因子からの因子負荷量の平方和である．1 からこの共通性の

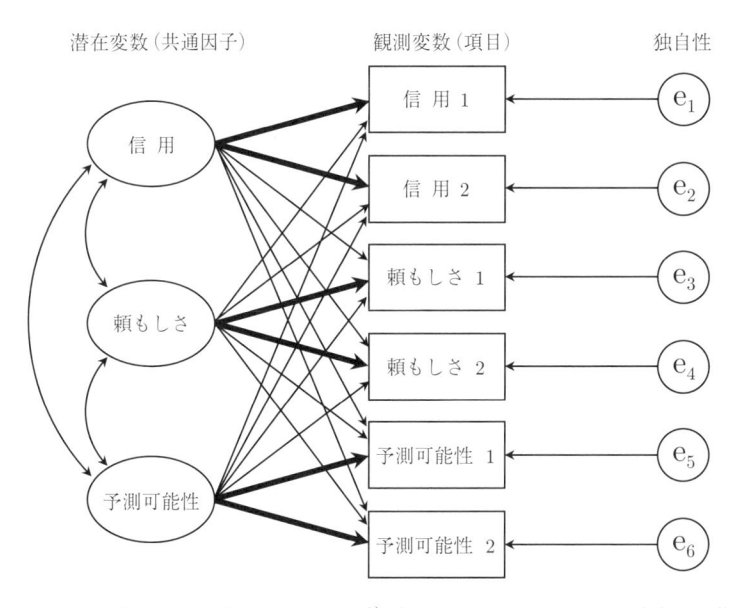

図 16.1 信頼感尺度の理論的因子モデル [1]（Rempel *et al.* (1985) を改変して作図）

---

[1] Rempel *et al.* の信頼感尺度では各因子を強く反映するものとして 5 項目が作成されているが，例示のため，ここでは各因子につき 2 項目を仮定したモデルにしている．

値を引いたものが独自性（uniqueness：図 16.1 の右端の正円）で，これは共通因子では説明できない項目独自の情報である．一方，1 つの因子が全項目反応に対してどれくらい強い影響を与えているか，言い換えると全項目への反応をどれくらい説明できるかを表す指標は因子寄与 (factor contribution) と呼ばれ，これを全分散に対する比で表したものを因子寄与率という．因子寄与は因子ごとの因子負荷量の平方和だが，因子分析では全項目得点があらかじめ標準化されていて項目分散はすべて 1 なので，全因子の寄与の合計（累積寄与 (cumulative contribution)）の最大値は原則的に項目数である（たとえば，図 16.1 のとりうる因子寄与の最大値は 6 である）．

図 16.1 のように，全項目が 3 因子のすべてから影響を受けているモデルの場合，各項目得点 (y_i) は式 (16.1) のように表現される．f_1 から f_3 は因子，a_{i1} から a_{i3} は因子負荷量である．

$$y_i = a_{i1}f_1 + a_{i2}f_2 + a_{i3}f_3 + e_i \tag{16.1}$$

16.2　因子分析の実際

16.2.1　共通性，因子負荷，因子名

共通性，独自性，因子寄与の関係を実際の研究論文をもとに見てみよう．本書の著者の一人は，日本，アメリカ，香港，ドイツの参加者を対象に，過去 2 年間においてもっとも腹が立った出来事を 1 つ想起させ，その出来事がどのくらい規範に違反するものだったと思うかという観点から，独自作成した 8 項目（たとえば，「相手の行為は法律に違反するものである（法律違反）」，「法律には触れていないが，相手の行為は組織やグループの規則を破るものである（規則違反）」など）を評定させた (Ohbuchi *et al.*, 2004)．これら 8 個の規範違反項目について国別に因子分析を施したところ，どこの国でも同じ 2 因子が得られ，著者たちはそれらを「社会的規範違反」「対人的規範違反」と解釈した．

その因子構造を示したものが図 16.2 である．各行は各項目を表し，その中で黒色のバーは第 1 因子の寄与，灰色のバーは第 2 因子の寄与，白色のバーは独自性を表し，バーの長さは寄与の大きさを表している．黒色と灰色のバーを合わせた部分が共通性である．

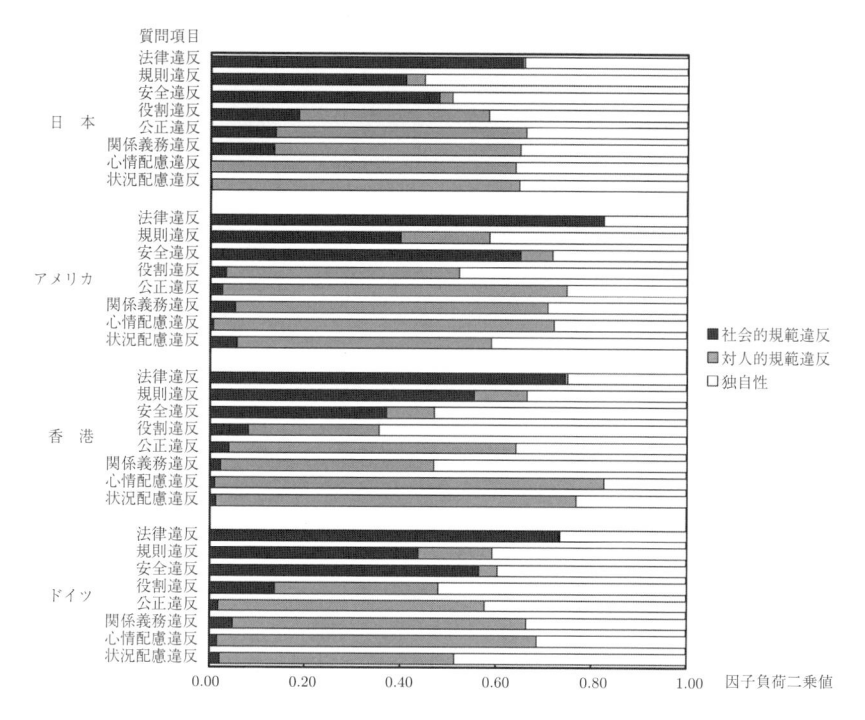

図 16.2 共通性，独自性，因子負荷の関係（Ohbuchi *et al.* (2004) より作図）

　因子分析において何らかの統計解析ソフトウェアを利用したとしても，因子の名称までそのソフトウェアが教えてくれるわけではない．因子は，高負荷を示した項目の意味内容に沿って研究者自身がその意味を解釈し，命名するのである．たとえば Ohbuchi *et al.* の研究では，第 1 因子に高負荷を示した規範違反項目の判断基準が比較的客観的であることから（「法律違反」など），この因子を「社会的規範違反」と名付けた．一方，第 2 因子に高負荷を示した項目では，違反の判断基準が個人の主観に依存するものであることから（「心情配慮違反」など），この因子は「対人的規範違反」と命名した．

　この因子分析の結果は，他の人の行動を見てその善し悪しを評価する際には，それが何らかの客観的ルールに反するものかどうかと，人間関係を律する暗黙のルール（マナーやエチケット）に反するものかどうかという 2 つの観点から

行なっていること，それは多くの国の人びとに共通な評価の観点であることなどを示すものである．

　因子分析研究においては，Rempel *et al.* の信頼感尺度のように理論的に想定した因子から項目を作成し，その因子を確認しようとするものと，Ohbuchi *et al.* のように，あるトピックに関連する項目を収集し，因子分析を行なって潜在因子を探索するやり方がある．これらの違いについては，後の章で探索的因子分析，確証的因子分析としてそれらの違いを含めて詳しく述べる．

16.2.2　因子分析手続きにおける 2 段階

　因子分析の分析手続きは，一般に，以下のように 2 段階に分けて実施される．

因子抽出

　因子抽出には主成分分析 (principal component analysis)，最小二乗法，最尤法など様々な技法があるが，そこでは共通性の推定も行われる．共通因子によって各項目をどこまで説明でき，項目独自の情報はどれくらいかを探るのである．図 16.2 でいえば，白色バーとそれ以外の割合を推定する作業である．共通性が推定されたら，その共通部分を因子に分解するため各項目に対する各因子の負荷量を推定するが，これは初期値と呼ばれる．因子抽出では，最近では，最尤法による因子抽出が望ましいとされており，その理由としてモデル適合度（データの当てはまりの良さ）が検定できることが挙げられている．

因子回転

　共通性の推定のために得られた諸因子は必ずしも各因子の特徴を最もよく表すものであるとは限らない．そのため，より明快な単純構造を目指して因子軸を回転させるのが第 2 ステップの因子回転 (factor rotation) である．

　回転法には直交回転 (orthogonal rotation) と斜交回転 (oblique rotation) がある．いずれも，図 16.3 に示す通り，項目のまとまりを因子軸が通るように，つまり，ある因子にはある項目群だけが 1 に近い因子負荷量をもち，それ以外の項目群は 0 に近い因子負荷量を持つような単純構造 (simple structure) をめざして軸の回転を試みるが，前者では因子軸が交わる角度を 90° に維持したまま回

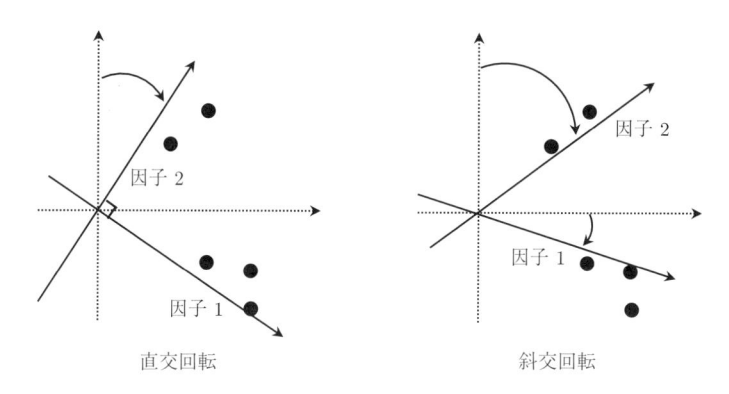

図 **16.3** 2 つの因子回転法

転させ（直交回転），後者ではそうした制約なく行う（斜交回転）．因子間に相関関係がなく理論的に互いに独立していると仮定される場合には前者，相関関係があることを許容する場合には後者を用いる．

　直交回転の代表的技法には，バリマックス回転（各因子が高負荷を示す項目の数を最小化して因子の解釈を単純化する回転），コーティマックス回転（各項目に含まれる共通因子の数を最小化して項目の解釈を単純化する回転），エカマックス回転（因子の単純化を図るバリマックス回転と項目の単純化を図るコーティマックスを組み合わせた回転）などがあり（IBM, 2023），一方，斜交回転では，オブリミン回転（因子負荷行列にまとまりができるようにして因子の解釈を単純化する回転）やプロマックス回転（バリマックス回転によって因子解釈の単純化を図った後で，その単純化がより明確になるように因子間相関を認めて再度軸の回転を行う技法）などがある．因子回転の数学的論拠については Mulaik (2009) や Johnson & Wichern (2007) を参照されたい．

　Ohbuchi *et al.* (2004) の研究では，主成分分析を使った因子抽出法により因子負荷の初期値が算出され，バリマックス回転によって因子を確定していた．ただし，最近は，単純構造の探索においてより柔軟性の高い斜交回転が好まれる傾向がある．

引用文献

[1] IBM (2023). 因子分析の回転. IBM Documentation SPSS Statistics. `https://www.ibm.com/docs/ja/spss-statistics/29.0.0?topic=analysis-factor-rotation`

[2] Johnson, R. A. & Wichern, D. W., *"Applied multivariate statistical analysis, 6th. ed."*, Upper Saddle River, NJ: Prentice Hall (2007).

[3] Mulaick, S. A., *"Foundation of factor analysis, 2nd ed."*, Boca Ratan, FL: CRC Press (2009).

[4] Ohbuchi, K., Tamura, T., Quigley, B. M., Tedeschi, J. T., Madi, N., Bond, M. H., & Mummendey, A. (2004), "Anger, blame, and dimensions of perceived norm violations: Culture, gender, and relationships", *Journal of Applied Social Psychology*, **34**, 1587–1603.

[5] Rempel, J. K., Holmes, J. G. & Zanna, M. P. (1985), "Trust in close relationships", *Journal of Personality and Social Psychology*, **49**, 95–112.

参考文献

[1] 松尾太加志, 『数式がなくてもわかる！R でできる因子分析』, 北大路書房 (2021).

[2] 松尾太加志・中村知靖, 『誰も教えてくれなかった因子分析：数式が絶対に出てこない因子分析入門』, 北大路書房 (2002).

17

探索的因子分析

前章で因子分析の考え方を説明した際，具体的なアプローチとして探索的因子分析と確証的因子分析があることを述べた．このうち，探索的因子分析 (exploratory factor analysis) とは，あらかじめ因子数や因子構造などの仮定を置かずに分析を行い，観測変数間の相関関係から因子構造を探るボトムアップ的分析方法である．ここでは，SPSS 使った探索的因子分析の実際を見ていく．

17.1 SPSS による探索的因子分析の実際

図 17.1 の SPSS データファイルは，人が親密な他者に対し怒りを感じたとき，どのような行動をとるかについて行われた攻撃性研究のデータの一部（架空のものである）である．この研究では，質問紙を用いて「あなたは普段，家族や恋人など身近な人に腹を立てたときにどんな行動をとっていますか」と日本人大学生 51 名の参加者に尋ね，「殴る・蹴る」，「罵る」，「第三者に告げ口する」，「拒絶する」，「相手の大切にしているものを壊す」，「あてつけに自分自身を傷つける」の 6 項目について 6 段階（0「全くしていない」〜5「非常によくしている」）の尺度上で評定させた．

この研究の目的は，人が親しい人に対して攻撃的な行動をとるときには，どのような心理的要因がはたらいているのかを探ることであった．このデータファイルを用いて探索的因子分析を行なってみよう．SPSS のメインメニューの「分析 (A)」を選択し，ドロップダウンリストから「次元分解 (D)」→「因子分析

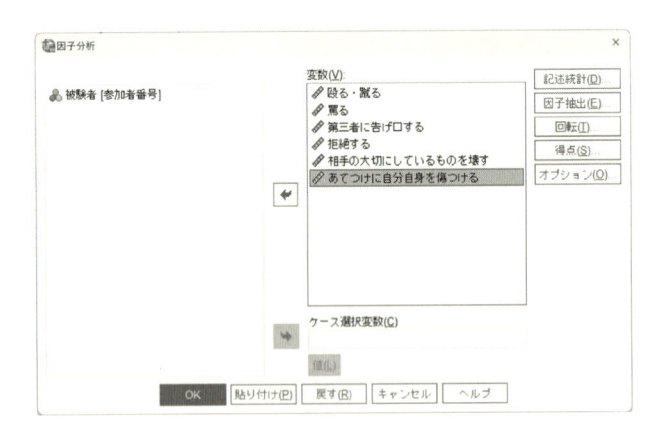

図 **17.1**　探索的因子分析のための SPSS データファイル（抜粋）

(F)」に進む．すると，図 17.2 の「因子分析」と題されたダイアログボックスが現れる．左側の項目リストのボックスから分析に使用する項目を選択して右の「変数 (V)」のボックスに移動させる（図では項目選択後なので矢印アイコンが

図 **17.2**　変数選択のダイアログボックス

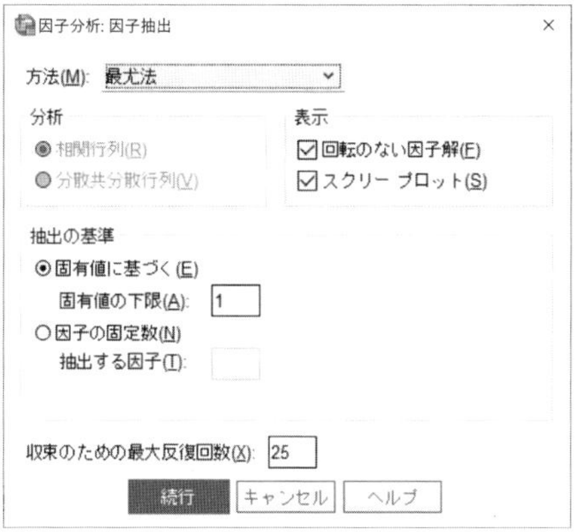

図 **17.3** 因子抽出法の選択

左向きになっている). ここでは全 6 項目を使用する.

17.1.1 因子抽出

このダイアログの右上のボタンから「因子抽出 (E)」をクリックすると図 17.3 の「因子分析：因子抽出」のダイアログボックスが現れる.「方法 (M)」のデフォルトは「主成分分析」となっているので, 右隣のドロップダウンリストから今回は「最尤法」を選択する.「抽出の基準」項目はデフォルトの固有値（因子の大きさを表す）＝ 1 のままとする（カイザー・ガットマン基準）. 因子数を決めるやり方は, そのほかに, 因子の固有値を降順に並べ, それが急激に落ち込んだところを見付けるために図示するスクリープロットというやり方もある. 今回は,「表示」中の「スクリープロット (S)」にもチェックを入れ, これら 2 つの基準から因子数を決めてみることにする. 以上の設定を終えたら,「続行」をクリックして図 17.2 の因子分析のダイアログボックスに戻る.

17.1.2 因子回転

次の段階は因子軸の回転である. 図 17.2 の右上にある「回転 (T)」をクリックすると図 17.4 の「因子分析：回転」ダイアログボックスが開かれるので, ここでは斜交回転「直接オブリミン (O)」を用いることにして, これにチェックを

入れる．「続行」をクリックして再び図 17.2 のダイアログボックスに戻ったら，回転後因子負荷量の順に項目を自動的に並び替えるため，「オプション (O)」をクリックし，図 17.5 の「因子分析：オプション」ダイアログボックスにおいて「係数の表示書式」の中の「サイズによる並び替え (S)」をチェックする．

　「続行」をクリックして図 17.2 のダイアログボックスに戻ったら，最後に，各項目の平均値や相関関係を把握しておくため「記述統計 (D)」をクリックして図 17.6 の「因子分析：記述統計」ダイアログボックスを開き，「統計」枠内の「1 変量の記述統計量 (U)」，「初期の解 (I)」と「相関行列」枠内の「係数 (C)」にチェックを入れておく．以上の設定を終えたら「続行」をクリックし，図 17.2 の「因子分析」ダイアログボックスに戻り，「OK」をクリックして因子分析を実行する．

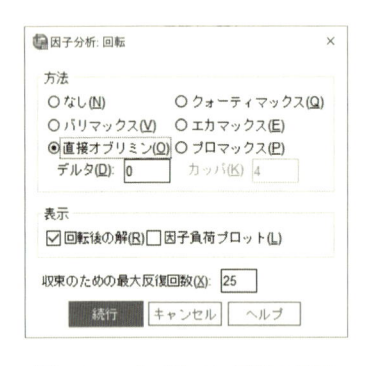

図 **17.4**　オブリミン回転の指定

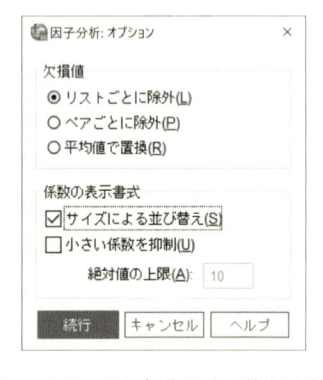

図 **17.5**　因子負荷の並べ替え設定

17.2　因子の大きさと因子数

　図 17.7 と図 17.8 は使用した項目の基本統計量と相関行列である．この出力からは回答反応の強さや回答のばらつき具合，そして項目間の結びつきの強さなどを確認し，自分が分析対象とするデータの特徴を把握しておこう．

図 **17.6** 記述統計のダイアログボックス

記述統計

	平均値	標準偏差	分析 N
殴る・蹴る	.80	1.040	51
罵る	.69	.948	51
第三者に告げ口する	1.55	1.404	51
拒絶する	1.75	1.197	51
相手の大切にしているものを壊す	2.47	1.501	51
あてつけに自分自身を傷つける	1.80	1.600	51

図 **17.7** SPSS 出力「項目の平均値と標準偏差」

相関行列

		殴る・蹴る	罵る	第三者に告げ口する	拒絶する	相手の大切にしているものを壊す	あてつけに自分自身を傷つける
相関	殴る・蹴る	1.000	.748	.514	.618	.291	.325
	罵る	.748	1.000	.477	.509	.134	.196
	第三者に告げ口する	.514	.477	1.000	.477	.605	.698
	拒絶する	.618	.509	.477	1.000	.235	.266
	相手の大切にしているものを壊す	.291	.134	.605	.235	1.000	.647
	あてつけに自分自身を傷つける	.325	.196	.698	.266	.647	1.000

図 **17.8** SPSS 出力「項目間の相関関係」

17.2.1　共通性推定と因子抽出

図 17.9 は共通性を推定した出力結果である．2 種類の共通性の推定値が出力されており，因子軸の回転を行わなかった場合は「初期」に示されている値だが，今回のように回転を行なっている場合は右の「因子抽出後」を見る．共通性は，値が大きいほどその項目が共通因子から大きな影響を受けていること，逆にいうと，項目の独自性は小さいことを示している．ここで注意したいのが，しばしば出力の下に「1 よりも大きい共通性推定値がありました」という警告が表示されることである．これはヘイウッド・ケース (Heywood case) と呼ばれ，最大値 1 を超える共通性が推定されたことを示し，因子抽出が不適解となってしまったことを意味するものである．こうした場合にはサンプル数の不足やデータの入力ミス，もしくは抽出される因子が多すぎることなどが考えられるので，分析を一度中断して素データを見直したり因子抽出法を変えたりした方がよい．

共通性

	初期	因子抽出後
殴る・蹴る	.658	.774
罵る	.612	.733
第三者に告げ口する	.666	.749
拒絶する	.423	.448
相手の大切にしているものを壊す	.486	.572
あてつけに自分自身を傷つける	.580	.743

因子抽出法: 最尤法

図 17.9　SPSS 出力「共通性の推定」

最尤法によって因子を抽出した出力結果が図 17.10 である．「初期の固有値」列に示されている値は制約を置かず因子抽出した結果なので，固有値は項目の数だけ出力されている．その中の「合計」の列を見ると，固有値は第 1 因子から 3.275, 1.374, 0.506, . . . と変化している．「初期の固有値」の「累積%」の列を見ると，第 2 因子までで 6 項目に対する反応全分散の約 78%が説明されているが，その後の説明力の増加は頭打ちになっている．図 17.11 は固有値を因子順にプ

説明された分散の合計

因子	初期の固有値			抽出後の負荷量平方和			回転後の負荷量平方和[a]
	合計	分散の %	累積 %	合計	分散の %	累積 %	合計
1	3.275	54.590	54.590	2.963	49.387	49.387	2.474
2	1.374	22.907	77.498	1.057	17.609	66.996	2.344
3	.506	8.441	85.938				
4	.377	6.278	92.216				
5	.279	4.645	96.861				
6	.188	3.139	100.000				

因子抽出法: 最尤法

　a. 因子が相関する場合は、負荷量平方和を加算しても総分散を得ることはできません。

　図 17.10　SPSS 出力「カイザー・ガットマン基準による因子数の推定」

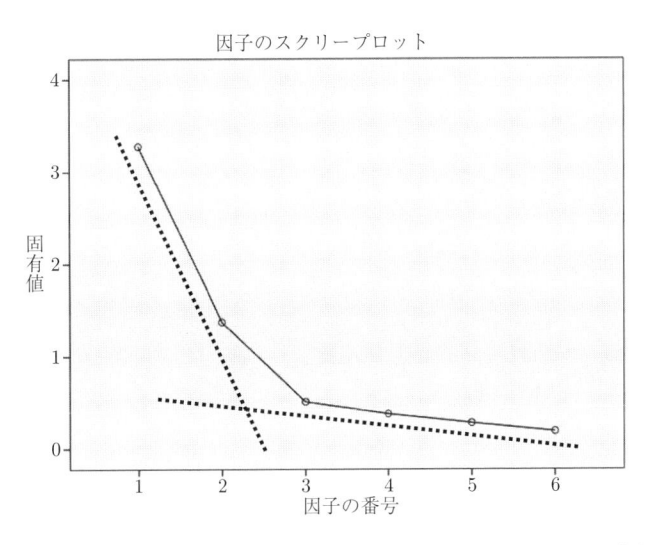

因子のスクリープロット

　図 17.11　SPSS 出力「スクリープロット基準による因子数の推定」

ロットしたものだが，破線が示す通り，第 2 因子と第 3 因子の間の落差が大きく，第 3 因子以降は傾きが比較的緩やかになっている．図 17.10 に示された初期の固有値の変化やこの図から，スクリープロット基準 (scree plot criterion) に従えば，上位 2 個までを共通因子とみなすのが適当ということになるであろう．

　図 17.10 の出力に戻って，「抽出後の負荷量平方和」列を見ると，1 以上の固有

値を持つ因子に意味があるとするカイザー・ガットマン基準 (Kaiser-Guttman criterion) によって上位 2 因子までで抽出が打ち切られ，因子回転に進んだことが示されている．固有値 1 以上を持つ最初の 2 因子だけで累積寄与率が約 67%であることから，確かに，今回のデータは 2 因子構造が相応しいと判断される．ただし，実際には，このように様々な角度から吟味することは少なく，「初期の固有値」の値だけで因子数を決定することも多い．

　なお，カイザー・ガットマン基準では，項目数が多くなると抽出される因子数が相対的に少なくなる傾向があり (Akama & Husnaqilati, 2022; Kaiser, 1992)，これに代わる因子抽出法として並行分析 (parallel analysis) を推奨する研究者たちもいる (Buja & Eyuboglu, 1992)．並行分析は抽出された因子のどこまでが意味のある因子で，どこからが誤差による因子かを判別する分析である．SPSS でもこの分析を行うことが可能で，O'Connor (2000) が運営するサイト (https://oconnor-psych.ok.ubc.ca/nfactors/nfactors.html) にアクセスして「SPSS」の「rawpar.sps」からマクロをコピーすれば実行できるので，興味のある読者は試していただきたい．

17.2.2　回転後の因子の解釈

　図 17.10 の「回転後の負荷量平方和」の「合計」に出力されている値は，因子回転を行なった後に得られる各因子の寄与（全項目反応に対する各因子の説明力）である．直交回転を行なった場合はここに「分散の%」と「累積%」も追加で出力されるが，斜交回転の場合は出力されない．図 17.12 には，オブリミン回転を行う前の最尤法で得られた初期値としての各項目に対する因子負荷が示されている．「サイズによる並び替え (S)」にチェックを入れておいたので，項目は因子負荷量の大きいものから順に並び替えられている．続いて，図 17.13 は 2 因子構造のモデルが実際のデータにどのくらい適合しているか，すなわちモデルの当てはまりの良さを分析した出力結果である．これによると，カイ 2 乗の値は 4.225，その有意確率は 0.376 であった．この有意確率の値が.050 以上であれば「モデルがデータ構造と異なるとはいえない」という帰無仮説が棄却されないので，この 2 因子構造は分析対象のデータに対して適合的であったと判断することができる．

因子行列[a]

	因子	
	1	2
第三者に告げ口する	.825	.262
殴る・蹴る	.787	-.393
罵る	.699	-.494
あてつけに自分自身を傷つける	.671	.542
拒絶する	.625	-.241
相手の大切にしているものを壊す	.578	.488

因子抽出法: 最尤法
　a. 2 個の因子が抽出されました。4 回の反復
　　が必要です。

図 **17.12**　SPSS 出力「回転前の因子
　　　　　　　負荷」

適合度検定

カイ 2 乗	自由度	有意確率
4.225	4	.376

図 **17.13**　SPSS 出力「2 因子モ
　　　　　　　デルの適合度」

パターン行列[a]

	因子	
	1	2
罵る	.895	-.106
殴る・蹴る	.863	.037
拒絶する	.622	.098
あてつけに自分自身を傷つける	-.041	.879
相手の大切にしているものを壊す	-.054	.777
第三者に告げ口する	.308	.690

因子抽出法: 最尤法
回転法: Kaiser の正規化を伴うオブリミン法
　a. 5 回の反復で回転が収束しました。

図 **17.14**　SPSS 出力「回転後の因子負荷」

　図 17.14 は，オブリミン回転後の因子負荷量であり，ここから各因子の解釈
を行う．第 1 因子は「罵る」，「殴る・蹴る」，「拒絶する」の項目に高負荷を示
したので，怒りを感じた相手に直接影響力を行使しようとする攻撃スタイルで
あると解釈し，この因子を「直接的攻撃性」と名付けた．第 2 因子は他の項目
に負荷が高かったが，これらの項目は，怒りを感じてもそれを対象に直接ぶつ
けるような反応スタイルではないことから，この因子は「間接的攻撃性」と名

付けた.

　この分析結果は,親しい人に対して怒りを感じたとき,多くの人の心の中には,怒りを直接表現して相手を攻撃したいという気持ちと,直接表現するのではなく婉曲にこれを伝えたいという気持ちの両方がはたらくが,それら心理的要因の強度の違いによって,実際の行動反応が異なってくるということを意味している.なお,探索的因子分析では,必ずしも,本書の例のような明瞭な因子構造が得られるとは限らない.その場合には因子抽出法と回転技法の組み合わせを変えたり,抽出する因子数を指定したり,共通性の低い項目を分析対象から除外して再分析を行うなどの試みを行なって,より明確な因子構造を探ることになる.

　図 17.15 には項目と回転後の因子の相関係数,図 17.16 には因子間の相関係数が出力されている.とくに図 17.16 は因子間構造を知る上で重要な手がかりである.なお,バリマックス回転のような直交回転では因子間相関は 0 と仮定しているので,図 17.16 は出力されない.

構造行列

	因子	
	1	2
殴る・蹴る	.879	.400
罵る	.851	.269
拒絶する	.663	.359
あてつけに自分自身を傷つける	.327	.861
第三者に告げ口する	.597	.819
相手の大切にしているものを壊す	.272	.755

因子抽出法: 最尤法
回転法: Kaiser の正規化を伴うオブリミン法

因子相関行列

因子	1	2
1	1.000	.419
2	.419	1.000

因子抽出法: 最尤法
回転法: Kaiser の正規化を伴うオブリミン法

図 17.15　SPSS 出力「回転後の因子と項目との単純相関」

図 17.16　SPSS 出力「因子間の相関係数」

17.3　探索的因子分析の結果の記述

　斜交回転後の因子分析結果は表 17.1 のように,因子負荷量,因子寄与,因子間

表 **17.1**　親密関係での攻撃性に関する因子分析

項　　目	因子 1	因子 2
罵る	**.90**	−.11
殴る・蹴る	**.86**	.04
拒絶する	**.62**	.10
あてつけに自分自身を傷つける	−.04	**.88**
相手の大切にしているものを壊す	−.05	**.78**
第三者に告げ口する	.31	**.69**
回転後の因子寄与	2.47	2.34
因子間相関	—	.42

注）最尤法による初期因子抽出，固有値 1 基準による因子選択，オブリミン斜交回転，回転前の累積寄与率 67.00%.

相関を含めて表現する．斜交回転では累積寄与率 (% of cumulative contribution) は算出されないので，回転前のもの（図 17.10 の「抽出後の負荷量平方和」の列の第 2 因子の累積%）を注に書き加えるのが良いであろう．なお，因子負荷量のうち高負荷の部分（±0.4 以上）はボールド体で表現すると因子構造がわかりやすい．

　ここで行なった因子分析の実施と結果を文章で記述するなら，次のようになるであろう．

　　「親密な関係にある人に対して怒りを感じたときの行動反応を測定する 6 項目について探索的因子分析（最尤法による初期因子抽出，固有値 1 基準による因子選択，オブリミン斜交回転）を行なった．その結果，表 17.1 に示すように，項目「罵る」「殴る・蹴る」「拒絶する」に対しては因子 1 が高負荷を示したことから，この因子は直接的攻撃性を表していると解釈した．他の項目に対しては因子 2 が高負荷を示し，この因子は間接的攻撃性を表すと解釈した．なお，これら 2 個の因子による説明率は 67.00%で，この 2 因子モデルはデータに適合していることも確認された．」

　なお，因子抽出にはスクリープロット基準などもあるので，自分が基準として使用したものを明記しておくのがよい．また，因子名を決める過程の記述は

図 17.14 をもとに解説した通りである.

引用文献

[1] Akama, Y., & Husnaqilati, A. (2022), "A dichotomous behavior of Guttman-Kaiser criterion from equi-correlated normal population", *Journal of The Indonesian Mathematical Society*, **28**, 272–303.

[2] Buja, A., & Eyuboglu, N. (1992), "Remarks on parallel analysis", *Multivariate Behavioral Research*, **27**, 509–540.

[3] Kaiser, H. F. (1992), "On Cliff's formula, the Kaiser-Guttman Rule, and the number of factors", *Perceptual and Motor Skills*, **74**, 595–598.

[4] O'Connor, B. P. (2000), "SPSS and SAS programs for determining the number of components using parallel analysis and Velicer's MAP test", *Behavior Research Methods, Instruments, and Computers*, **32**, 396–402.

参考文献

[1] 石村光資郎,『SPSS による多変量データ解析の手順, 第 6 版』, 東京図書 (2021).

[2] 石村友二郎,『SPSS でやさしく学ぶ多変量解析, 第 6 版』, 東京図書 (2022).

[3] 小塩真司,『SPSS と Amos による心理・調査データ解析, 第 4 版:因子分析・共分散構造解析まで』, 東京図書 (2023).

18

確証的因子分析

確証的因子分析 (comfirmatory factor analysis) とは，前章の探索的因子分析とは異なり，潜在変数（因子）について既に何らかの仮説モデル（因子数や因子の内容を含む）が立てられていて，そのモデルが実際のデータとどれくらい合致しているかを推定する分析である．

18.1 仮説モデルの検証

前章で取り上げた探索的因子分析の例では，親密な人に対する攻撃性が「直接的攻撃性」と「間接的攻撃性」の2因子構造であることを明らかにした．しかし，この研究は大学生を対象にしたものだったので，この知見を一般化するには他の標本集団にも研究を拡げなければならない．

同じ質問項目を使って他の標本集団にも調査を行い，この2因子構造がやはり妥当であるかどうかを検証しようとするときには，再び探索的因子分析を行なって同じ結果が得られるかどうか調べるやり方もある．しかし，このように因子モデルが既に想定されている場合には，それが新しい標本データに適合するかどうかを検証する目的で確証的因子分析が使われることが多い．この例の場合，確証的因子分析によって検証を目指す仮説モデルは，前章の結果を踏まえると，図 18.1 のようになるであろう．探索的因子分析とは違って，潜在変数（因子）から観測変数（項目）へのパスは理論的に有意味なものだけに限定することができる．また，因子間には相関があると仮定されているので，潜在変数

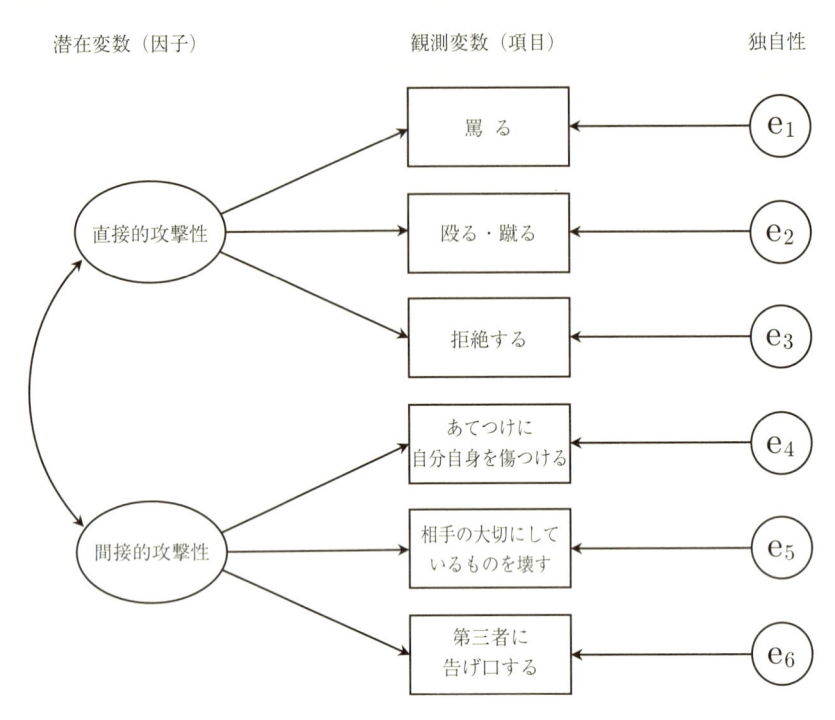

潜在変数（因子）　　　　　観測変数（項目）　　　　独自性

図 18.1　親密な人に対する攻撃性の確証的因子分析モデル

間は双方向矢印によって結ばれている.

　確証的因子分析においては，前章で解説したような従来の因子分析法を使う
やり方もあるが，近年では共分散構造分析 (structural equation modeling: SEM)
という技法が用いられることが多い．これは，相関分析，回帰分析，因子分析を
統合した分析を行うことが可能な，柔軟性の高い多変量解析である．SEM で検
証可能なモデルは 2 タイプあり，それは潜在変数と観測変数の関係を表す「測
定方程式モデル」と，潜在変数間の因果関係をも含む「構造方程式モデル」だ
が，確証的因子分析は前者にあたる（後者のモデルは第 21 章で解説する）．本
書では，SEM のために Amos というソフトウェアを使用するが，これは SPSS
や Excel から直接データを読み込んで分析を行うことができるものである.

18.2　AMOS による確証的因子分析の実際

18.2.1　Amos の基本的使い方：パス図の描画

　Amos を起動するには Windows のスタートメニューから「IBM SPSS Amos 28 Graphics」を選んでクリックする．すると，図 18.2 のような Amos ホーム画面が表示される．この画面の左側はツールバーと呼ばれ，これを使ってアイコンからパス図を描いたりデータを読み込ませたりなど種々の作業を行う．一方，右側はパレット画面で，ここに確証すべき仮説モデルに従ってパス図を描く．

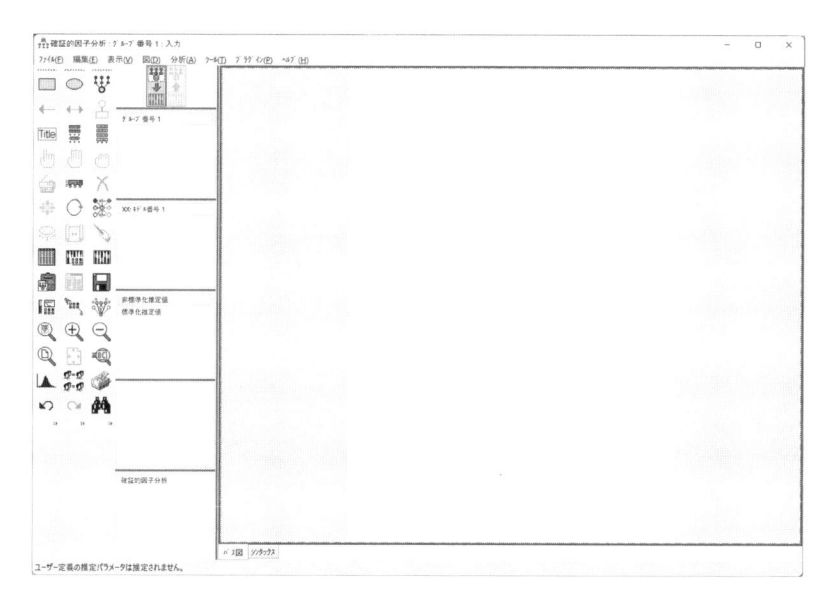

図 **18.2**　Amos の初期画面

　それでは 2 因子構造の分析モデルを描いてみよう．ツールバーに並んでいるアイコンのうち，👽（潜在変数を描く，あるいは指標変数を潜在変数に追加）をクリックする．次に，カーソルをパレットに持っていき，ドラッグして図 18.3 のように適当な大きさの楕円を描く．このとき，最終的に完成する因子分析モデルがパレット内に収まるようにイメージしながら大きさを調節する．この楕円は潜在変数を表すものである．次に，その楕円にカーソルを合わせ，クリッ

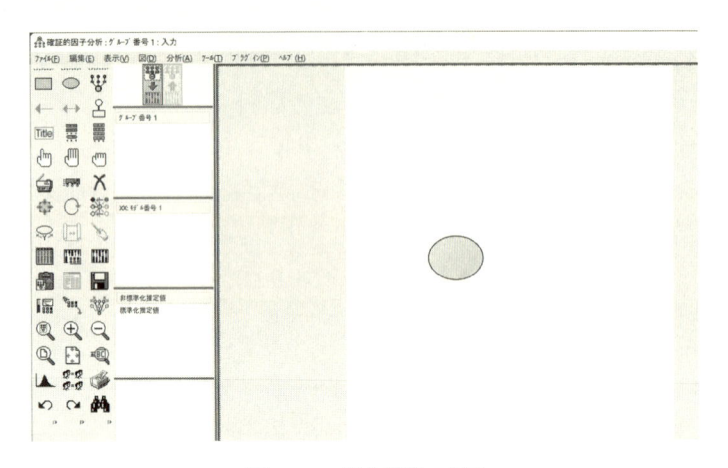

図 18.3　潜在変数の描画

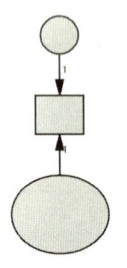

図 18.4　観測変数と誤差の描画

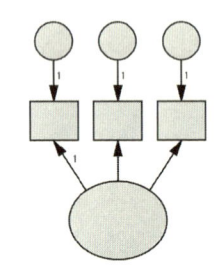

図 18.5　3 個の観測変数と誤差

クすると図 18.4 のように長方形の観測変数，これと潜在変数を結ぶパス（因子負荷量），それに誤差（丸）が追加される．誤差とは，探索的因子分析で独自性と呼んだものである（図 16.1）．クリックするたびに観測変数，パス，誤差が追加されるので，図 18.5 のように今回はそれらが 3 つになるまでクリックを繰り返す．

　同じ構造を持つパス図をもう一つ作成するため，アイコンの中から🖐（全オブジェクトの選択）をクリックし，パス図の線すべてを青色に変える．そしてアイコン列の🖨（オブジェクトのコピー）をクリックし，パス図の上にカーソルを当ててクリックしたままで右側の空白にパス図をドラッグする．図 18.6 に示すように同じパス図がコピーできたら，アイコンの🖐（全オブジェクトの選

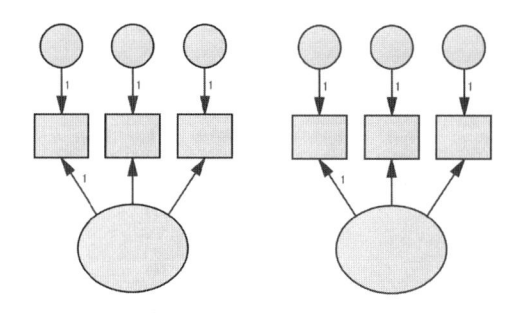

図 **18.6**　パス図のコピー

択解除）をクリックして青色の線から通常の黒色の線に戻しておく．因子分析
モデルでは観測変数が潜在変数の下に配置されるように描画するのが標準的な
ので，アイコン列から⟲（潜在変数の指標変数を回転）を選択し，潜在変数で
ある楕円上にカーソルを当ててクリックしてパス図の向きを変えておく．最後
に，この仮説モデルでは因子間の相関を仮定するので，アイコン列から↔（共
分散を描く）を選択し，カーソルをどちらかの楕円に当て，図 18.7 のようにド
ラッグしながら楕円どうしを双方向の矢印でつないでおく．
　次はデータの読み込み作業である．アイコン▦（データファイルの選択）を

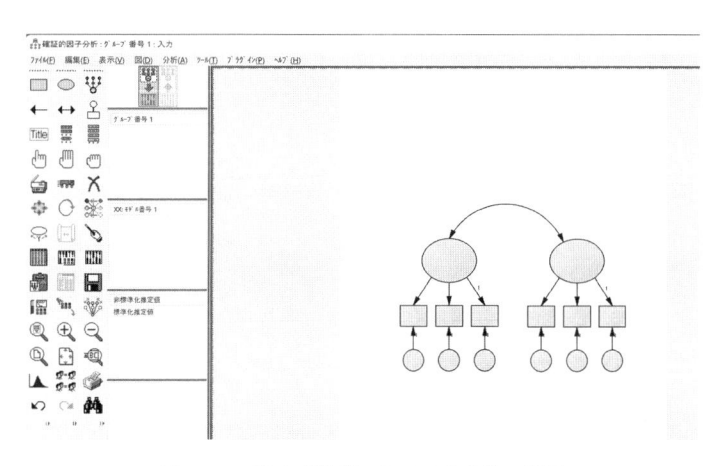

図 **18.7**　潜在変数間における共分散の描画

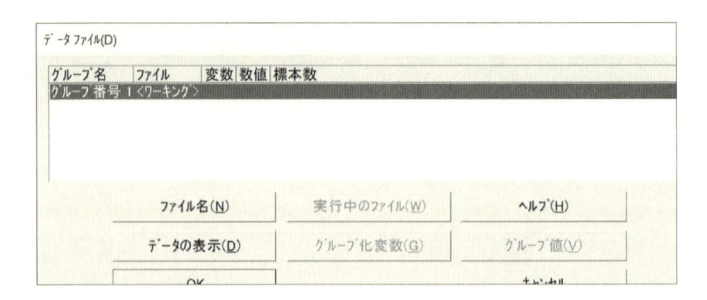

図 **18.8**　データの読み込み用ダイアログボックス

クリックすると図 18.8 に示す「データファイル (D)」というダイアログボックスが開くので,「ファイル名 (N)」をクリックして「開く」のダイアログボックスから SPSS データファイルを選択するが, ここでは第 17 章で使ったものと同じデータファイル（図 17.1）を使用する.

18.2.2　潜在変数名の記入と観測変数データの対応付け

描画されたパス図の中の潜在変数に名前を入力するため, 左側の楕円をダブル・クリックする. 図 18.9 に示すように「オブジェクトのプロパティ (O)」というダイアログボックスが開かれるので,「変数名 (N)」のボックスに「直接的

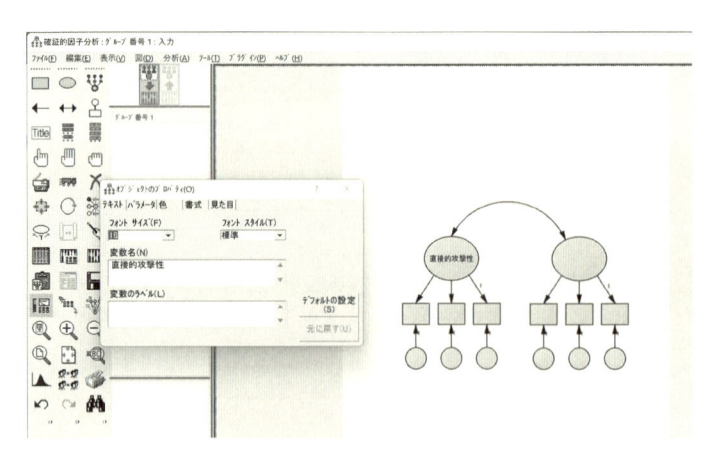

図 **18.9**　潜在変数の変数名入力

攻撃性」と入力し，楕円の中にそれが書き込まれたのを確認したら閉じる．もう一方の楕円にも同じやり方で「間接的攻撃性」と入力する．

　観測変数にデータを対応付けるため，▦（データセット内の変数を一覧）をクリックする．ダイアログボックス「データセットに含まれる変数 (D)」から直接的攻撃性の構成要素として仮定している「殴る・蹴る」の項目を選び，一番左側の観測変数までドラッグすると，図 18.10 のように観測変数内に「殴る・蹴る」が表示される．同じやり方で，潜在変数ごとに関連項目を観測変数にドラッグする．

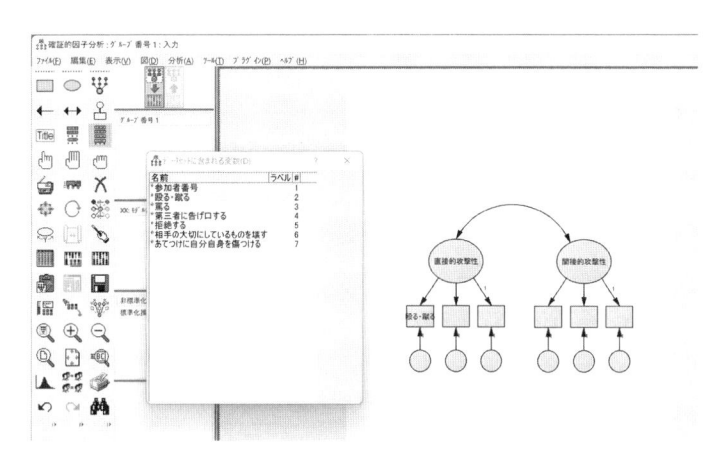

図 **18.10**　観測変数にデータを代入

　最後に，正円で描かれている誤差変数にも名前を付ける．画面上部の「プラグイン」を選択し，ドロップダウンリストから「Name Unobserved Variables」をクリックすると e1 ～ e6 まで自動的に誤差変数名が入力される．以上の作業を完了すると，図 18.11 のようなパス図が完成する．間接的攻撃性 3 項目のように変数名が長く，隣り合った変数にデータ名が重なってしまう場合は，アイコン列から🚚（オブジェクトの移動）を選び，観測変数や誤差変数をドラッグして図 18.12 のようにそれらを上下左右に移動させて見やすくする．

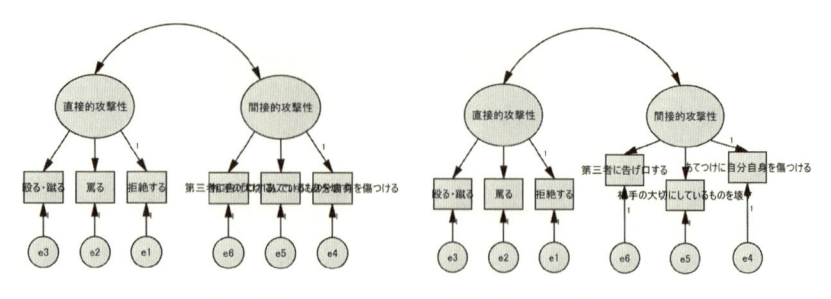

図 **18.11**　確証的因子分析におけるモデリング

図 **18.12**　機能「オブジェクトの移動」

18.3　SEM による確証的因子分析

18.3.1　SEM の実行

アイコン列の中から （分析のプロパティ）をクリックすると図 18.13 の「分析のプロパティ (A)」ダイアログボックスが開くので，「出力」タブを選択し，デフォルトでチェックが入っている「最小化履歴 (H)」以外に「標準化推定値 (T)」と「重相関係数の平方 (Q)」にもチェックを入れて閉じる．図 18.12 が描

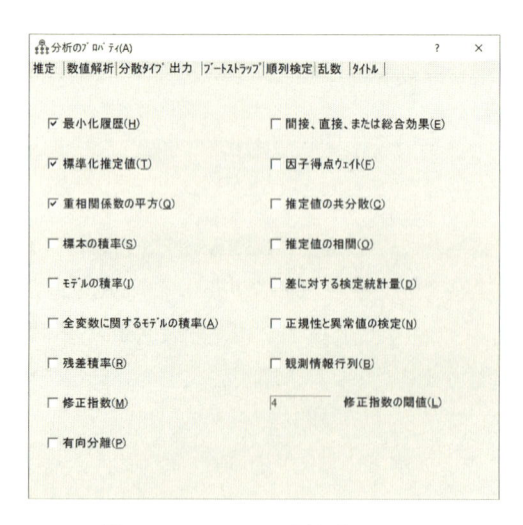

図 **18.13**　SEM の分析プロパティ

かれた画面に戻ったら，アイコン 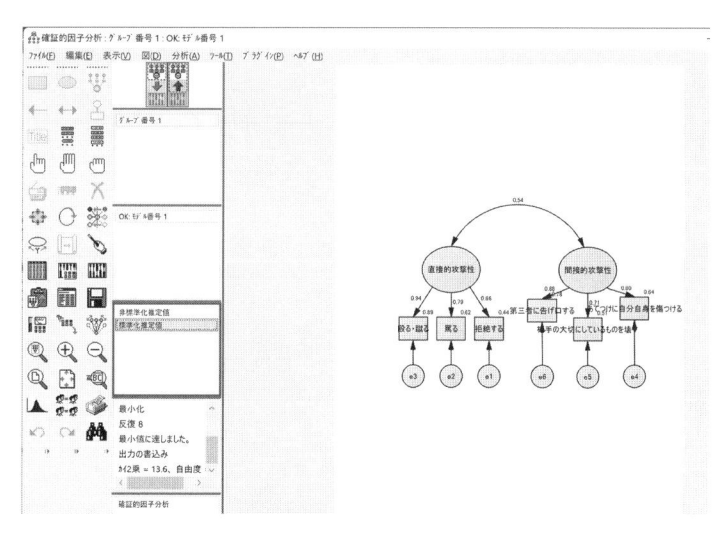（推定値を計算）をクリックして分析を実行する．

18.3.2　分析結果の出力

　分析が実行されると，図 18.14 のようなグラフィック化されたパス図が出力される．もしもパス上に数値がついていなければ，アイコンの右側（出力パス図の表示）をクリックする．アイコン右列の中央付近の枠内に「非標準化推定値」，「標準化推定値」という表示があるが，もしも「非標準化推定値」が選択されているなら，パス上の数値は非標準化係数であり，その大きさは観測変数の分散に影響されるため，効果を変数間で比較することはできない．その場合には，図 18.14 のように「標準化推定値」をクリックして標準化係数に変換する．観測変数の右上に添えられた数値は重相関係数の平方，すなわち回帰分析で出力されるものと同様の決定係数 R^2（潜在変数が観測変数の分散をどのくらい説明できるかで，因子分析では共通性（第 16 章参照）に対応する）を表している．なお，潜在変数から観測変数へのパスは因子負荷量を，潜在変数間の

図 18.14　標準化係数による分析結果

双方向矢印は因子間相関を表している.

18.4 モデル適合度の検証

続いて，今回のモデリングで仮定された潜在変数から観測変数への影響度（因子負荷量）と 2 因子構造がデータによって支持されるものかどうか，すなわちモデルの適合度を検討する.

18.4.1 パス係数（因子負荷量）の有意性

まず，アイコンの 🎬 をクリックして「Amos 出力」というテキスト出力を表示させ，左側のウィンドウから「推定値」を選択し，図 18.15 に示すような係数および因子間相関などの一覧を表示させる.「標準化係数：(グループ番号 1 - モデル番号 1)」にある「推定値」はパス図に示されたパス係数（因子負荷量）と同じ値であるが，この有意性は上の段の「係数：(グループ番号 1 - モデル番号 1)」の「確率ラベル」に示されている. ところが，AMOS の通常の分析手続きでは，係数の一部（この例では「拒絶する←直接的攻撃性」と「あてつけに自分自身を傷つける←間接的攻撃性」で係数「1」になっている行）に検定統計量が表示されない. これらの係数の有意性を出力させるためには，次のような変更を加えて，分析をやり直す必要がある.

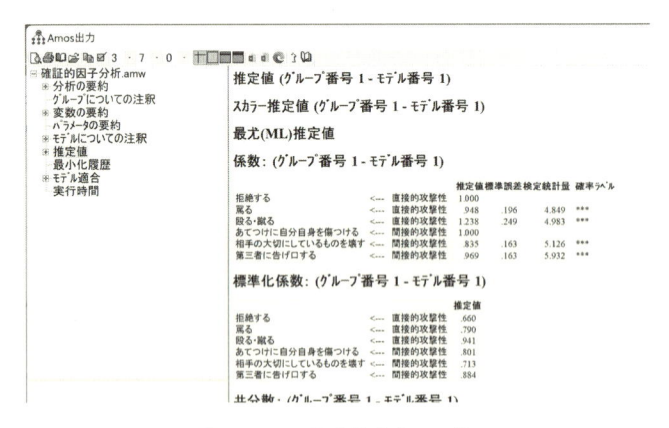

図 18.15 推定値出力の一覧

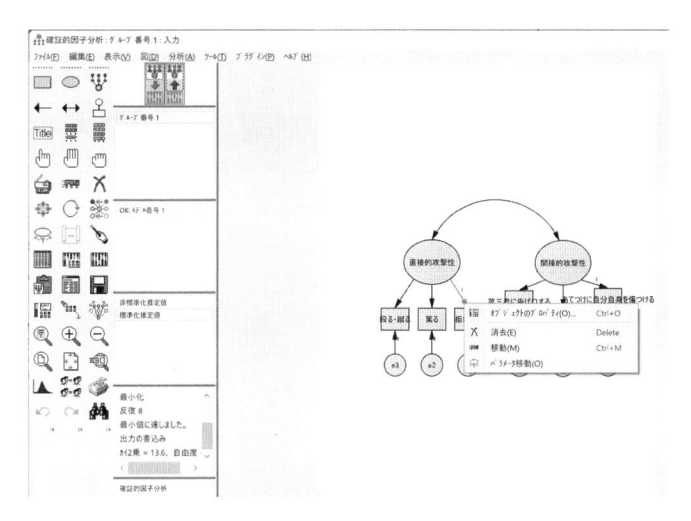

図 18.16 固定された推定値 1 の解除方法

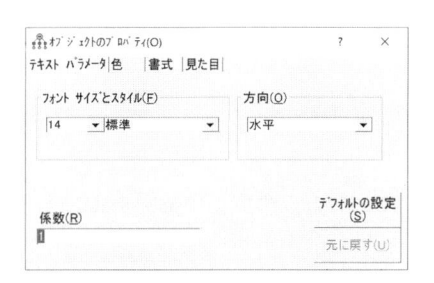

図 18.17 固定係数の解除

　アイコン列右隣の上部にある▓の左側（入力パス図（モデルの特定化）の表示）をクリックし，パス図作成の状態にした上で，図 18.16 のように係数「1」のパスにカーソルを当てて右クリックし，ポップアップメニューから「オブジェクトのプロパティ (O)」を選択する．図 18.17 のダイアログボックスが開くので，左から 2 番目の「パラメータ」タブを選択して「係数 (R)」のボックスにあらかじめ入力されている 1 の数値を削除して閉じる．同じ作業をもう一つのパスについても繰り返す．次に，潜在変数の楕円上にカーソルを当て，先ほどと同じようにポップアップメニューから「オブジェクトのプロパティ (O)」を

選択し，今度は「係数 (R)」のボックスに 1 の数値を入力して閉じる．もう一つの潜在変数についても同じ作業を繰り返す．最後に，■■（推定値を計算）をクリックすると再分析が行われる．この再分析によって出力される推定値が図 18.18 である．

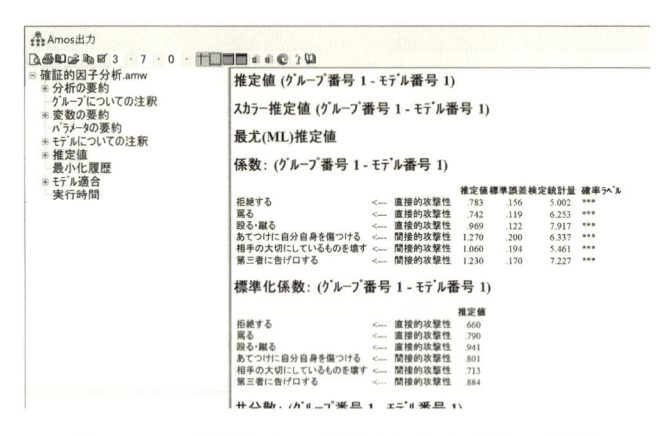

図 18.18　再分析によって出力されたパス係数の有意性

　図 18.18 で改めてパス係数の有意性を確認すると，すべて有意だったことから，本研究で用いた 6 項目は仮説モデルで予想した通りの影響を 2 つの因子から受けていたことが確認された．パス係数（因子負荷量）を調べた限りでは，確証的因子分析の結果は仮説モデル通りだったが，しかし，これによってそのモデルが確証されたと直ちに結論付けることはできない．というのは，仮説モデルで仮定した以外の重要なパス（たとえば，項目「拒絶する」へは直接的攻撃性因子よりも，実際には間接的攻撃性因子からの影響が大きい，とか）が存在したかもしれないからである．そこで，確証的因子分析では，仮定された因子負荷量の有意性を検定するだけでなく，この仮説モデルによってデータが十分に説明されているかどうかを調べる必要があるが，このために SEM では，データとの適合度指標を見ることになる．

18.4.2　モデル適合度

　仮説的2因子モデルがどの程度データと適合しているかを確認することは確証的因子分析の最も重要なポイントである．図18.19に示されている通り，Amosは自動的に様々な適合度指標を算出するが，本書では比較的よく用いられているCMIN (minimum value of C), CMIN/DF, GFI (goodness of fit index), AGFI (adjusted GFI), CFI (comparative fit index), RMSEA (root mean square error of approximation) の6指標に注目する．表18.1はSchermelleh-Engel *et al.* (2003)が提案するこれらの数値に関する適合性の判定基準である．

　まず，適合度指標の基本であるχ^2値「CMIN」では，図18.19の中の「確率」に示された有意確率の値が0.050以上であれば「モデリングされたパス図がデー

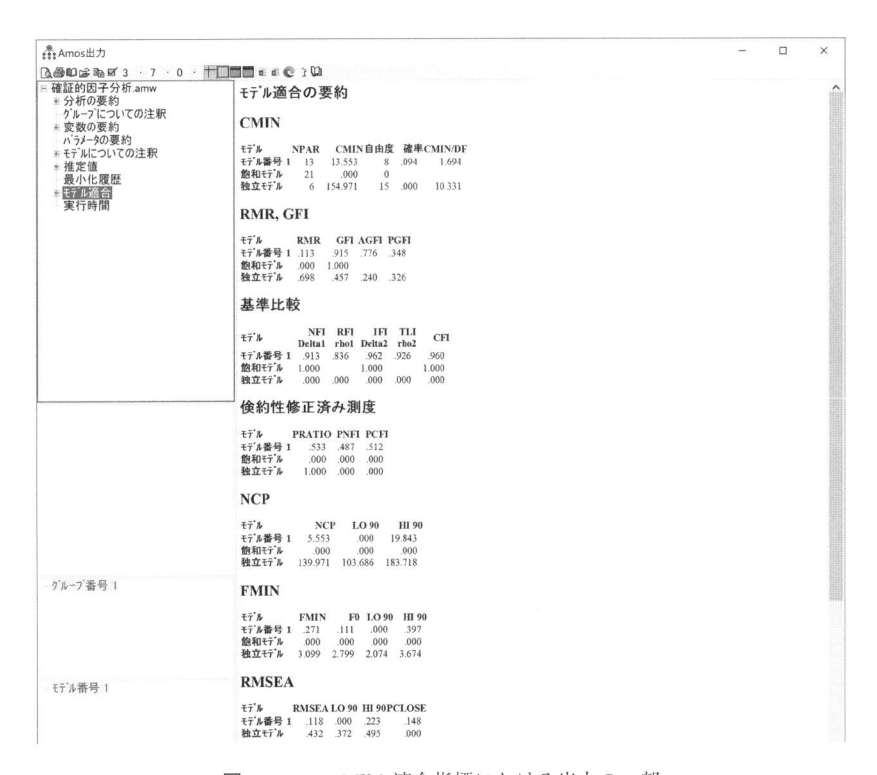

図 **18.19**　モデル適合指標における出力の一部

表 18.1 モデルの適合度基準（Schermelleh-Engel *et al.* (2003) から抜粋）

適合度指標	よく適合している	概ね適合している
CMIN	$0 \leq$ CMIN $\leq 2df$	$2df <$ CMIN $\leq 3df$
CMIN/DF	$0.00 \leq$ CMIN/DF ≤ 2.00	$2.00 <$ CMIN/DF ≤ 3.00
GFI	$.95 \leq$ GFI ≤ 1.00	$.90 \leq$ GFI $< .95$
AGFI	$.90 \leq$ AGFI ≤ 1.00	$.85 \leq$ AGFI $< .90$
CFI	$.97 \leq$ CFI ≤ 1.00	$.95 \leq$ CFI $< .97$
RMSEA	$0 \leq$ RMSEA $\leq .05$	$.05 <$ RMSEA $\leq .08$

タと乖離しているとはいえない」という帰無仮説は棄却されない．今回の分析結果では，モデル番号 1 の CMIN は 13.553 で，$2df (2 \times 8 = 16)$ よりも小さく，その有意確率は 0.094 だったことから，この帰無仮説は棄却されず，図 18.1 に基づいてモデリングされた 2 因子構造のパス図は，全体としてデータとの適合度は悪くないと判断される．CMIN の有意確率はサンプル数が大きくなるほど値が小さくなり，大きなサンプルほど適合度が良好ではないという結果になりやすいという特徴がある．この短所を補うため，χ^2 値を自由度 (df) で割った「CMIN/DF」の値も使われるが，今回の分析結果ではこれは 1.694 なので，これも表 18.1 の基準を満たしている．

　SEM では CMIN や CMIN/DF 以外にも多くの適合度指標を算出し，モデルの適合度を総合的に判断することができる．GFI はモデルがデータの共分散行列をどのくらい再現できるか示す指標であるが，出力結果の図 18.19 を見ると 0.915 で，これは表 18.1 の基準によると「概ね適合している」と判断される値である．GFI は自由度が小さくなるほど値が小さくなるという傾向があるので，自由度に補正を加えた AGFI もよく使われる．今回の AGFI は 0.776 であったため，この指標からすると，適合度が良いとはいえなかった．

　CFI は，作成したモデルの乖離度（データへの当てはまりの悪さ）と独立モデル（変数間にパスを一切仮定しないモデル）の乖離度を比較して，前者の乖離度が後者のそれから何%減少したか（つまりどのくらい改善したか）を表す指標である．この値は 0.960 だったので「概ね適合している」ことを示している．RMSEA は，作成したモデルが真の分布と 1 自由度あたりどのくらい乖離しているかを表す指標で，0 に近いほどデータの当てはまりが良いとされる．今回

の分析結果は 0.118 なので，当てはまりが良いとはいえないものだった．

　以上をまとめると，すべての指標が高い適合性を裏付ける値を示していたわけでなく，AGFI と RMSEA の 2 つの指標は，仮説モデルがデータを十分に説明しきれていないことを示唆している．ただし，すべての指標において数値基準を満たすことは稀なので，論文やレポートではそのことを考慮した考察や解釈を行うことになる．本書の分析例では，一部で基準を満たす数値が示されなかったものの，それ以外の 4 指標においては適合度が満足できる水準に達していたことから，「攻撃性の 2 因子モデルは概ね妥当である」という表現で結論するのが適当と思われる．しかし，不適合を示す指標を無視するのではなく，この仮説モデルには不十分な点があることを SEM は示唆しているので，これを，より適合度の高い，つまりより妥当性の高い理論モデルを作り上げていく手掛かりとするというのが建設的な利用の仕方になるであろう．

18.5　確証的因子分析における結果の記述

　論文や報告書は Word などの文書ソフトで作成するので，ここでは Amos で出力されたパス図を Word にコピー・アンド・ペーストする方法を説明する．図 18.14 のアイコンの 🖑（全オブジェクトの選択）をクリックすると，パス図の線や係数がすべて青色に変わる．次に，コピーのキーボードショートカットである「Ctrl + C（Mac の場合は command + C）」を押し，Word ファイルに切り替えて自分が挿入したい箇所にカーソルをもっていってペーストのキーボードショートカット「Ctrl + V（Mac の場合は command + V）」を押す．パス図が Word 画面上に貼り付けられたら，あとは余白をトリミング機能で切り取ったり，パス図を自分の好みのサイズに変えたりして編集作業を行う．

　パス図の中には横長のパレットの方が描きやすいものもあるので，その場合には図 18.20 のように画面上部の「表示 (V)」を選択してドロップダウンリストから「インターフェイスのプロパティ (I)」をクリックする．図 18.21 の「インターフェイスのプロパティ (I)」のダイアログボックスが出てきたら，タブ「ページレイアウト」の「用紙サイズ (P)」から「横-A4」を選択する．これ以外にも，このダイアログボックスでは論文やレポートの書式に合わせてフォントや色な

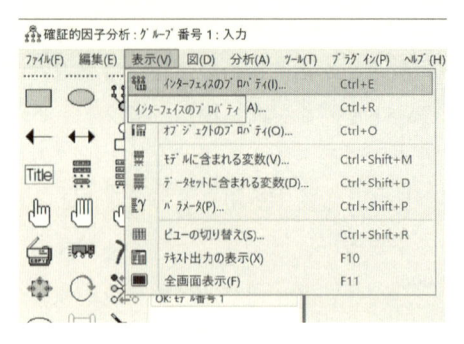

図 18.20　インターフェイスのプロパティを選択

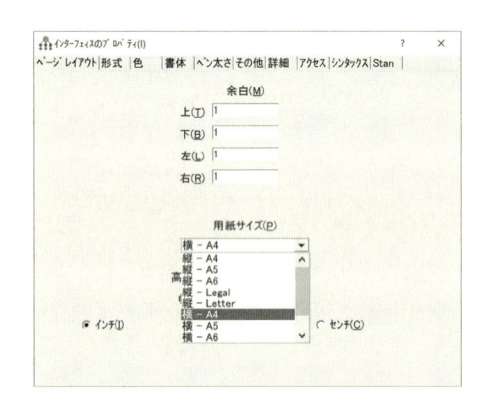

図 18.21　フィールドを A4 横向きに変更

どいろいろなカスタマイズができる.

　確証的因子分析結果の記述にはとくに決まったフォーマットはないが, 一般にはパス図を用いて説明することが多い. たとえば, 図 18.14 のようなパス図を示しながら, 次のように記述することできる.

> 「親密な関係にある人に対する攻撃性が, 先行研究で見出されたように, 直接的攻撃性と間接的攻撃性から成る 2 因子構造であるかどうかを確かめるため, SPSS Amos 28 を用いて確証的因子分析を行なった. 各因子から影響が仮定される項目へのパスと, 因子間の共分散を仮定した 2 因子構造の仮説モデルを作成した. これに対する共分散構造分析の結果, 適

合度指標はそれぞれ CMIN $= 13.55 \, (\mathrm{df} = 8, p = 0.09)$, CMIN/DF $= 1.69$, GFI $= 0.92$, AGFI $= 0.78$, CFI $= 0.96$, RMSEA $= 0.12$ という値が得られた．AGFI と RMSEA 以外の 4 指標においてはこのモデルがデータに対して十分に高い適合度を持つものであることを示していた．以上のことから，親しい関係にある人に対する攻撃性の 2 因子モデルは概ね妥当であると判断される」．

引用文献

[1] Schermelleh-Engel, K., Moosbrugger, H., & Müller, H. (2003), "Evaluating the fit of structural equation models: Tests of significance and descriptive goodness-of-fit measures", *Methods of Psychological Research*, **8**, 23–74.

参考文献

[1] 尾崎幸謙・荘島宏二郎，『パーソナリティ心理学のための統計学：構造方程式モデリング』，誠信書房 (2014)．

[2] 田崎勝也，『コミュニケーション研究のデータ解析』，ナカニシヤ出版 (2015)．

統計分析の新展開

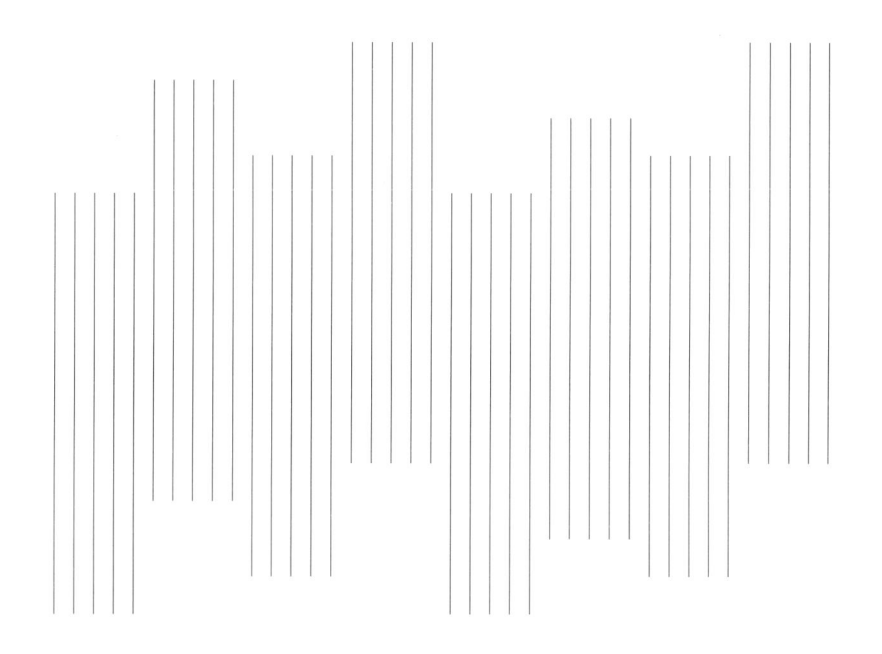

心理学や社会学など文系分野での実証研究には，近年，著しい発展が見られる．以前は実証研究の対象とならなかったような現象が積極的に取り上げられ，また，学際的研究の拡大によって，文系・理系という区別自体が意味を持たなくなりつつある．そうしたダイナミックな研究状況にあって，心理学・社会学分野ではその学問的独自性を活かすためにもますます理論の重要性が増している．実証研究の発展にともなって統計分析法にも新しいニーズが生じ，これに応えるようと様々の新技法が提案されてきたが，こうした視点から，本書では理論駆動型の統計分析に重きを置いて，媒介分析，調整分析，共分散構造分析などを取り上げ，具体例を挙げてそれらの使い方を説明する．更に，どの分野の研究においても必須な先行文献調査のために，メタ分析の統計解析についても一章を設けて解説する．

19

媒介分析

心理学の研究論文にはしばしば媒介 (mediation) や調整 (moderation) という用語が登場するが，実際，これらは心理現象を説明するために用いられる重要な概念である．多くの心理学論文において媒介や調整の概念を使った理論が展開され，これに基づく仮説が提示される．それゆえ，これらの仮説検証においては媒介や調整に対応した統計分析を行う必要があるが，それらはいずれも回帰分析を応用したものである．本章においては媒介分析について，次章では調整分析について説明する．

19.1 媒介とは何か

ある事象に対して人がある反応を示すとき，その人の心の中でも，そうした反応を起こさせる何らかの変化が起こっていると考えられる．事象との接触によってある内的変化が起こり，それが行動反応を促していると考えられる．言い換えると，その内的変化が事象と反応の関連性を媒介している．

近年，不祥事を起こした企業のトップによる謝罪会見がよく見られるようになった．謝罪会見を見た人がその謝罪は誠実であると知覚したなら，「その企業を厳しくとがめる必要はない」と寛容な反応を示すであろうが，誠実とは感じなかった人はその企業に対して厳しい反応をするであろう．このエピソードは，謝罪という事象に接した人が寛容反応を示すかどうかは，謝罪者に対する誠実さ知覚という内的過程によって媒介されていることを示唆しているが，この場

図 19.1 　媒介分析のための SPSS データファイル（抜粋）

合，誠実さ知覚が媒介変数 (mediator variable; mediating variable) にあたる．

　図 19.1 の SPSS データファイルは，この考え方に基づいて行われた謝罪実験の結果である（データは架空のものである）．この実験において，20 名の参加者はそれぞれ別の参加者（パートナー）と共同作業を行なったが，パートナーのミスによって成績が上がらず，期待した報酬を手にすることができなかった．その後，半分の参加者はパートナーから「自分のせいで申し訳ない」といった主旨の謝罪を受けたが，残りの参加者は謝罪を受けることはなかった．この後，参加者に「パートナーをどれくらい赦せるかと思うか」（寛容反応），また，「パートナーをどれくらい誠実な人物だと思うか」（誠実さ知覚）と聞き，それぞれ 5 項目を示して 5 段階で評定させた（1「全くそう思わない」〜5「強くそう思う」）．図 19.1 のデータファイルに示されている誠実さ知覚と寛容反応は 5 項目の平均値を，謝罪の列では，「1」は謝罪を受けたこと，「0」は謝罪を受けなかったこ

とを示している.

なお，このデータでは謝罪の有無が実験要因で名義尺度（カテゴリカル・データ）となっているが，媒介分析自体は他の尺度水準（順序尺度，間隔尺度，比率尺度）の変数であっても，相関係数が算出できれば実行可能である.

このデータファイルに基づいて，謝罪の有無，誠実さ知覚，寛容反応の 3 変数間で相関を調べたところ，謝罪は誠実さ知覚，寛容反応の両者と有意な正の相関があったが（$r = 0.598$ と 0.618，いずれも $p < 0.01$），このことは，謝罪を受けた参加者は受けなかった参加者よりもパートナーを誠実だと知覚し，また，パートナーに対してより寛容な反応を示したことを意味している. また，誠実さ知覚と寛容反応の間にも有意な正の相関が認められたことから（$r = 0.861, p < 0.01$），パートナーを誠実だと知覚した参加者ほど寛容になったことを示している. これらの相関関係は，「謝罪」→「誠実さ知覚」→「寛容反応」という媒介プロセスが存在することを示唆しているが，これだけで結論を下すことはできない. 謝罪の寛容効果が誠実さ知覚によって媒介されていることを示すもっと積極的な証拠が必要である.

19.2 Baron & Kenny (1986) の媒介分析：SPSS による分析例

媒介の存在を確認する統計的手法としてよく知られているのは変数の組み合わせを変えて回帰分析を繰り返す Baron & Kenny (1986) の方法である.

19.2.1 媒介モデル図の作成

彼らの媒介分析 (mediation analysis) に従うなら，本章の例については 3 変数間に図 19.2 の関係が仮定される. パス a は謝罪から寛容反応への直接効果を表し，一方，誠実さ知覚を挟み b から c を経由して寛容反応に至るパスは間接効果である. 間接効果を構成するパス b とパス c が有意であるかどうかを検証するのが Baron & Kenny の方法である. このためには，パス a, b, c の係数を推定するために，表 19.1 に示すような回帰分析を 3 回繰り返す必要がある.

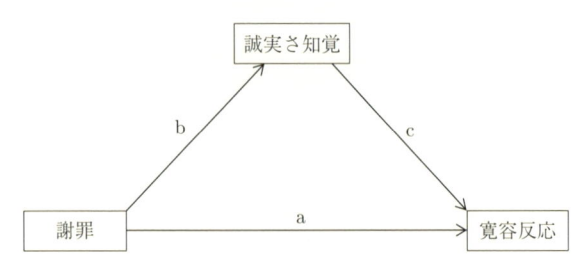

図 19.2 3 変数間に仮定された関係

表 19.1 媒介を検証するための回帰分析

分析目的	回帰分析	
	独立変数	従属変数
1. a の推定	謝罪	寛容反応
2. b の推定	謝罪	誠実さ知覚
3. c の推定と a の修正	謝罪, 誠実さ知覚	寛容反応

19.2.2 SPSS を使った回帰分析によるパス係数の推定

初めに，係数 a の大きさを推定するために SPSS を使って謝罪から寛容反応に対する回帰分析を実施する（第 12 章，第 13 章参照）．メニューから「分析 (A)」→「回帰 (R)」→「線型 (L)」と進むと図 19.3 のウィンドウが開く．表 19.1 に従って，「独立変数 (I)」ボックスに謝罪を，「従属変数 (D)」ボックスには寛容反応をそれぞれ移す．右上の「統計量 (S)」のボタンをクリックし，開いたウィンドウで「推定値 (E)」，「モデルの適合度 (M)」，「R2 乗の変化量 (S)」，「記述統計 (D)」，「共線性の診断 (L)」などをチェックして「続行」をクリックする．図 19.3 に戻ったら，「オプション (O)」はデフォルトのままとし，「OK」ボタンを押すと回帰分析が実行される．

分析結果の中で重要な部分を抜き出したのが図 19.4 である．表「モデルの要約」に含まれている相関係数が有意であることは（$R = 0.618$，$R^2 = 0.382$，$p < 0.01$），この回帰分析で用いられた独立変数が寛容反応の予測において有効であったことを示している．次に「係数」の表を見ると，この分析では独立変数は 1 個なので，当然ながら謝罪条件から寛容反応への影響が有意であることが示されている（$B = 1.080$，$\beta = 0.618$，$p < 0.01$）．この β（標準偏回帰係数）が

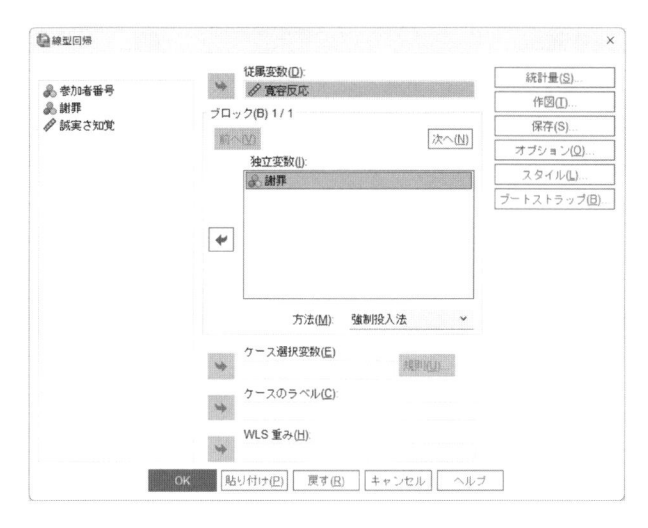

図 19.3　回帰分析を実行するための SPSS ウィンドウ

モデルの要約

モデル	R	R2乗	調整済み R2乗	推定値の標準誤差	変化の統計量				
					R2乗変化量	F 変化量	自由度 1	自由度 2	有意確率 F 変化量
1	.618ª	.382	.348	.72419	.382	11.120	1	18	.004

a. 予測値: (定数)、謝罪。

係数ª

モデル		非標準化係数		標準化係数	t値	有意確率	共線性の統計量	
		B	標準誤差	ベータ			許容度	VIF
1	(定数)	3.080	.229		13.449	<.001		
	謝罪	1.080	.324	.618	3.335	.004	1.000	1.000

a. 従属変数 寛容反応

図 19.4　SPSS を使った謝罪から寛容反応に対する回帰分析の出力画面

図 19.2 の a の推定値となる（研究目的によっては，B（非標準化偏回帰係数）を使うこともある）．

　同様のやり方で求めた謝罪から誠実さ知覚への回帰分析結果が図 19.5 に示されている．図 19.5 でも相関係数は有意で（$R = 0.598$, $R^2 = 0.358$, $p < 0.01$），謝罪から誠実さ知覚への効果（図 19.2 の係数 b）を示す指標も有意だった（$B = 0.900$, $\beta = 0.598$, $p < 0.01$）．

モデルの要約

モデル	R	R2乗	調整済み R2乗	推定値の標準誤差	変化の統計量				
					R2乗変化量	F 変化量	自由度 1	自由度 2	有意確率 F 変化量
1	.598ª	.358	.322	.63544	.358	10.030	1	18	.005

a. 予測値: (定数)、謝罪。

係数ª

モデル		非標準化係数		標準化係数	t 値	有意確率	共線性の統計量	
		B	標準誤差	ベータ			許容度	VIF
1	(定数)	2.940	.201		14.631	<.001		
	謝罪	.900	.284	.598	3.167	.005	1.000	1.000

a. 従属変数 誠実さ知覚

図 **19.5**　SPSS を使った謝罪から誠実さ知覚に対する回帰分析の出力画面

　最後に，図 19.2 の係数 c を推定し，同時に a の修正を行うために，表 19.1 に示された第 3 の回帰分析を行う．図 19.3 のウィンドウ中の「独立変数 (I)」ボックスに謝罪と誠実さ知覚の 2 変数を移し（誠実さ知覚は，理論上は媒介変数と位置付けられているが，SPSS の回帰分析手続きでは独立変数として扱われる），「従属変数 (D)」ボックスには寛容反応を置く．その分析結果である図 19.6 を見ると，重相関係数は有意だったが $(R = 0.871, R^2 = 0.758, p < 0.01)$，「係数」を見ると，誠実さ知覚の効果（係数 c）だけが有意で $(B = 0.889, \beta = 0.766, p < 0.01)$，謝罪

モデルの要約

モデル	R	R2乗	調整済み R2乗	推定値の標準誤差	変化の統計量				
					R2乗変化量	F 変化量	自由度 1	自由度 2	有意確率 F 変化量
1	.871ª	.758	.730	.46596	.758	26.669	2	17	<.001

a. 予測値: (定数)、誠実さ知覚, 謝罪。

係数ª

モデル		非標準化係数		標準化係数	t 値	有意確率	共線性の統計量	
		B	標準誤差	ベータ			許容度	VIF
1	(定数)	.465	.529		.879	.391		
	謝罪	.280	.260	.160	1.075	.297	.642	1.557
	誠実さ知覚	.889	.173	.766	5.146	<.001	.642	1.557

a. 従属変数 寛容反応

図 **19.6**　SPSS を使った謝罪と誠実さ知覚による寛容反応の回帰分析の出力画面

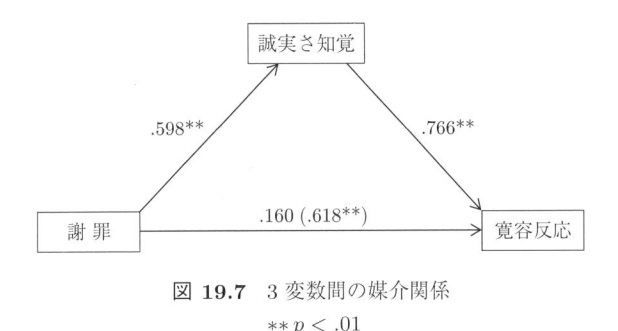

図 19.7　3 変数間の媒介関係

$$**p < .01$$

の効果 (修正された係数a) は非有意となった ($B = 0.280$, $\beta = 0.160$, $p = 0.297$). 独立変数に誠実さ知覚を加えると謝罪の寛容反応への効果が消失したことから, 謝罪の寛容効果は, 実際には誠実さ知覚によって媒介されていたことがうかがわれる.

　これら 3 回の回帰分析の結果に基づき, 改めて 3 変数間の関係を図 19.7 に示してみる. 図 19.2 の a, b, c に回帰分析から得られた係数を書き込んで, 媒介図を完成させる. この際, β を使うのが一般的なので, ここでもそれに倣う. b には図 19.5 の「係数」の謝罪の $\beta = 0.598$ を, c には図 19.6 の「係数」の誠実さ知覚の $\beta = 0.766$ を用いる. また, 修正前の a は図 19.4 の「係数」の謝罪 $\beta = 0.618$, 修正後の a は図 19.6 の「係数」の謝罪 $\beta = 0.160$ を使用する.

　図 19.7 に示されているように, a の効果は「修正後 (修正前)」と記載するのがルールである. この図は, 謝罪が単独では寛容反応を有意に増加させたが (修正前 a), 回帰分析の独立変数に誠実さ知覚を加えると謝罪の効果は失われた (修正後 a) ことを示している. その代わり, b と c が有意であることから, 謝罪は誠実さ知覚を経由して間接的に寛容反応を増加させたことがうかがわれる. 以上より, この分析結果は誠実さ知覚の媒介効果を示すものとなっている.

　この媒介分析では, 修正前は有意だった a の指標 (0.618**) が修正後には非有意となった (0.160) ことから, 謝罪の寛容効果は, 実際には誠実さ知覚によって媒介されていたと解釈することが可能であった. しかし, 修正後の a が依然として有意である場合はどう解釈すべきであろうか. b と c が有意であるのだから, 誠実さ知覚が謝罪の寛容効果を媒介していると解釈してよいと思われるか

もしれないが，しかし，この場合，他の解釈も可能であることを無視することはできない．それは，謝罪が誠実さ知覚以外の（未知の）他の媒介変数を経由して寛容反応を促した可能性である．そこで，この図に示されている b と c を経由して寛容反応に至る謝罪の間接的影響（間接効果）自体が有意かどうかを確認する必要がある．

19.3　ソーベル検定

　間接効果の有意性を検定する方法としていくつかのやり方が提案されているが，ここではソーベル検定 (Sobel test) を紹介する．謝罪の間接効果の大きさは b と c の非標準化偏回帰係数 $B(b)$ と $B(c)$ の積によって表される．これと，その標準誤差 $S(bc)$ との比が正規分布することから，その有意性は Z 検定によって調べることができる．$S(bc)$ の計算には b と c の標準誤差 $S(b)$ と $S(c)$ を使うが，それは図 19.5 と図 19.6 の「係数」表に含まれている．ソーベル検定の式とこのデータ例の計算式は下記の通りである（式 (19.1)–(19.3)）．

$$b \times c = B(b) \times B(c) = .900 \times .889 = .800 \tag{19.1}$$

$$S(bc) = \sqrt{(B(b)^2 \times S(b)^2 + B(c)^2 \times S(c)^2}$$
$$= \sqrt{.900^2 \times .284^2 + .889^2 \times .173^2} = .298 \tag{19.2}$$

$$Z = \frac{b \times c}{S(bc)} = \frac{.800}{.298} = 2.684 \tag{19.3}$$

　Z 値は 1.96 以上であれば 5% の棄却域に入る．式 (19.3) によって求められた Z 値はこれに入るので，ソーベル検定の結果は謝罪の間接効果が有意であることを示している．この例の場合は，媒介分析において謝罪の直接効果自体が非有意となっていたが（修正後 a），仮にそれが有意であったとしても，間接効果が有意であれば誠実さ知覚による媒介効果ははたらいていたと判断することができる．その場合の表現だが，間接効果が有意でかつ直接効果が非有意な場合は「完全な媒介」，間接効果と直接効果の両方が有意な場合は，他にも媒介変数が存在することが示唆されるので「不完全な媒介」と解釈することになる．

19.4 ブートストラップ検定

Z 検定では Z 値が正規分布することを前提に有意性検定を行うが，ケース数が概ね 200 以下ではこの前提が満たされるかどうか不明なことが多いことから (Stone & Sobel, 1990)，それに替えて，ブートストラップ法 (bootstrap method) という検定法が用いられることがある．

19.4.1 ブートストラップ法の原理

ブートストラップ法とは，手元にあるデータ（標本）からリサンプリング（復元抽出）を繰り返して大量のブートストラップサンプルを生成し，この経験的に得られた下位標本から統計量を算出して母集団の平均や効果を推定するというものである．標本データを母集団として擬似的に見立てるわけであるから，やや作為的な印象もあるが，ケース数が少ない場合には有効な分析方法である．リサンプリングの回数は，複雑なモデルでなければ 10,000 回以下で十分である．

Preacher & Hayes (2004) は，このブートストラップ法を媒介分析における間接効果の検定に応用するやり方を考案している．彼らは，偏回帰係数 $B(b)$ と $B(c)$ の積をリサンプリングし，分布が漸近的に正規分布するようにした上で母集団の間接効果を推定するための SPSS 用のマクロプログラムを作成した．ブートストラップ法では，推定した統計量に対して信頼区間を求めることができるので，このマクロを使えば間接効果の真値がとりうる範囲を推定することが可能となる．この方法を利用して，先ほどの間接効果を SPSS 上で再分析してみよう．

19.4.2 SPSS マクロへの PROCESS のインストール

本書における間接効果のブートストラップ検定では，Hayes (2022) によって開発された媒介分析のマクロを利用して行う．彼の運営サイト (`http://www.processmacro.org/download.html`) にアクセスし，「Download PROCESS v.4.0」をクリックしてこのアプリをダウンロードし，自分の PC 上に「PROCESS v40」というフォルダを作って，ここに解凍する．次に，SPSS データファイルを開き，図 19.8 のようにメインメニューの「拡張機能 (X)」を選んでドロップダウ

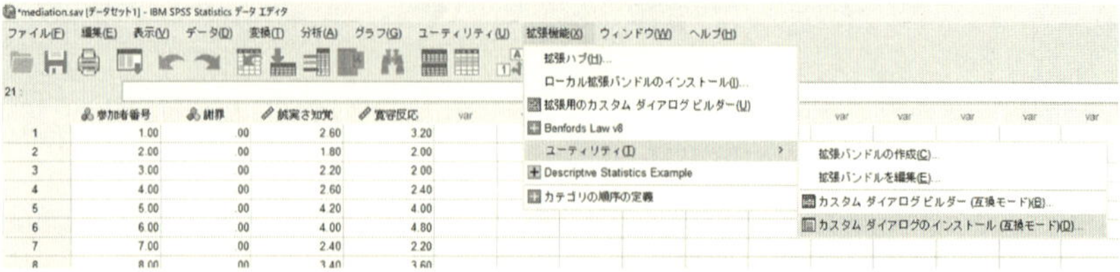

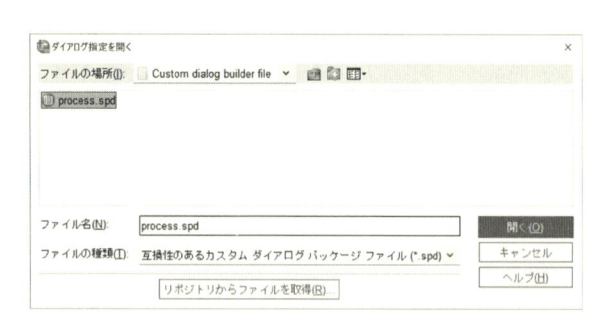

図 19.8　マクロ・インストールのためのドロップダウンメニュー

図 19.9　SPSS に PROCESS マクロをインストール

ンリストから「ユーティリティ (T)」→「カスタムダイアログのインストール（互換モード）(D)...」に進む（SPSS Statistics 24 より以前のバージョンはメインメニューの「ユーティリティ (U)」から進む）．図 19.9 の「ダイアログ指定を開く」というダイアログボックスが登場するので，「ファイルの場所 (I)」のボックスにおいて，先ほど解凍した「PROCESS v40」のフォルダ内にある「Custom dialogue builder file」フォルダを開き，「process.sps」を選択して「開く (O)」をクリックする．インストール先を尋ねるダイアログボックスが現れるので，そのまま「OK」ボタンをクリックする．

　この作業を終えた後，メインメニューの「分析 (A)」→「回帰 (R)」と進み，図 19.10 のように「PROCESS v4.0 by Andrew F. Hayes」が追加されていればインストールは成功である．このマクロは一旦インストールしてしまえば，その後は「回帰 (R)」のドロップダウンリストに残っているので，SPSS を閉じても消える心配はない．

図 **19.10** PROCESS マクロのインストール確認

19.4.3 PROCESS を使ったブートストラップ検定の実施

ブートストラップ検定の実行では，図 19.10 の「PROCESS v4.0 by Andrew F. Hayes」をクリックする．図 19.11 の「PROCESS_v4.0」というダイアログボックスが現れるので，左側の変数リストボックスから「Y variable:」には従属変数の寛容反応を，「X variable:」には独立変数の謝罪を，「Mediator(s) M:」に媒介変数の誠実さ知覚をそれぞれ移す．「Model number:」ではドロップダウンリストから「4」を選択する（ほかにも様々な媒介モデルがあるが，分析したいモデルがどのタイプに属するかは Hayes (2021) を参照）．「Confidence intervals」のデフォルトは信頼区間 95%でそのままにし，「Number of bootstrap samples」はデフォルト 5,000 回になっているものを 10,000 回に変更する．最後に，右端にある「Options」を選択し，図 19.12 のように「Show total effect model (only models 4, 6, 80, 81, 82)」と「Standardized effects (mediation-only models)」にチェックを入れて「続行」をクリックする．図 19.11 のダイアログボックスに戻ったら「OK」ボタンで分析を実行する．なお，このマクロでは変数名が全角で 4 文字，半角で 8 文字を超えるとエラーになるので，この例題では変数名をこの範囲に修正している．

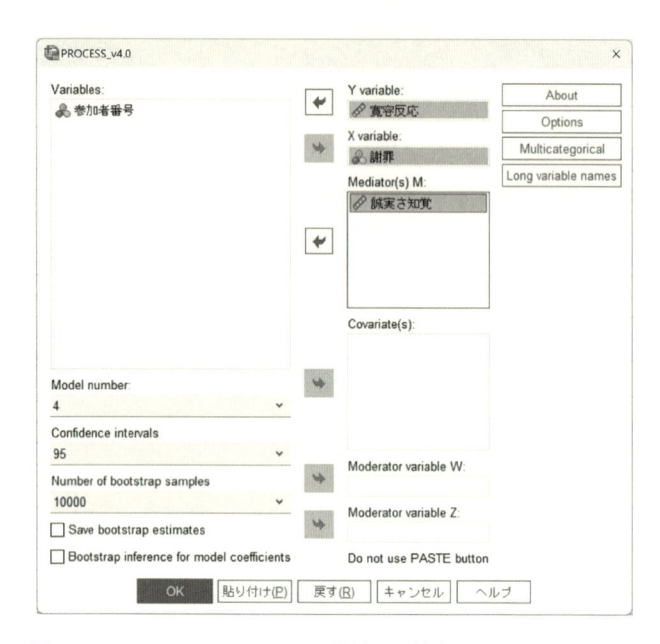

図 **19.11**　PROCESS による間接効果の検定ダイアログボックス

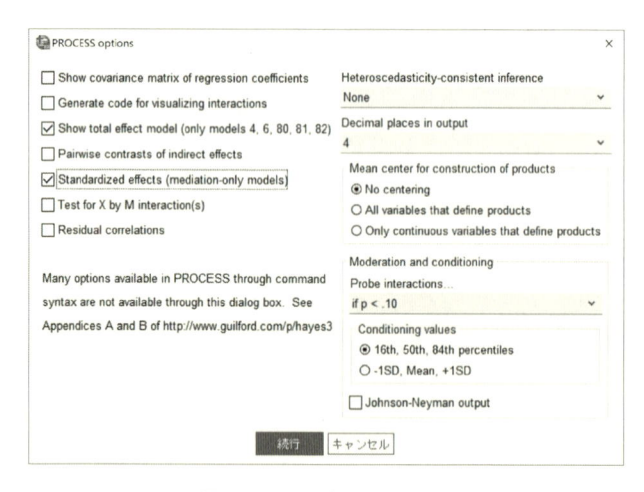

図 **19.12**　分析オプション

```
*************** TOTAL, DIRECT, AND INDIRECT EFFECTS OF X ON Y ***************

Total effect of X on Y
     Effect      se       t       p     LLCI     ULCI     c_ps
     1.0800    .3239   3.3347   .0037   .0037    .3995   1.7605   1.2046

Direct effect of X on Y
     Effect      se       t       p     LLCI     ULCI    c'_ps
      .2796    .2600   1.0751   .2974  -.2691    .8282    .3118

Indirect effect(s) of X on Y:
          Effect   BootSE  BootLLCI  BootULCI
誠実      .8004    .3126    .2467    1.4843

Partially standardized indirect effect(s) of X on Y:
          Effect   BootSE  BootLLCI  BootULCI
誠実      .8928    .2896    .3602    1.5233
```

図 19.13　ブートストラップ検定結果のテキスト出力（抜粋）

　ブートストラップ法による検定結果のテキスト出力は多岐にわたるので，最も重要な部分を図 19.13 に抜き出した．謝罪が寛容反応に与える直接効果の値は 1 行目の「Total effect of X on Y」の 1.0800 である．これは図 19.4 に示されていた謝罪の寛容反応に対する回帰係数 (B) にあたる．次に，謝罪が誠実さ知覚を経由して寛容反応を強める間接効果は，図 19.13 では 3 行目「Indirect effect(s) of X on Y:」の 0.8004 という値に示されているが，これはソーベル検定の際に，式 (19.1) を用いて計算された $B(b)$ と $B(c)$ の積に一致する．図 19.13 で注目すべきは，この行に示されている「BootLLCI」と「BootULCI」の値で，これはブートストラップ法によって推定された 95%信頼区間における間接効果の下限値と上限値を表している．それによると，母集団の間接効果の信頼区間は [0.2467, 1.4843] で，この中に 0 という値が含まれていないことから，0 が出現する可能性は 5%未満であることを示している．このことから，「母集団において間接効果は 0 である」という帰無仮説を棄却し，誠実さ知覚を経由した間接効果は統計的に有意だとみなすことができる．なお，「Direct effect of X on Y」は寛容反応に対する謝罪の純粋効果を表し，この値 0.2796 と間接効果の 0.8004 を合わせると，謝罪の寛容反応に対する直接効果 1.0800 になる．これは総合効果 (total effect) とも呼ばれる．

引用文献

[1] Baron, R. H., & Kenny, D. A. (1986), "The moderator-mediator variable distinction in social psychological research: Conceptual, strategic and statistic considerations", *Journal of Personality and Social Psychology*, **51**, 1173–1182.

[2] Hayes, A. F., *Introduction to mediation, moderation, and conditional process analysis: A regression-based approach* (3rd ed.)", New York: The Guilford Press (2022).

[3] Preacher, K. J., & Hayes, A. F. (2004), "SPSS and SAS procedures for estimating indirect effects in simple mediation models", *Behavior Research Methods, Instruments, & Computers*, **36**, 717–731.

[4] Stone, C. A., & Sobel, M. E. (1990), "The robustness of estimates of total indirect effects in covariance structure models estimated by maximum likelihood", *Psychometrika*, **55**, 337–352.

参考文献

[1] 林 洋一郎・内藤知加恵 (2023)，'仮説検証型研究における仮説の形式：主効果，調整，媒介，調整媒介についてのチュートリアル'，産業・組織心理学研究，**36**, 189–211.

[2] 清水裕士・荘島宏二郎，『社会心理学のための統計学：心理尺度の構成と分析』，誠信書房 (2017).

20

調整分析

　媒介分析とともに，理論主導の心理学研究において近年多用されているデータ分析方法が調整分析 (moderation analysis) である．本章では，調整とは何かについて概念的意味を述べた後，具体例を用いて分析の仕方を解説する．調整分析に相当するものは分散分析の交互作用分析にも含まれているが，それについては第 11 章を見ていただくとして，本章では回帰分析を用いた 2 つの方法を紹介する．

20.1　調整とは何か

　2 つの変数間に関連性があっても，それが特定条件のもとでしか起こらないというとき，その条件を生み出す第 3 の変数のことを調整変数 (moderator variable; moderating variable) という．たとえば，前章で取り上げた実験例では，謝罪と寛容反応の間には関連性が見られ（相関係数にして $r = 0.618$），この関連性は謝罪を受けた人が寛容反応を示す傾向があることを示していた．しかし，すべての人が同じように反応するわけではない．ある特徴を持った人は謝罪に対して寛容に反応するが，その特徴を持たない人はそうではないとするなら，その特徴が調整変数である．

　前章では，謝罪と寛容反応の関連性を取り上げて媒介分析を試みたが，本章でもこの関連性を例に，調整概念についてもう少し詳しく述べてみよう．謝罪と寛容反応の関連性に関しては，非実体信念というものが調整変数の候補とし

て挙げられている（大渕ほか，2017）．謝罪は違反者が自分の非を認めて赦しを乞うものだが，その際，「これからは気を付けます」，「二度とこんなことはしません」といった行動改善の誓いが明示的あるいは暗示的に行われることが多い．謝罪する人の様子を見た人が，その誓いが信用できると思えば謝罪者を赦す（寛容反応）であろうが，信用できないと思えば赦さないであろう．この場合，謝罪と更生の誓いを信じるかどうかは，人の人格変化が可能であると信じるかどうかに依存する．これは人格の実体信念と呼ばれるものである．

　人間の本質は変わらないという実体信念を強く持つ人は，謝罪して行動改善を誓う人を見ても，それによってその人の行動が実際に変わるとは思えないので，謝罪を受け入れず，謝罪者を赦さないであろうが，一方，人間は変わりうるという非実体信念の持ち主であれば，行動改善は可能であると信じるので，謝罪を受け入れ，謝罪者を赦すと考えられる．

20.2　階層的重回帰分析による調整分析：SPSS による分析例

　図 20.1 は，謝罪と寛容反応の関連性に対する非実体信念の調整効果を検証するために行われた実験のデータである．非実体信念は Chiu *et al.* (1997) の潜在的人格理論尺度によって測られたが，このデータにある非実体信念変数は尺度得点が中央値よりも高得点の参加者（非実体信念群）に 1 を，低得点の参加者（実体信念群）に 0 を与えた質的変数である．非実体信念群も実体信念群も 20 名ずつで，一方，謝罪変数では，謝罪を受けた参加者を 1，受けなかった参加者を 0 としている．寛容反応は前章に述べたものと同じ 5 項目で測定し，参加者ごとに平均した値がデータ表に記載されている．

　非実体信念の強さによって謝罪に対する寛容反応が異なるかどうかを調べるのが調整分析だが，その方法には 2 通りある．一つは謝罪の有無と非実体信念の強さを 2 要因とする分散分析を行い，交互作用効果が有意であるかどうかを検討するものである（第 11 章参照）．その結果，非実体信念の強い参加者においてのみ謝罪の寛容効果が見られるなら，この信念の調整効果が確認されたことになる．

　もう一つの方法が階層的重回帰分析 (hierarchical multiple regression analysis)

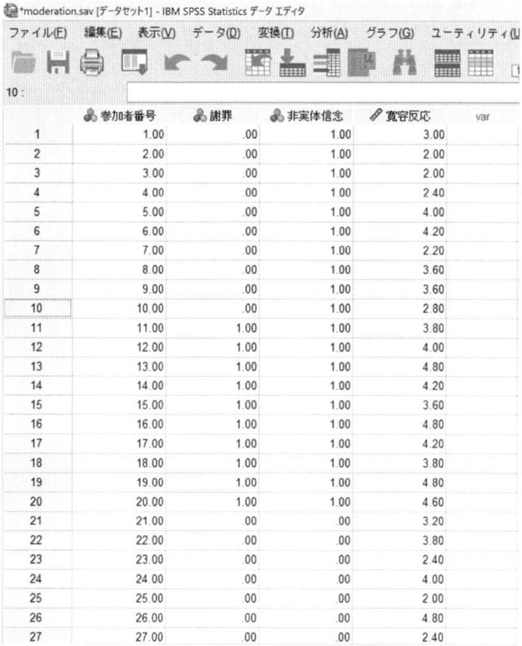

	参加者番号	謝罪	非実体信念	寛容反応	var
1	1.00	.00	1.00	3.00	
2	2.00	.00	1.00	2.00	
3	3.00	.00	1.00	2.00	
4	4.00	.00	1.00	2.40	
5	5.00	.00	1.00	4.00	
6	6.00	.00	1.00	4.20	
7	7.00	.00	1.00	2.20	
8	8.00	.00	1.00	3.60	
9	9.00	.00	1.00	3.60	
10	10.00	.00	1.00	2.80	
11	11.00	1.00	1.00	3.80	
12	12.00	1.00	1.00	4.00	
13	13.00	1.00	1.00	4.80	
14	14.00	1.00	1.00	4.20	
15	15.00	1.00	1.00	3.60	
16	16.00	1.00	1.00	4.80	
17	17.00	1.00	1.00	4.20	
18	18.00	1.00	1.00	3.80	
19	19.00	1.00	1.00	4.80	
20	20.00	1.00	1.00	4.60	
21	21.00	.00	.00	3.20	
22	22.00	.00	.00	3.80	
23	23.00	.00	.00	2.40	
24	24.00	.00	.00	4.00	
25	25.00	.00	.00	2.00	
26	26.00	.00	.00	4.80	
27	27.00	.00	.00	2.40	

図 20.1　調整分析のための SPSS データファイル（抜粋）

を用いるもので，ここではこの手法について説明する．階層的重回帰分析とは，従属変数を固定し，一方，独立変数の数を増減させながら分析を繰り返す手法で，調整分析以外にも様々の目的で用いられる（第 15 章参照）．

20.2.1　変数の標準化と交互作用項の作成

ここでは分析に先立って，独立変数（謝罪）と調整変数（非実体信念）の標準化を行なっている．標準化は多重共線性（第 13 章参照）の低減に有効なだけでなく，その後に予定される単純傾斜検定の準備でもあることから，この方法が推奨される．例題データでは，独立変数も調整変数も質的変数だが，量的変数であっても，調整効果の分析や図示の方法は同じである．独立変数と調整変数が質的変数の場合は分散分析の方が適合的なので，階層的重回帰分析は，これらの一方あるいは両方が量的変数の場合に推奨される．

標準化のために SPSS のメニューから「分析 (A)」→「記述統計 (E)」→「記述統計 (D)」と進むと図 20.2 のウィンドウが開く．標準化する変数（謝罪と非実体信念）を左のボックスから右のボックスに移し，左下の「標準化された値を変数として保存 (Z)」にチェックして「OK」をクリックすると，データファイルにこれらの標準化された変数が追加される．標準化された変数名は，通常，元の変数名の頭に Z が付いたもので，この場合は Z 謝罪と Z 非実体信念となる．

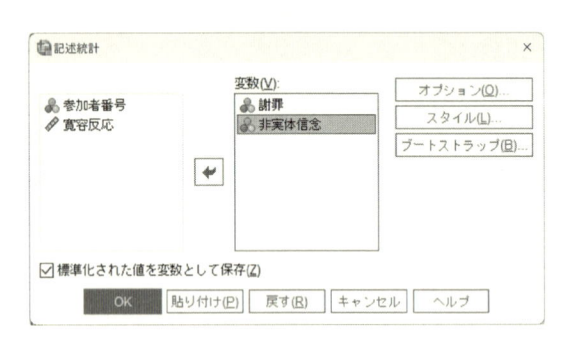

図 **20.2**　標準化の手続き

調整は分散分析では交互作用効果として現れるので，重回帰分析でも交互作用効果を反映する新しい変数を作って使用する．それは，独立変数と調整変数を掛け合わせたものだが，そうした交互作用項は一般に独立変数や調整変数との相関が高くなり，それらを投入した重回帰分析では多重共線性のおそれが高くなる．しかし，素データではなく，あらかじめ標準化しておいた独立変数と調整変数の積を交互作用項とすると，それらの間の相関が抑えられるので，多重共線性のおそれを低減できる．

　こうした交互作用項を作るには，メニューから「変換 (T)」→「変数の計算 (C)」を選択する．すると，図 20.3 のウィンドウが開くので，左上の目標変数の欄に「交互作用」と変数名を記入し（この変数名は既存のものと同一でない限り，任意である），左下のボックスから Z 謝罪と Z 非実体信念を選んで「数式 (E)」ボックスに移し，両者の間に「*」を入れてそれらの積を作るよう指示する．「OK」をクリックするとデータファイルに「交互作用」という新変数が

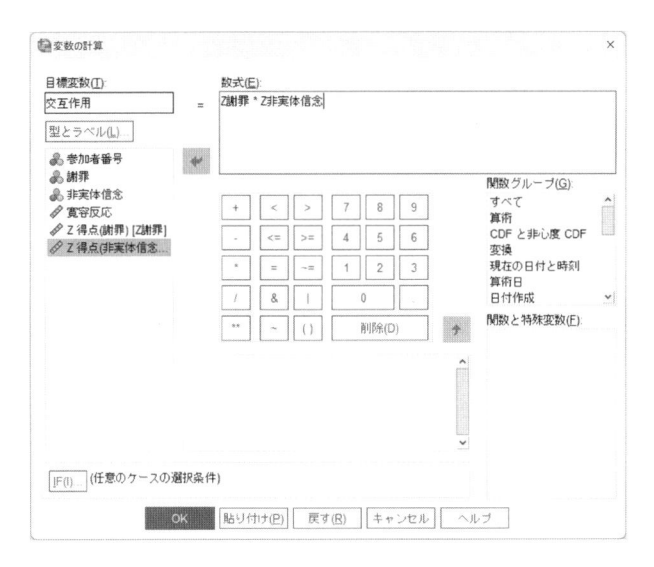

図 **20.3**　交互作用項の作成

作成される．

20.2.2　階層的重回帰分析の実施

　これらの準備が済んだら，階層的重回帰分析に移る．SPSS のメニューから「分析 (A)」→「回帰 (R)」→「線型 (L)」と進むと，図 20.4 の「線形回帰」のウィンドウが開く．左のボックスから右上の「従属変数 (D)」に寛容反応を，その下の「独立変数 (I)」のボックスには Z 謝罪と Z 非実体信念を移す（非実体信念は，理論上は調整変数とみなされるが，SPSS の回帰分析手続き上は独立変数として扱われる）．次に，「次へ (N)」というボタンをクリックすると「独立変数 (I)」のボックスが空欄になるので，図 20.5 のようにここに左のボックスから交互作用を追加して移す．これは，最初に謝罪と非実体信念を独立変数とする回帰分析を行い（ステップ 1），次に，独立変数に交互作用を加えて回帰分析をやり直す（ステップ 2）ことを指示するものである．

　これで分析の準備ができたので，次に，様々な指標を指定する．この図の右上の「統計量 (S)」をクリックして，「推定値 (E)」，「モデルの適合度 (M)」，「R2

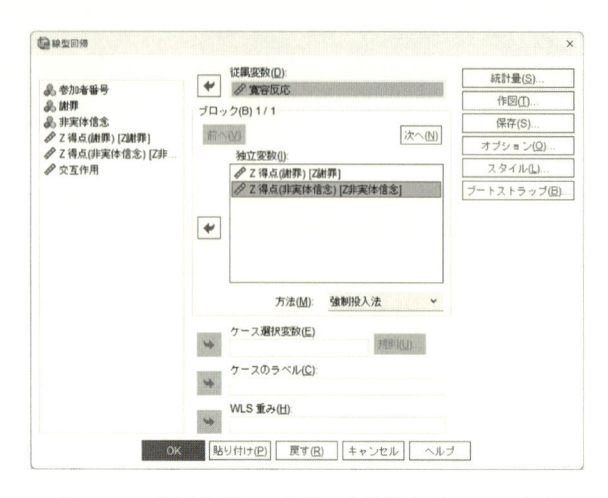

図 **20.4**　階層的重回帰分析の変数指定（ステップ 1）

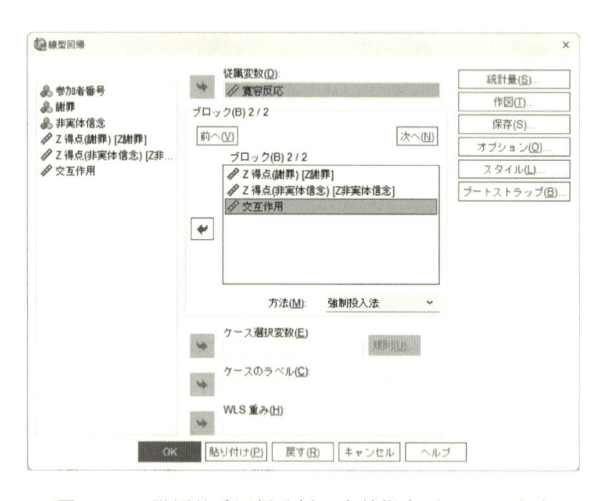

図 **20.5**　階層的重回帰分析の変数指定（ステップ 2）

乗の変化量 (S)」，「記述統計量 (D)」，「共線性の診断 (L)」などにチェックして「続行」をクリックする．次に，「オプション (O)」をクリックして，「ステップワイズのための F 値確率 (O)」がチェックされていて，「投入」が 0.05，「除去」が 0.10 であること，また，「回帰式に定数項を含む (I)」がチェックされている

モデルの要約

モデル	R	R2乗	調整済み R2乗	推定値の標準誤差	変化の統計量				
					R2乗変化量	F変化量	自由度1	自由度2	有意確率F変化量
1	.433[a]	.187	.143	.81455	.187	4.258	2	37	.022
2	.529[b]	.280	.220	.77710	.093	4.652	1	36	.038

a. 予測値: (定数)、Z得点(非実体信念), Z得点(謝罪)。

b. 予測値: (定数)、Z得点(非実体信念), Z得点(謝罪), 交互作用。

分散分析[a]

モデル		平方和	自由度	平均平方	F値	有意確率
1	回帰	5.650	2	2.825	4.258	.022[b]
	残差	24.549	37	.663		
	合計	30.199	39			
2	回帰	8.459	3	2.820	4.669	.007[c]
	残差	21.740	36	.604		
	合計	30.199	39			

a. 従属変数 寛容反応

b. 予測値: (定数)、Z得点(非実体信念), Z得点(謝罪)。

c. 予測値: (定数)、Z得点(非実体信念), Z得点(謝罪), 交互作用。

係数[a]

モデル		非標準化係数		標準化係数	t値	有意確率	共線性の統計量	
		B	標準誤差	ベータ			許容度	VIF
1	(定数)	3.595	.129		27.913	<.001		
	Z得点(謝罪)	.380	.130	.432	2.912	.006	1.000	1.000
	Z得点(非実体信念)	.025	.130	.029	.194	.847	1.000	1.000
2	(定数)	3.595	.123		29.258	<.001		
	Z得点(謝罪)	.380	.124	.432	3.052	.004	1.000	1.000
	Z得点(非実体信念)	.025	.124	.029	.203	.840	1.000	1.000
	交互作用	.272	.126	.305	2.157	.038	1.000	1.000

a. 従属変数 寛容反応

図 **20.6**　階層的重回帰分析の出力画面

ことなどを確認して，「続行」をクリックする．なお，「欠損値」の枠に関しては「リストごとに除外 (L)」を選ぶのが一般的である．これらをチェックした上で，図 20.5 の「線形回帰」ダイアログボックスに戻り，中央付近にある「方法 (M)」が「強制投入法」であることを確認して「OK」をクリックすると分析が実行される．

　分析の結果，いくつかの表が出力されるが，重要なのは図 20.6 に示されている 3 種類の表である．表「モデルの要約」のモデル 1 というのは，謝罪と非実体信念 (いずれも標準化されたものだが) だけを独立変数としたときの回帰分析の結果で，分散分析の主効果の検定にあたる．この表と次の表「分散分析」を併せて

検討すると，この段階の分析は有意で ($R = 0.433$, $R^2 = 0.187$, $F(2, 37) = 4.258$, $p < 0.05$)，更に表「係数」からは，謝罪の主効果が有意で ($B = 0.380$, $\beta = 0.432$, $t = 2.912$, $p < 0.01$)，B が正であることから，謝罪を受けた参加者は受けなかった参加者よりも有意に強い寛容反応を示したことがうかがわれる．一方，非実体信念の主効果は有意ではなかった．

図 20.6 のモデル 2 は独立変数に交互作用を加えたときの分析結果であるが，このときの回帰も有意であった ($R = 0.529$, $R^2 = 0.280$, $F(3, 36) = 4.669$, $p < 0.01$)．注目すべきは，交互作用項を加えたことによってモデル 2 の説明率（決定係数）がモデル 1 に比べて有意に増加したかどうかである．表「モデルの要約」の中のモデル 2 の R2 乗変化量 (ΔR^2) を見ると，それは有意であったことから ($\Delta R^2 = 0.093$, $F(1, 36) = 4.652$, $p < 0.05$)，モデル 2 はモデル 1 よりも説明力が有意に増加したことを示している．表「係数」においても交互作用項が有意であることが確認されたが ($B = 0.272$, $\beta = 0.305$, $t = 2.157$, $p < 0.05$)，このことは，謝罪の寛容反応への影響が非実体信念の強さによって調整されている可能性があることを示唆している．

20.3　単純傾斜検定

分散分析において交互作用が有意な場合には，単純効果の検定などを行なって，どの部分に有意差があるかを調べなければならないが（第 11 章参照），階層的重回帰分析の場合には，単純効果にあたる下位検定として単純傾斜検定 (simple slope test) というものがある (Aiken & West, 1991)．

20.3.1　単純傾斜検定の実施

この検定は，調整変数が特定の値をとるとき（分散分析の条件にあたる），独立変数の従属変数に対する効果の有意性を，回帰式の傾き（回帰係数）が統計的に有意になるかどうかを吟味することによって判断しようとするものである．調整変数の特定の値としては，平均から 1SD（標準偏差）高い場合，平均値の場合，それに平均から 1SD 低い場合の 3 水準条件で回帰係数の有意性を検討することが望ましいとされるが (Cohen *et al.*, 2002)，平均値の場合は省略可能で

ある．この検定結果を解釈するうえでの注意点は，たとえば調整変数の平均から 1SD 高い場合の回帰分析とは，実際に平均から 1SD 高い人たちのみを分析対象としているわけではなく，調整変数の値を平均値からずらすことで回帰式の傾きがどう変わるかを見ているという点である．

本書の例題で，謝罪と非実体信念は標準化されているので SD は 1 である．したがって，単純傾斜検定にあたっては，まず，Z 非実体信念の値から 1 を引いた変数（Z 非実体信念高）と，1 を加えた変数（Z 非実体信念低）を新たに作成する．なお，この加減法と Z 非実体信念の高低の名称は一見矛盾するように見えるかもしれないが，それはグラフを右に平行移動させる（平均値より高くする）ということは座標軸をマイナス方向に，グラフを左に移動させる（平均値より低くする）ということは座標軸をプラス方向に移動させることだからである．これらの新変数と Z 謝罪との積をそれぞれ計算し，交互作用高，交互作用低という新変数も作成する（SPSS によるこれら交互作用項の作成方法は図 20.3 参照）．

次に，非実体信念が 1SD 高い水準での謝罪による寛容反応の回帰分析を行う．具体的には，寛容反応を従属変数，Z 謝罪，Z 非実体信念高，交互作用高を独立変数とする重回帰分析を行うもので，その結果が図 20.7 である．これを見ると，謝罪の効果は有意（$B = 0.652$, $\beta = 0.740$, $t = 3.679$, $p < 0.001$）なので，非実体信念が高い場合には謝罪が有意に寛容反応を強めたといえる．

同様の方法で調整変数が 1SD 低い水準で回帰分析を行なった結果が図 20.8 である．この場合は謝罪の効果は非有意だったので，非実体信念が低いときには謝罪と寛容反応の間に関連性は見られないといえる．これらの 2 つの分析結果

係数[a]

モデル		非標準化係数 B	非標準化係数 標準誤差	標準化係数 ベータ	t値	有意確率	共線性の統計量 許容度	共線性の統計量 VIF
1	(定数)	3.620	.175		20.702	<.001		
	Z得点(謝罪)	.652	.177	.740	3.679	<.001	.494	2.026
	Z非実体信念高	.025	.124	.029	.203	.840	1.000	1.000
	交互作用高	.272	.126	.434	2.157	.038	.494	2.026

a. 従属変数 寛容反応

図 **20.7** 調整変数が 1SD 高い水準での重回帰分析結果

係数^a

モデル		非標準化係数		標準化係数	t 値	有意確率	共線性の統計量	
		B	標準誤差	ベータ			許容度	VIF
1	(定数)	3.570	.175		20.413	<.001		
	Z 得点(謝罪)	.108	.177	.123	.610	.546	.494	2.026
	Z 非実体信念低	.025	.124	.029	.203	.840	1.000	1.000
	交互作用低	.272	.126	.434	2.157	.038	.494	2.026

a. 従属変数 寛容反応

図 **20.8**　調整変数が 1SD 低い水準での重回帰分析結果

を併せて考えると，謝罪と寛容反応の関連性は非実体信念によって調整されており，この信念が強い人においては謝罪が寛容反応を促したが，信念の弱い人ではそれが起こらないと結論付けることができる．

　この例の場合は調整変数の低水準において独立変数の効果は非有意だったが，もしも低水準も高水準同様に有意だったとしても，図 20.6 の交互作用効果が有意であれば，回帰係数の大きさを調整変数の高水準と低水準で比較し，独立変数の効果の大きさには調整変数の水準間で違いがありそうだと解釈することができるであろう．

20.3.2　回帰分析表を使った調整効果の表現

　前章の媒介分析では，分析結果を図 19.7 のように図示したが，調整分析では，階層的重回帰分析結果（図 20.6）の β を使って表 20.1 のように表す．この表中のモデル 1 は寛容反応に対して謝罪と非実体信念の主効果を検討した分析結果で，謝罪の効果だけが有意であったことを示している．モデル 2 はこれに交互

表 **20.1**　寛容反応に対する階層的重回帰分析の結果：β

独立変数	モデル 1	モデル 2
謝罪	.432**	.432**
非実体信念	.029	.029
交互作用		.035*
R^2	.187**	.280**
ΔR^2		.093*

$*p < .05, **p < .01$

作用項を追加したときの分析結果で，交互作用の β が有意であることから，謝罪の寛容効果が非実体信念によって調整されている可能性があることを示唆している．なお，モデル 1, 2 の R^2 と ΔR^2 も図 20.6 から抜き出したものである．

　交互作用効果の分析として行われた単純傾斜検定の結果を文章で記述する場合には，前節で示したような統計量を示しながら，「非実体信念が平均よりも 1SD 高い水準では謝罪の効果は有意だったが，1SD 低い水準では非有意だった」と述べ，更に，「非実体信念の強い参加者は謝罪に対して寛容反応を示したが，この信念の弱い参加者では謝罪に対する寛容反応は見られなかった」と結論付けることになる．

20.3.3　グラフを使った調整効果の表現

　分散分析の交互作用効果を図で示すことが多いように（たとえば，図 11.3），調整効果に関しても図示するとわかりやすい．独立変数（謝罪）の高低 (+1SD, −1SD) と調整変数（非実体信念）の高低 (+1SD, −1SD) を組み合わせて作られる 4 点の座標の寛容反応値がわかれば図示は可能である．図 20.9 は縦軸に寛容反応を，横軸に謝罪をとり，非実体信念の +1SD と −1SD のグラフを示したものである．図中 4 点 (n, o, p, q) の y 座標（寛容反応値）の算出方法は，つぎの通りである．

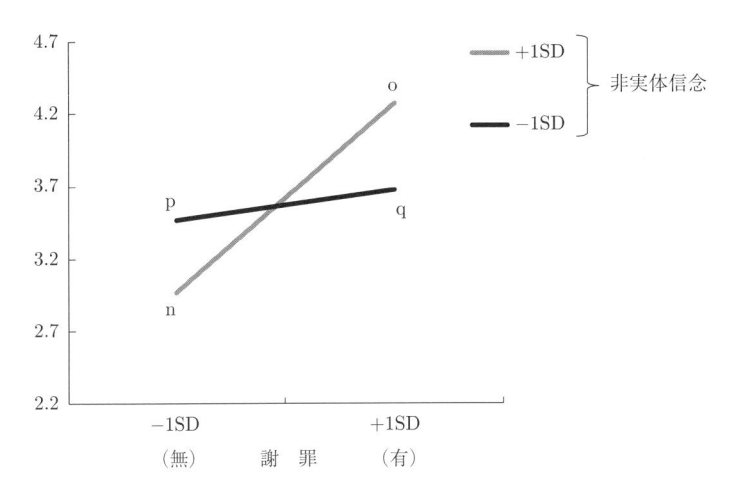

図 20.9　階層的重回帰分析における交互作用（調整）効果

この階層的重回帰分析は，元々寛容反応 (y) を謝罪と非実体信念から回帰式を使って予測しようとしたものであった．下の式 (20.1) の b_1, b_2, b_3 は謝罪，非実体信念，交互作用それぞれの非標準化回帰係数で，SPSS では B として出力されていたものである．また，k は切片（定数）である．

$$y = b_1 謝罪 + b_2 非実体信念 + b_3 謝罪 \times 非実体信念 + k \tag{20.1}$$

図 20.9 の n 点は謝罪が 1SD 低く非実体信念が 1SD 高い人たちなので，その寛容反応 (y) の値を求める式は，上記の式を使って下記のように表される．

$$y_n = b_1(謝罪平均 - 謝罪 SD) + b_2(非実体信念平均 + 非実体信念 SD)$$
$$+ b_3(謝罪平均 - 謝罪 SD) \times (非実体信念平均 + 非実体信念 SD) + k \tag{20.2}$$

謝罪と非実体信念は標準化されているので，その平均はいずれも 0，SD は 1 であることから，この式は式 (20.3) のように変形される．同様に o 点，p 点，q 点の寛容反応値 (y) は式 (20.4)，式 (20.5)，式 (20.6) から求めることができる．

$$y_n = -b_1 + b_2 - b_3 + k \tag{20.3}$$
$$y_o = b_1 + b_2 + b_3 + k \tag{20.4}$$
$$y_p = -b_1 - b_2 + b_3 + k \tag{20.5}$$
$$y_q = b_1 - b_2 - b_3 + k \tag{20.6}$$

階層的重回帰分析結果（図 20.6）の中の表「係数」のモデル 2 から b_1, b_2, b_3，k の値を読み取って代入すると以下の結果となり，これが $n \sim q$ 点の y 座標値になる．

$$y_n = -.380 + .025 - .272 + 3.595 = 2.968$$
$$y_o = .380 + .025 + .272 + 3.595 = 4.272$$
$$y_p = -.380 - .025 + .272 + 3.595 = 3.462$$
$$y_q = .380 - .025 - .272 + 3.595 = 3.678$$

図 20.9 はこれらの値を使って描いたものであるが，この図によって非実体信念の強い参加者の方が謝罪を受けることによって寛容反応を強めていることが視覚的にも確認できる．なお，この実験データでは謝罪と非実体信念は質的変数だったので，謝罪の −1SD は実際には「謝罪なし条件」，+1SD は「謝罪あり条件」に，非実体信念の −1SD は「非実体信念低群」，+1SD は「非実体信念高群」にそれぞれ対応している．

20.4 偏回帰係数のグループ間比較

前節では調整変数のはたらきを検討する統計分析法として階層的重回帰分析と単純傾斜検定を紹介したが，調整変数が質的変数で参加者をグループ分けできる場合には，グループ別に回帰分析を行い，それぞれで得られた独立変数の偏回帰係数の差を検定するという方法もある．仮に，グループ別に行なった回帰分析結果が表 20.2 のようになったとしよう．この表の B は非標準化係数である．Howell (2013) によると，式 (20.7) により両グループに共通の誤差分散推定値を算出し，この値を式 (20.8) に代入することによって t 値を求めることができる．この t の自由度は $N_1 + N_2 - 4$ である．

$$s_{YX}^2 = \frac{(N_1 - 2)s_{YX_1}^2 + (N_2 - 2)s_{YX_2}^2}{N_1 + N_2 - 4} = \frac{18 \times .177^2 + 17 \times .132^2}{20 + 19 - 4} = .025 \tag{20.7}$$

$$t = \frac{b_1 - b_2}{\sqrt{\dfrac{s_{YX}^2}{s_{X_1}^2(N_1 - 1)} + \dfrac{s_{YX}^2}{s_{X_2}^2(N_2 - 1)}}} = \frac{.652 - .429}{\sqrt{\dfrac{.025}{1.248^2 \times 19} + \dfrac{.025}{1.351^2 \times 18}}} = 5.613 \tag{20.8}$$

$t = 5.613$ は 5%水準の棄却域 (> 2.04) に入ることから，この検定結果は，非実

表 **20.2** 謝罪の寛容効果に関するグループ別回帰分析結果

		非実体信念高群		非実体信念低群
謝罪の B	b_1	.652**	b_2	.429**
B の標準誤差	s_{YX1}	.177	s_{YX2}	.132
謝罪の標準偏差	s_{X1}	1.248	s_{X2}	1.351
参加者数	N_1	20	N_2	19

$** p < .01$

体信念の強さによって寛容反応に対する謝罪の偏回帰係数 B に有意な違いがあることを示している．B 係数の大きさから判断して，加害者からの謝罪を受けたとき，これを赦そうとする寛容反応は非実体信念の強い人たちにおいてとりわけ強いと結論することができる．以上より，参加者をグループに分けて回帰分析を行い，B 係数の大きさの違いを検定することも調整分析の一つの方法として使用可能である．

引用文献

[1] Aiken, L. S., & West, S. G., *"Multiple regression: Testing and interpreting interactions"*, Newbury Park, CA: Sage Publications(1991).

[2] Chiu, C.-y., Hong, Y.-y., & Dweck, C. S. (1997), "Lay dispositionism and implicit theories of personality", *Journal of Personality and Social Psychology*, **73**, 19–30.

[3] Cohen, J., Cohen, P., West, S. G., & Aiken, L. S., *"Applied multiple regression/correlation analysis for the behavioral sciences*, 2nd ed"*, Mahwah, NJ: Lawrence Erlbaum (2002).

[4] Howell, D. C., *"Statistical methods for psychology*, 8th ed."*, Belmont, CA: Wadsworth (2013).

[5] 大渕憲一・山本雄大・謝　暁静 (2017)，‘謝罪受容に対するパーソナリティ要因の検討：実体信念と寛容性の効果’，放送大学研究年報，**34**, 87–92.

参考文献

[1] 林 洋一郎・内藤知加恵 (2023)，‘仮説検証型研究における仮説の形式：主効果，調整，媒介，調整媒介についてのチュートリアル’，産業・組織心理学研究，**36**, 189–211.

[2] 清水裕士・荘島宏二郎，『社会心理学のための統計学：心理尺度の構成と分析』，誠信書房 (2017).

21

構造方程式モデリング

　第 18 章では，構造方程式モデリング (SEM) を用いて確証的因子分析を行う方法を紹介した．SEM の優れている点は，他の様々な用途に利用できる柔軟性である．たとえば，変数間の相関関係や因果関係をパス図によって視覚的に表現できるだけでなく，観測変数と潜在変数の関連性を自由にモデリングし，これら両者を独立変数にも従属変数にも設定した多様な分析を行うことができる．また，第 19 章，第 20 章で紹介した媒介分析や調整分析は観測変数しか扱えないのに対し，SEM では，観測変数の背後に仮定される潜在変数間の関連性も検討することができる．更に，複数のグループ（たとえば，男性と女性）からデータを収集した際には，グループ間でパス・モデルを比較することも可能である．

　本章では，理論駆動型のデータ分析方法として，近年，文科系の実証研究においてよく用いられる SEM について，その原理と基本概念を述べた後，具体例を用いてその使い方を解説する．

21.1　構造方程式モデリングの仕組み：2 つのモデリングタイプ

　柔軟性の高い SEM だが，実際の研究で使用されるときには，そのモデリングの仕方を 2 タイプに分けることができる．一方は，第 18 章で論じた確証的因子分析に代表される測定方程式モデリング（複数の観測変数を通して潜在変数を定量化するもの），他方は媒介分析などにも使用可能な構造方程式モデリング（測定方程式のモデリングに加えて潜在変数間の因果関係をモデリングする

もの）である.

　ここでは，SEM の特徴を理解するために，比較として，第 19 章で行なった媒介分析を振り返ってみる．その媒介分析で用いられた仮説モデルを改めて図示してみると，図 21.1 の (a) となる．このモデリングでは謝罪，誠実さ知覚，寛容反応の 3 変数がすべて観測変数であり，操作あるいは測定によってそれらが数量化され，それらの関係が回帰分析によって検討された．図中の e は，ある観測変数が他の観測変数によって説明されない誤差を表す．一方，図 21.1 の (b) は，同じ媒介関係を SEM で表現したものである．ここでは上記の 3 変数は潜在変数とされ，それぞれについて 3 個の観測変数が別に設けられている．この図で，e は潜在変数によって説明されない各観測変数の独自性を，d はある潜在変数が他の潜在変数によって説明されない誤差を表す.

　図 21.1 の (a) と (b) を比較すると，いずれのモデリングも仮定された主要変数間の因果関係は同じだが，(b) の構造方程式モデリングでは確証的因子分析

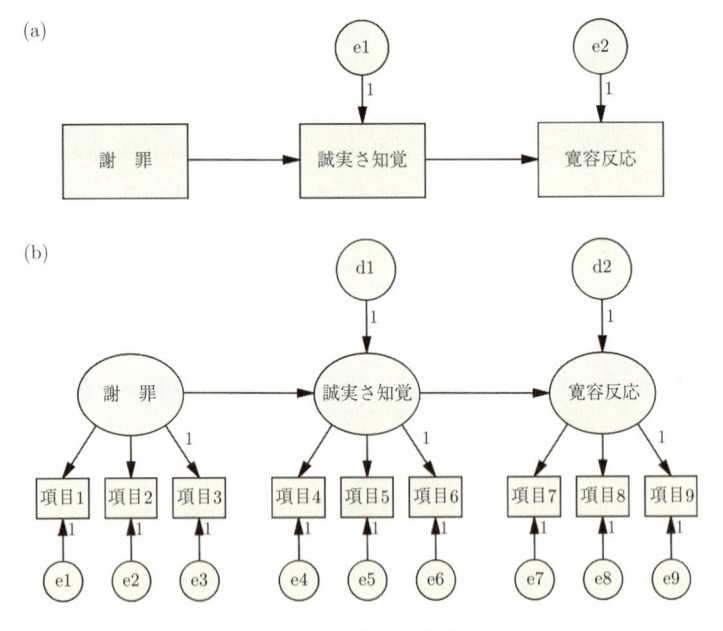

図 21.1　回帰モデル (a) と構造方程式モデル (b) の違い

（たとえば，誠実さ知覚という潜在変数（因子）が項目 1 から項目 3 という観測変数に与える影響の強さを分析する）と回帰分析（謝罪➡誠実さ知覚➡寛容反応という潜在変数間の因果関係を分析する）が同時に行われている.

　SEM では，このように，直接観測できない事象についても観測変数を通してそれらの背後にはたらいている潜在変数として推定し，それら潜在変数間の関連性を解析することができる. なお, (a) の観測変数だけを使った回帰モデルも SEM を使って検討することは可能だが，それは SEM の利点を十分に活かしたやり方とはいえないであろう. 本章では，Amos を利用して図 21.1(b) のような SEM の分析方法を紹介する.

21.2　AMOS による SEM 分析

　本章では SEM 分析の仕方を，「処罰感情と処罰動機」という研究データを例に示す.

21.2.1　分析用データ
　一般に，犯罪や逸脱といった行為を目撃すると，多くの人はその行為者を罰したいという気持ちに駆られる. 社会心理学や犯罪心理学の分野では，こうした処罰感情を引き起こす様々の心理的要因が論じられている. その一つは応報動機と呼ばれるもので，これは加害者に対して相応の罰を与えたいと思う願望，いわゆる「目には目を」を反映した心理ともいえる. また，他の潜在的な犯罪者たちに対して犯罪行為のデメリットを罰によって示す見せしめ効果を期待した逸脱抑止動機もあるとされている.

　図 21.2 は，これら 2 つの処罰動機が実際に処罰感情を喚起するかどうか，また，その場合，どちらの処罰動機が強いのかを検討するために行われたある実験的研究の SPSS データファイルである（架空のデータ）. この実験では，実際に起きた暴力事件のニュース映像を 30 名の日本人大学生に視聴させ，まず処罰感情の変数を構成する 2 項目（「加害者をどのくらい罰したいと思いますか」，「加害者をどのくらい咎めたいと思いますか」）を示して回答を求めた. 次いで,

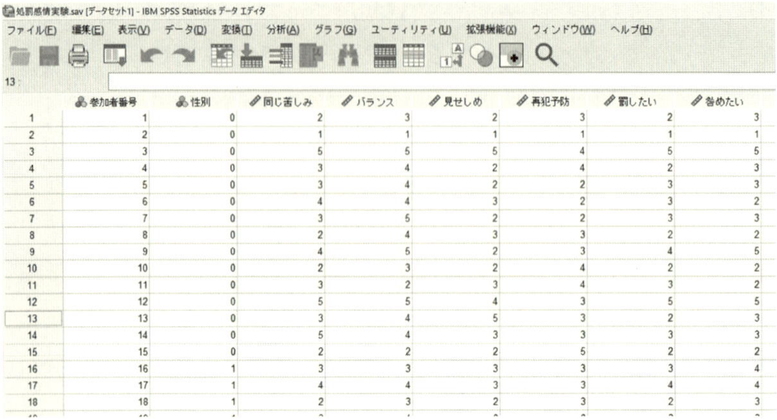

	参加者番号	性別	同じ苦しみ	バランス	見せしめ	再犯予防	罰したい	咎めたい
1	1	0	2	3	2	3	2	3
2	2	0	1	1	1	1	1	1
3	3	0	5	5	5	4	5	5
4	4	0	3	4	2	4	2	3
5	5	0	3	4	2	2	3	3
6	6	0	4	4	3	2	3	2
7	7	0	3	5	2	2	3	3
8	8	0	2	4	3	3	2	2
9	9	0	4	5	2	3	4	5
10	10	0	2	3	2	4	2	2
11	11	0	3	2	3	4	3	2
12	12	0	5	5	4	3	5	5
13	13	0	3	4	5	3	2	3
14	14	0	5	4	3	3	3	3
15	15	0	2	2	2	5	2	2
16	16	1	3	3	3	3	3	4
17	17	1	4	4	3	3	4	4
18	18	1	2	3	2	3	2	3

図 21.2　SEM 分析のための SPSS データファイル（抜粋）

そのような気持ちになった理由について，応報動機 2 項目（「同じ苦しみを味わわせたいから」，「被害者とのバランスがとれないから」）と抑止動機 2 項目（「見せしめになるから」，「再犯予防になるから」）をランダムな順で提示して回答を求めた．回答にあたっては，すべての項目に関して 6 段階の評定尺度（0「全くそう思わない」～5「非常にそう思う」）を使用した．また，性別は名義尺度で，データ入力の際には男性 0，女性 1 と入力した．なお，Amos では，素データからではなく，相関行列を入力して分析に入る方法もある．

21.2.2　Amos の起動とモデリング

Amos を起動したら，応報動機と抑止動機がそれぞれ処罰感情を強める様子を示した SEM 用のパス図をパレットに描く．この作業がモデリングである．今回のパス図は横長になることを想定して，パレットをあらかじめ横長 A4 に変更してある．パス図が完成したら，Amos へ図 21.2 のデータを読み込ませ，パス図に変数を対応付けることになる（これらモデリングの作業方法は第 18 章参照）．

以上の作業を済ませたパス図が図 21.3 である．応報動機と抑止動機の潜在変数間には相関があることを示す双方向パスが描かれているが，これは，これら

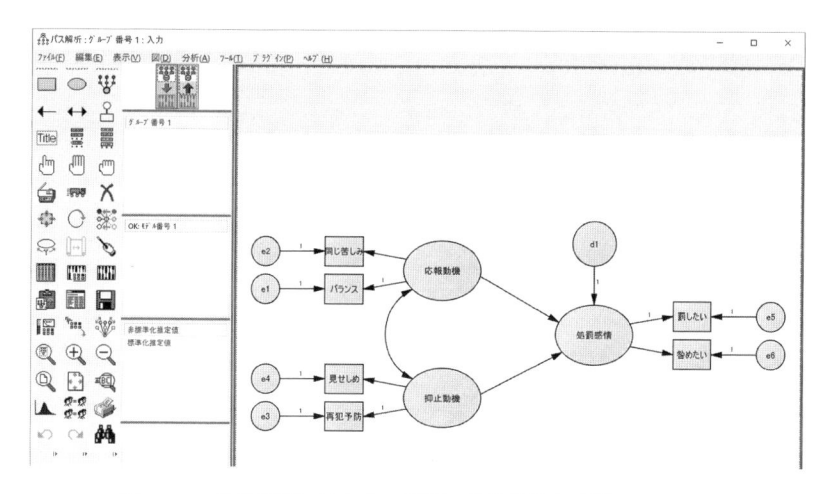

図 21.3　処罰感情に対する 2 種類の動機効果を予測したパス図

の動機が完全に独立なものではなく，一方の動機を強く持つ人は他方の動機も持っていることが多いであろうと仮定しているためである．このモデルでは，処罰感情がこれら 2 種類の動機によって強められるという因果性が想定されていることから，これを表すためにそれぞれの動機から処罰感情に向けて一方向パスが引かれている．

　このように，理論的仮定に沿って仮説モデルを描画することができたら，アイコン列から（分析のプロパティ）を選択し，「分析のプロパティ (A)」のダイアログボックスを開いて「出力」タブにある「標準化推定値 (T)」と「重相関係数の平方 (Q)」にチェックを入れる．この分析では，他はとくにチェックを入れる必要はない．準備が整ったら（推定値を計算）のアイコンをクリックして分析を実行する．

21.2.3　Amos による SEM 出力

　分析結果をグラフィック出力したものが図 21.4 である．パスの強さを比較するためには標準化された係数を見る必要があるが，そのためには，アイコン右列中段の枠内にある「標準化推定値」をクリックする．潜在変数から観測変数へのパス係数は因子負荷量，潜在変数間の一方向パスは回帰係数，双方向パス

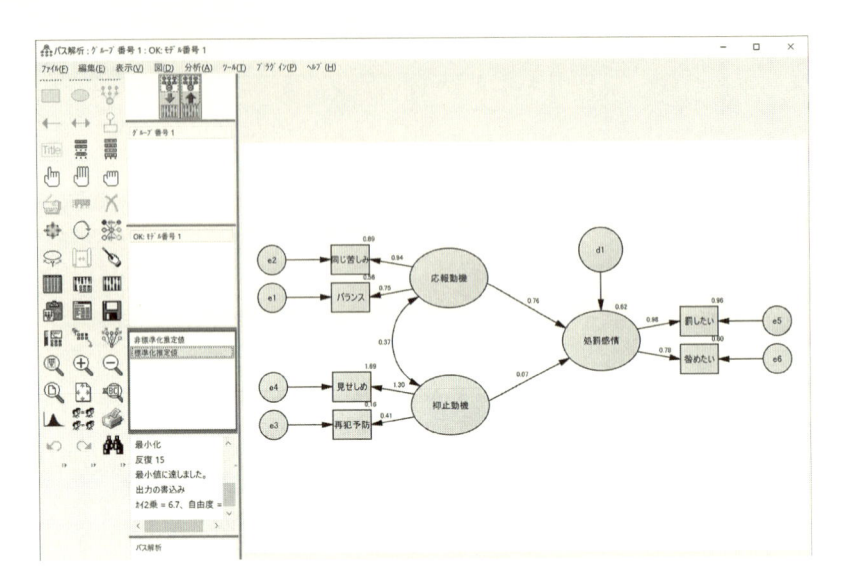

図 **21.4**　SEM による処罰感情の動機の解析結果：標準化係数

は相関係数，各観測変数の左上に添えられている数値は重相関係数の平方，つまり決定係数 R^2 である．これらのパス係数からは，人の処罰感情の喚起においては抑止動機よりも応報動機の方が強くはたらいているように見える．

21.2.4　モデル適合度の吟味

　SEM では仮説モデルの評価を 2 段階で行う．第 1 段階はモデルの全体評価である．仮説モデルがデータの特徴をうまく表現できているか（すなわち，仮説モデルがデータに適合しているか）どうかを調べるためには，アイコン列の [📊] をクリックして「Amos 出力」というテキスト出力を表示させ，左側のウィンドウから「モデル適合」を選択する．図 21.5 に示す通り，様々な適合度指標が出力されるが，本章でも第 18 章の確証的因子分析に倣って CMIN, CMIN/DF, GFI, AGFI, CFI, RMSEA の 6 指標を用いる．モデル番号 1 を見ると，AGFI がやや低いが，他のすべての指標は比較的高い適合値を示していた．

　適合度評価の第 2 段階は部分評価である．各パス係数の有意性を調べるために，図 21.5 の左側のウィンドウから「推定値」を選択する．初めに現れる図 21.6

図 **21.5**　仮説モデルの適合度

の「係数：(グループ番号 1 - モデル番号 1)」の「推定値」に示されている値は非標準化係数で，たとえば，2 行目の応報動機という潜在変数から処罰感情という潜在変数に向かうパス係数は 0.835，確率レベルは 0.1% 未満なので，高度に有意である．一方，応報動機のパス係数 0.143 は非有意だった．この結果は，処罰感情が抑止ではなく応報によって動機付けられて生じていることを示している．なお，因子負荷量の有意性を確認するには再分析が必要だが，ここでは割愛する．そのやり方については第 18 章を参照いただきたい．

図 21.7 は続いて出力される標準化係数である．論文にパス図を描き，これに係数を記載する場合にはこちらの数値を利用するのが一般的である．

応報動機と抑止動機の間には関連性があると仮定し，仮説モデルでは双方向

係数: (グループ番号 1 - モデル番号 1)

			推定値	標準誤差	検定統計量	確率ラベル
処罰感情	<---	抑止動機	.143	.223	.642	.521
処罰感情	<---	応報動機	.835	.212	3.939	***
バランス	<---	応報動機	1.000			
同じ苦しみ	<---	応報動機	1.305	.294	4.441	***
再犯予防	<---	抑止動機	1.000			
見せしめ	<---	抑止動機	3.770	4.010	.940	.347
罰したい	<---	処罰感情	1.000			
咎めたい	<---	処罰感情	.947	.193	4.918	***

図 **21.6**　パスの非標準化係数

標準化係数: (グループ番号 1 - モデル番号 1)

			推定値
処罰感情	<---	抑止動機	.070
処罰感情	<---	応報動機	.759
バランス	<---	応報動機	.747
同じ苦しみ	<---	応報動機	.945
再犯予防	<---	抑止動機	.406
見せしめ	<---	抑止動機	1.300
罰したい	<---	処罰感情	.982
咎めたい	<---	処罰感情	.778

図 **21.7**　パスの標準化係数

パスを引いたため，これらの共分散と相関も図 21.8 の出力から確認しておく．共分散は相関の非標準化係数にあたる値で，「共分散：(グループ番号 1 - モデル番号 1)」の「推定値」を見ると 0.114 と示されている．一方，相関係数は「相関係数：(グループ番号 1 - モデル番号 1)」の「推定値」に 0.373 と示されている．これらの値の有意確率は「共分散：(グループ番号 1 - モデル番号 1)」の「確率ラベル」に 0.424 として出力されていることから，応報動機と抑止動機の間には有意な相関（共分散）があるとはいえないことになる．

共分散: (グループ番号 1 - モデル番号 1)

			推定値	標準誤差	検定統計量	確率ラベル
応報動機	<-->	抑止動機	.114	.143	.800	.424

相関係数: (グループ番号 1 - モデル番号 1)

			推定値
応報動機	<-->	抑止動機	.373

図 **21.8**　潜在変数間の共分散と相関

SEM の分析結果の記述については，たとえばパス図を示しながら

> 「処罰感情が応報動機と抑止動機によって強められるとする仮説モデルを
> 検証するため，IBM SPSS Amos 28 を利用して共分散構造分析を行なった．
> その結果，本研究で作成したモデルの適合度は十分に高く (CMIN = 6.72,
> $df = 6,\ p = 0.35$; CMIN/DF = 1.12; GFI = 0.94; AGFI = 0.79;
> CFI = 0.99; RMSEA = 0.06)，応報動機が処罰感情を強めるパス係数
> も有意であることが確認された ($p < 0.05$)．このことは，人の処罰感情
> を強めるものは抑止動機ではなく，応報動機であることを示している．」

などと記述する．ただし，この研究例については更なる検討も必要であろう．
たとえば，抑止動機の効果が見られなかったのは，これを測定するために用いた
項目が不適切であった可能性がある．図 21.4 を見ると，これらの因子負荷量は
アンバランスなので，それらの有意性を確認しながら項目を入れ替えて，SEM
分析を改めて行うことなどが考えられる．

21.3　SEM によるグループ間比較

　仮説モデルが同じでも，対象者グループによってそれが強く支持されたり，そ
うでなかったりすることが考えられる．たとえば，応報動機が処罰感情を強め
るとした前節の知見は，対象者が男性か女性かによって異なってくる可能性も
ある．このように，対象者によって仮説モデルに違いがあることが予想される
場合には，SEM の多母集団同時分析 (multigroup analysis; simultaneous analysis
of several groups) という技法を利用してグループ間でモデルの比較を行うこと
ができる．

21.3.1　多母集団同時分析のための準備作業：処罰感情の分析例を用いて

　具体的な例として，2 種類の動機が処罰感情を強めるとする先ほどのモデル
について，同じデータファイルから男女別の多母集団同時分析を行なってみよ
う．Amos を起動して図 21.3 と同じパス図を描いたら，アイコン列右の上から
2 段目の枠内に示されている「グループ番号 1」をダブルクリックする．図 21.9

のダイアログボックスが現れるので，「グループ名 (G)」のボックスに入力され
ている「グループ番号 1」を「男性」に書き換え，「新規作成 (N)」をクリックす
る．すると，アイコン列右の上から 2 段目の枠内に「男性」が表示される．同じ
操作を繰り返してこの枠内に「男性」と「女性」，2 つのグループを表示させる．

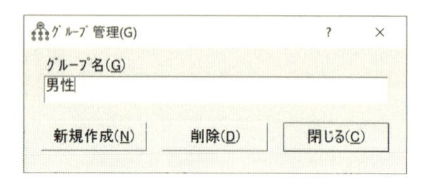

図 **21.9**　グループ名の入力

　次に，▦（データファイルの選択）のアイコンをクリックし，図 21.10 の「デー
タファイル (D)」のダイアログボックスが開いたら，「男性」のグループ名をダ
ブルクリックする．「開く」のダイアログボックスが開くので，分析したいデー
タファイル（この場合は「処罰感情実験」）を選択し，「開く」ボタンをクリック
する．「データファイル (D)」のダイアログボックスに戻ったら，「グループ化
変数 (G)」ボタンがクリックできるようになっている．それをクリックすると，
図 21.11 の「グループ化変数を選択」というダイアログボックスが現れるので，
変数の中から「性別」を選んで「OK」をクリックする．再び「データファイル
(D)」のダイアログボックスに戻り，「グループ値 (V)」ボタンをクリックする
と，図 21.12 の「グループ識別値の選択」ダイアログボックスが開くので，「数

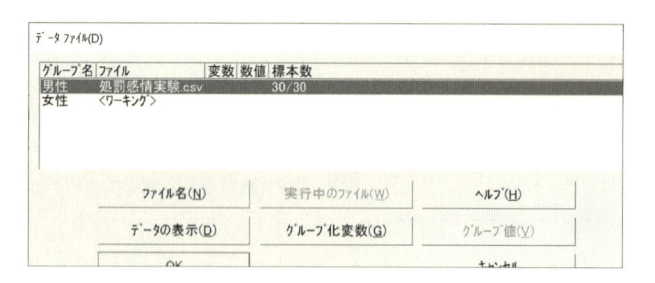

図 **21.10**　グループに関するデータファイルの選択

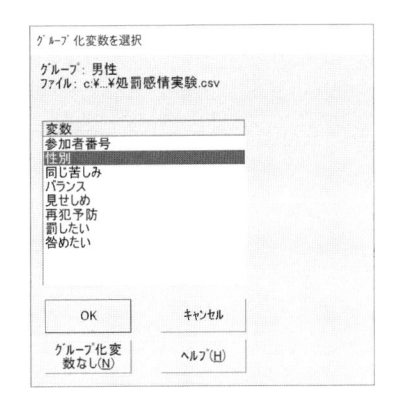

図 **21.11**　グループ化変数の選択　　　　図 **21.12**　識別値の選択

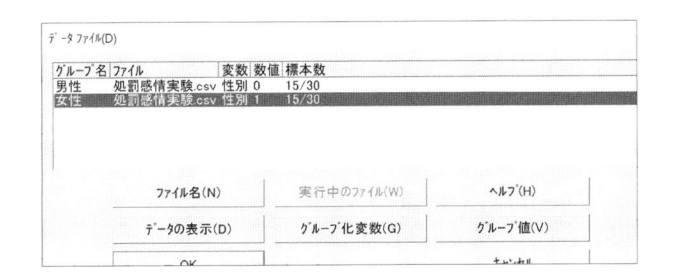

図 **21.13**　データファイルによるグループの識別

値」から男性参加者を表す「0」を選択して「OK」をクリックする．女性についても同様の操作を行なって図 21.13 のように準備が整ったら，「OK」ボタンをクリックする．

　多母集団同時分析では，同じパス図が男女ともに適用可能かを調べるだけでなく，パス係数に男女間で違いがあるかどうかも調べることができるので，次に，男女グループごとに異なる名前を各パスに付ける作業を行う．図 21.3 に戻って，メインメニューの「表示 (V)」からドロップダウンリストの「インターフェイスのプロパティ (I)」に進む．図 21.14 のダイアログボックスが登場するので，「その他」のタブを選んで「異なるグループに異なるパス図を設定 (F)」にチェックを入れる．図 21.15 のメッセージには「はい」をクリックし，図 21.14 のダイアログボックスを閉じる．

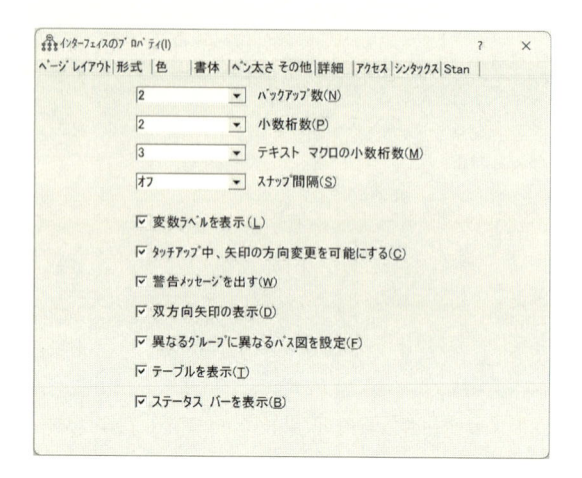

図 **21.14**　インターフェイスのプロパティ

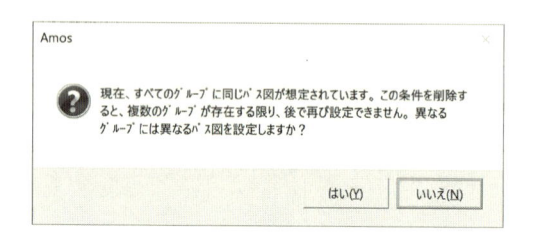

図 **21.15**　パス図設定による警告

　次に，グループ別にパスに異なる名前を付ける．まずアイコン列右の上から 2
段目の枠内で「男性」が選択された状態にしておく．「応報動機」から「処罰感
情」のパスをダブルクリックし，図 21.16 の「オブジェクトのプロパティ (O)」
というダイアログボックスが登場したら，「パラメータ」のタブを選んで「係数
(R)」のボックスにパス名「ml1」を入力し，このダイアログボックスを閉じる．
同じやり方で，「抑止動機」から「処罰感情」のパスには「ml2」と名前を付ける．
これらのパスの名付け方は自由なので，分析者が理解できればどのような名前
でもよい．「応報動機」と「抑止動機」の双方向のパスにはここでは「mc」と名
前を付けておく．また，潜在変数から観測変数に対するパスにもそれぞれ名前
を入力する．たとえば，「応報動機」から「同じ苦しみ」へのパスには「mo1」，

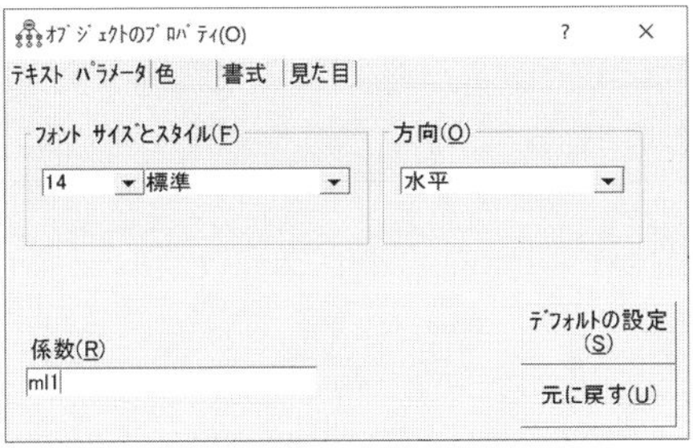

図 **21.16**　パスの名前付け

「抑止動機」から「見せしめ」へのパスには「mo2」,「処罰感情」から「咎めた
い」へのパスには「mo3」と名付ける. それ以外のパスについては, 推定値が
あらかじめ 1 に固定されているため名前を付ける必要はない.

　これらの作業を終えたら, アイコン列右の上から 2 段目枠内の「女性」を選
択し, 先ほど作成したすべてのパス名をリセットする. 女性グループのパス名
については, 先ほどのパス名に含まれている冒頭の「m」を「f」に変え, 男性と
同じ場所にあるパスの名前をそれぞれ「fl1」,「fl2」,「fc」,「fo1」,「fo2」,「fo3」
と入力する.

　最後に, （分析のプロパティ）を選択し,「分析のプロパティ (A)」のダイ
アログボックスを開いて「出力」タブを開いたら,「標準化推定値 (T)」と「重
相関係数の平方 (Q)」と「差に対する検定統計量 (D)」にチェックを入れて閉じ
る. 以上の準備が整ったら, アイコンの （推定値を計算）をクリックして分
析を実行する.

21.3.2　グループ間でのパス図の比較

　まずアイコン の右側（出力パス図の表示）をクリックし, 男女別にパス図を
グラフィック出力する. 2 段目の枠内の「男性」と「女性」のいずれかをクリッ
クすると, 男女別にパス解析結果を見ることができる. このときの出力も標準
化係数を表示させる. 男性の出力モデル（図 21.17）と女性のそれ（図 21.18）を
比較すると, ① 男性は処罰感情に対する応報動機のパス係数が女性より大きい
が, ② 抑止動機からのパス係数は逆に女性の方が大きい, などが見てとれる.

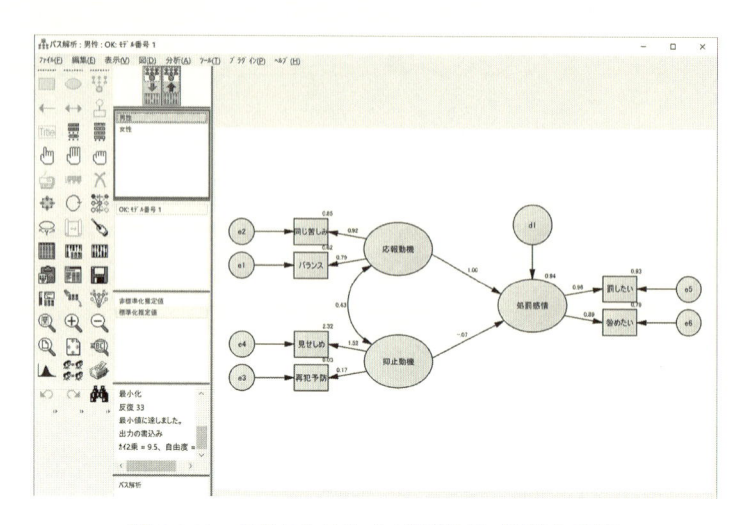

図 **21.17**　男性におけるパス解析結果（標準化係数）

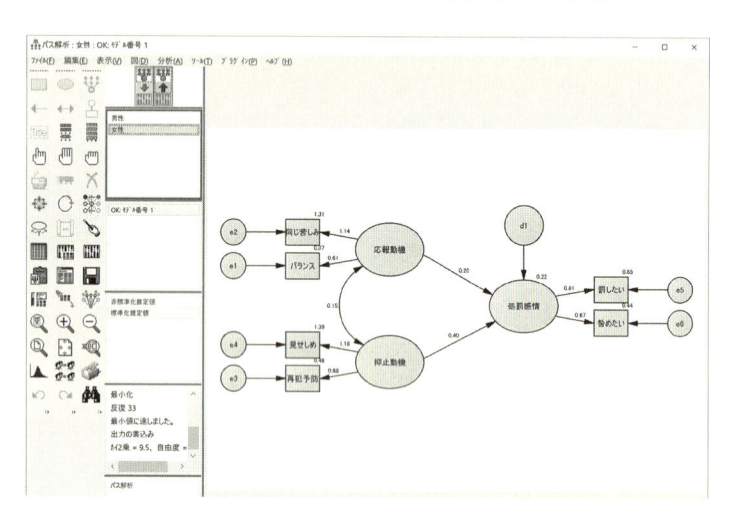

図 **21.18**　女性におけるパス解析結果（標準化係数）

21.3.3　グループごとのモデル適合度の吟味

多母集団同時分析の場合も，仮説モデルが男女それぞれでデータ構造に適合するかどうかを吟味することができる．まず ▦（データファイルの選択）のアイコンをクリックし，先ほど示した図 21.13 の「データファイル (D)」のダイア

ログボックスを開く.「グループ値 (V)」をクリックしたら, 図 21.12 のダイア
ログボックス「グループ識別値の選択」の「数値」から男性参加者を表す「0」
を選択し,「OK」をクリックする. アイコンの **HHH**（推定値を計算）をクリッ
クして分析を実行し, テキスト出力が現れたら, 左側のウィンドウより「モデ
ル適合」を選択する. 出力は省略するが, 男性グループにおける適合度を表す
テキスト出力を見ると, CMIN = 10.97 (df = 12, p = 0.53), CMIN/DF = 0.91,
GFI = 0.91, AGFI = 0.67, CFI = 1.00, RMSEA = 0.00 となり, AGFI の指標は
低いが, 他の指標の適合度は良好だった.

　同様に, 図 21.12 のダイアログボックス「グループ識別値の選択」で, 今度は
「数値」から女性参加者を表す「1」を選択したら,「OK」をクリックして再び **HHH**
（推定値を計算）をクリックする. 適合度は, CMIN = 9.55 (df = 12, p = 0.66),
CMIN/DF = 0.80, GFI = 0.92, AGFI = 0.70, CFI = 1.00, RMSEA = 0.00 とな
り, やはり AGFI を除き, 他の 5 つの指標は良い適合度を示していた. これら
のことから, 仮説モデルは男女のどちらのデータにもほぼ当てはまりが良いも
のだったと判断することができる.

21.3.4　グループ別のパス係数の有意性検定

　次に, 2 グループの各モデルについて, パス係数の有意性を確認する. まず,
男性参加者のパス係数から確認するため, 前項の手続きで「モデル適合」を出
力させた画面の（図 21.19 参照）, 左上から「推定値」を選び, 左下の「男性」
をクリックする. これによって出力される図 21.19 の中の推定値を見ると, 応
報動機から処罰感情に向かう 1.132 という非標準化パス係数はアスタリスク (∗)
が 3 個ついているので 0.1%水準で有意である. 一方, 抑止動機からのパス係数
−0.434 は確率レベル (p) が 0.568 なので非有意である.

　同様の手続きで, 女性モデルの推定値を出力させる（出力図は省略）. この場
合, 処罰感情に対する非標準化パス係数は, 応報動機 0.146 (p = 0.448), 抑止動
機 0.214 (p = 0.148) で, いずれも非有意だった. 以上のことから, 男女のモデ
ルごとにパス係数の有意性を調べたところでは, 処罰感情に対する 2 種類の動
機効果のうち, 応報動機については男女間で違いが見られた. ただし, この結
果は, グループ内で推定したパス係数の有意性を検定しただけで, パス係数の

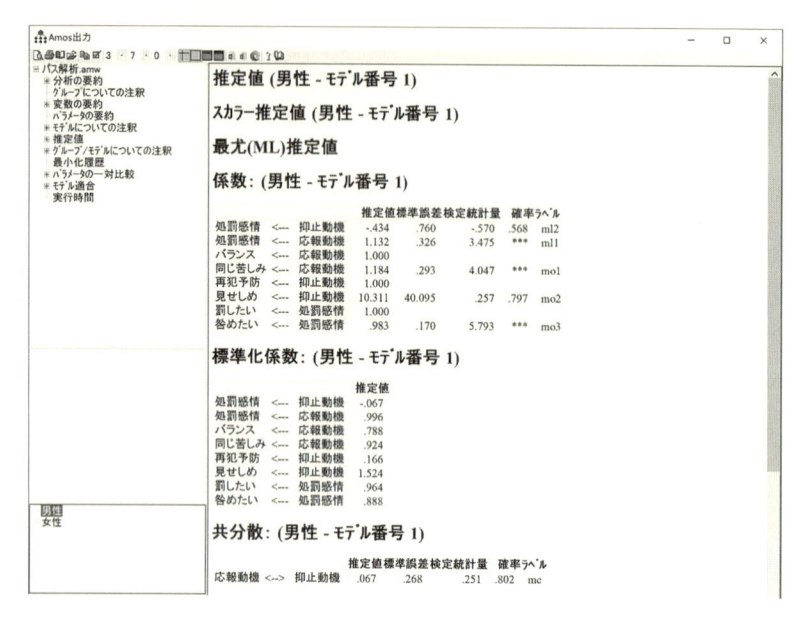

図 **21.19**   男性におけるパス係数の有意性検定

違いをグループ間で直接に検定したものではないので，次項でこれを試みる．

21.3.5   パス係数のグループ間比較

本項では，男女別のモデルで算出されたパス係数を比較し，その差を統計的に検定する方法を述べる．図 21.19 の左上から「パラメータの一対比較」を選択してクリックすると，図 21.20 が出力される．ここに示されている数値は，男女のモデルで用いられたすべてのパス係数間の差を Z 値に変換したものである．この図のうち，同じパスを男女間で比較しているのが枠で示した箇所で，これが ±1.96 以上であれば男女差は 5％水準で有意である．この例では，男性の応報動機から処罰感情へのパス (ml1) と女性の同じパス (fl1) を比較したところで Z 値が −2.606 と有意になった．これ以外に有意な男女差が見られる箇所はない．それゆえ，この分析結果は，人の処罰感情を強める心理は抑止動機ではなく応報動機によるものだが，それは女性よりも男性に顕著な心理であることを意味している．

パラメータの一対比較 (モデル番号 1)

パラメータ間の差に対する検定統計量 (モデル番号 1)

	mo1	mo2	mo3	mc	ml2	ml1	fo1	fo2	fo3
mo1	.000								
mo2	.228	.000							
mo3	-.593	-.233	.000						
mc	-2.751	-.254	-2.891	.000					
ml2	-2.020	-.268	-1.827	-.600	.000				
ml1	-.191	-.228	.384	3.167	1.700	.000			
fo1	.283	-.209	.362	.717	.878	.303	.000		
fo2	.664	-.203	.810	1.422	1.586	.696	.087	.000	
fo3	.326	-.220	.546	1.471	1.603	.375	-.150	-.384	.000
fc	-3.660	-.256	-4.702	-.068	.627	-3.171	-.707	-1.415	-1.541
fl2	-2.956	-.252	-3.413	.481	.836	-2.564	-.669	-1.322	-1.303
fl1	-2.964	-.254	-3.264	.240	.739	-2.606	-.682	-1.421	-1.378

図 **21.20**　パス係数のグループ間比較（抜粋）

21.3.6　適合度の変化からグループ間のモデルの違いを検討する：等値制約

　多母集団同時分析では，更に，グループ間のモデルの違いを適合度変化によって検討することもできる．前項のパス係数の男女比較はモデルの一部に違いがあることを示していたが，このことは，この部分ではパス係数の異なるモデルの方が適切である可能性を示唆している．言い換えると，もしもこの部分に「等値」という制約を課した場合には（等値制約 (equality constraints)），モデル適合度が劣化する可能性があるということである．ここでは，応報動機から処罰感情へのパスに男女間で違いがあるとされているので，このパスに男女間で等値制約をおいてモデル適合度の変化を観察することにする．

　図 21.17（もしくは図 21.18）の中段にある「OK：モデル番号 1」をダブルクリックすると，図 21.21 のダイアログボックスが現れるので，この中の「モデル名 (M)」にあらかじめ入力されている「モデル番号 1」を「制約なし」に変更する．これは，これまで分析してきたモデルを再び分析するだけなので，「パラメータ制約 (P)」のボックスには何も入力しない．次に，このダイアログボックスの「新規作成 (N)」をクリックすると，「モデル名 (M)」のボックスに入力されている文字が「モデル番号 2」に変わるので，図 21.22 のようにモデル名を「制約あり」に変更する．左側の「係数」一覧から「ml1」と「fl1」を選択して

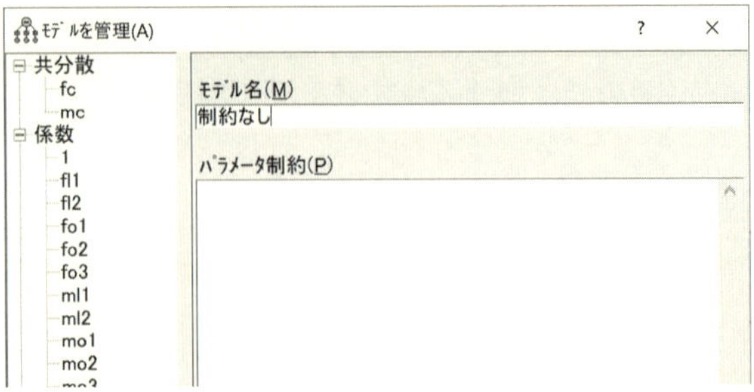

図 21.21　等値制約なしのモデリング

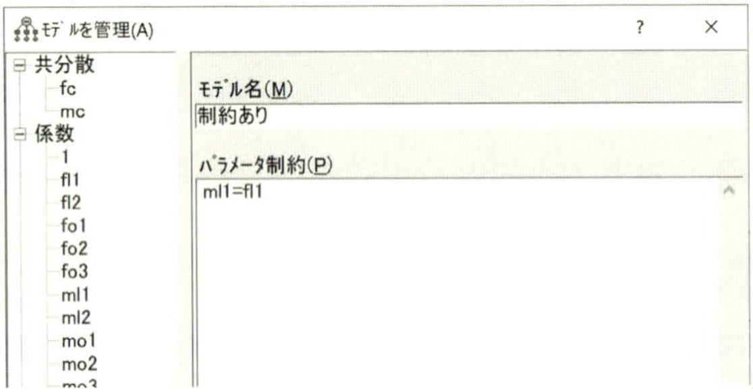

図 21.22　等値制約ありのモデリング

　右側の「パラメータ制約 (P)」に移し，間に「＝」を入れて「ml1 ＝ fl1」の数式を作る．これによって，応報動機から処罰感情へのパスに男女間で等値制約が置かれる．このダイアログを閉じて図 21.17（もしくは図 21.18）に戻り，アイコン ▦（推定値を計算）をクリックして分析を実施する．

　図 21.23 のテキスト出力が現れたら，左側のウィンドウより「モデル適合」を選択する．「制約なし」と「制約あり」の両方のモデル適合度を比較すると，後者の CMIN/DF は高く，GFI や AGFI は低くなった．これは，応報動機から処罰感情へのパスが男女で等しいとする制約を設けるとモデル適合度が下がることを意味している．このことから，応報動機と抑止動機が処罰感情を強めると仮定するモデルにおいては，応報動機からの効果に男女の違いを認めることがモデリング上妥当であると判断することができる．

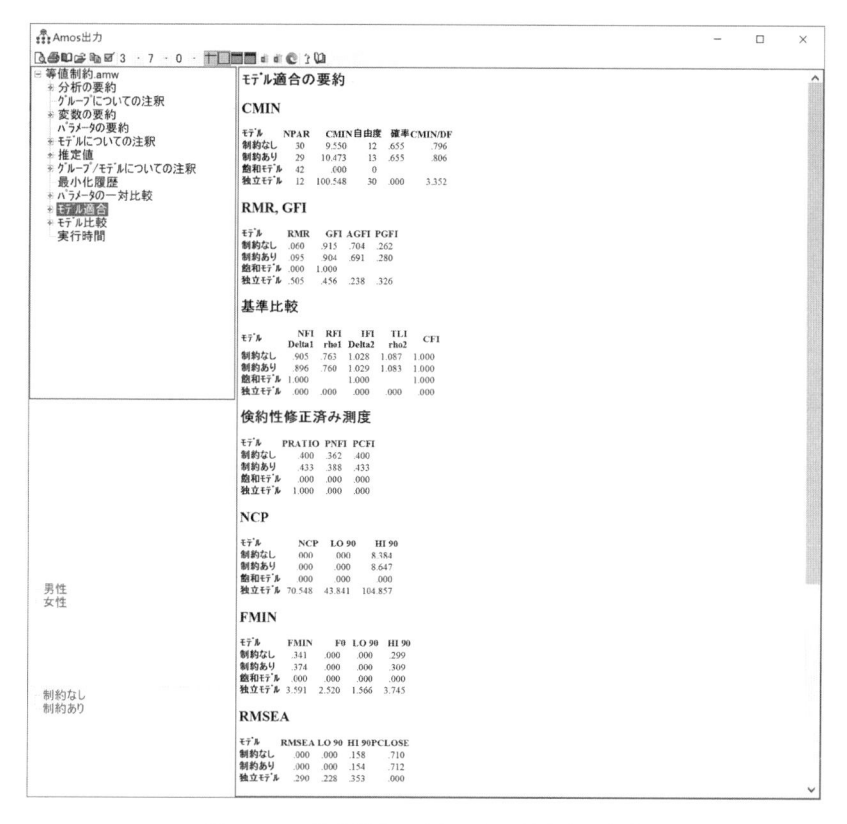

図 **21.23**　等値制約の有無による適合度の変化

21.3.7　結果の記述の仕方

　多母集団同時分析結果の報告においては，男女別のパス図と適合度指標，パス係数の有意性，等値制約の有無による適合度指標の変化などを示しながら，たとえば，以下のような記述が考えられる.

　「応報動機と抑止動機が処罰感情に影響を与えるという仮説モデルが男女間で異なるかどうかを検討するため，IBM SPSS Amos 28 を利用して多母集団同時分析を行なった. まず，この仮説モデルが男女それぞれのデータ構造に十分適合していることを確認した. しかし，男性において

は，応報動機が処罰感情を強めるパスが有意であっただけだし，女性に
おいてはどちらの動機からも処罰感情に対する有意な効果は確認されな
かった．応報動機から処罰感情へのパス係数においてのみ，その大きさ
は男女間で有意に異なっていた ($p < 0.05$)．このパスに等値制約をかけ
たところ，一部のモデル適合度指標が低下したことから，このモデルの
場合，応報動機から処罰感情へのパスに男女の違いを認めるのが妥当で
あると判断される.」

参考文献

[1] 小塩真司，『共分散構造分析はじめの一歩：図の意味から学ぶパス解析入門』，アルテ (2020).
[2] 小塩真司，『SPSS と Amos による心理・調査データ解析 第 4 版：因子分析・共分散構造分析まで』，東京図書 (2023).
[3] 豊田秀樹，『共分散構造分析 Amos 編：構造方程式モデリング』，東京図書 (2007).
[4] 豊田秀樹・前田忠彦・柳井晴夫，『原因をさぐる統計学：共分散構造分析入門』，講談社ブルーバックス (1992).

22 メタ分析

卒業論文であれ専門家が書く論文であれ，研究論文を作成する際には，自分自身の研究の説明に入る前に関連分野の先行研究を調査し，その成果を整理して示す文献レビューという作業が行われる．このとき，どのような先行研究があったかを述べ，それらの成果を文章で表現することが一般的だが，近年は多数の先行研究の成果を数量的に表現する試みも見られる．それがメタ分析 (meta-analysis) と呼ばれる手法である．本章では，メタ分析に用いられる統計技法について，具体例を示しながらその基本的手続きを説明する．

22.1 メタ分析の基本

メタ分析は，「分析の分析」といわれるように，同じテーマのもとで行われた複数の研究の分析結果を 1 つに統合し，その成果を数量的に示すものである．これは，注目している事象間に関連性があったかどうか，対象集団間に差があったかどうかなどを知るだけではなく，その関連性や差がどれくらい大きいものだったかを推定しようとする分析でもある．メタ分析は，通常の論文で行われる質的なレビューとは異なり，先行研究の成果を定量的に示すことができることから，成果の評価が明確であるという利点がある．同じ仮説を検証した研究間で結果が一貫していないとか，先行研究のどれもサンプルサイズが小さくて個々では結果の一般化が困難であるといった場合にとくに有効である．

22.1.1　研究情報の収集

メタ分析では，同じテーマについて研究論文を網羅的に収集し，そこから分析に必要な情報を抽出する．研究情報は基本情報と分析情報に分けられる．基本情報は著者，出版年，雑誌名，研究方法，研究対象者の種別（一般人かどうかなど）と規模，年齢層，男女比など，分析情報は平均値，標準偏差，サンプルサイズなどである．

22.1.2　効果量

メタ分析では，同じテーマを扱っている研究において使われている諸変数について，関連度や対象集団間の差が実質的にどのくらいであるかを効果量 (effect size) という指標で表現する．効果量指標にもさまざまあるが，従属変数が量的変数の場合，研究ごとに実験群と統制群の平均の差を，両群を合わせた（プールした）ときの標準偏差で割って標準化を図るやり方が代表的である．この指標は Cohen の d と呼ばれており，式 (22.1) によって求められる（$\overline{x}$ は各群の標本平均，n はサンプルサイズ，s^2 は分散）．

$$d = \frac{\overline{x}_1 - \overline{x}_2}{\sqrt{\frac{n_1 s_1^2 + n_2 s_2^2}{n_1 + n_2}}} \tag{22.1}$$

医学分野などで扱われる「生存，死亡」といった 2 値の質的変数が従属変数の場合には，比率の比（オッズ比やリスク比が使われることもある；本書第 14 章参照）が効果量の指標として使われる．しかし，紙数の都合で，本章では量的変数を使った研究のメタ分析に限定して説明するので，質的変数については他の専門書（丹後 (2022) など）を参照されたい．

式 (22.1) の d は群間の平均差が標準偏差何個分にあたるかを示すものであることから，値が 1.00 ならば平均の差が標準偏差 1 個分に等しいということになる．ただし，Cohen の d はサンプルサイズが小さくなると歪みが生じやすくなるため，近年では，式 (22.2) のように Cohen の d を補正した Hedges の g の方が推奨される (Kline, 2004)．Hedges の g は，サンプルサイズが小さいことで生じるバイアスを低減できることから，効果量の指標としてはより適切と思われる．

$$g = \left(1 - \frac{3}{4(n_1 + n_2 - 2) - 1}\right) d \tag{22.2}$$

　さて，このようにして各研究の効果量を算出したら，それらを平均するなどして全体的効果量を求めることになるが，メタ分析では，単純平均ではなく，各効果量に異なる重みづけを与える重み付け平均が用いられる．重み付けの決定にあたっては，精度を重視し，標準誤差の小さな効果量に大きな重み付けを与えるというやり方がある．式 (22.4) はこれを表したもので，標準誤差 (se_i) の 2 乗の逆数を重み付け (w_i) としている．これを個別の効果量 (g_i) に乗じ，式 (22.3) によって全体効果量 (μ) を求めるこの方式は固定効果モデル (fixed effects model) と呼ばれるが，それは，実施条件をすべて揃えれば各研究で得られる効果は同じになるはずで，効果がばらついているのはサンプリングなどによる測定誤差であるとする考え方である．

　一方，対象研究の中にはもともと効果量において異質なものが含まれていると仮定し，重み付けの決定においてこれを考慮すべきとの考え方もある．それは変量効果モデル (random effects model) と呼ばれ，重み付けの算出において，式 (22.5) が示すように，分母に異質性の大きさ（対象研究効果間に本来存在すると推定される分散）を表す τ^2 を組み込むが，全体効果量を求める数式は固定効果モデルと同じである（式 (22.3)）．全体効果量については，その精度を信頼区間によって表すが，一般に，変量効果モデルによって求めた場合には信頼区間は広がる傾向がある．

$$\mu = \frac{(\text{重みづけ} \times \text{効果量}) \text{ の合計}}{\text{重みづけの合計}} = \frac{\sum_{i=1}^{k} w_i g_i}{\sum_{i=1}^{k} w_i} \qquad (22.3)$$

$$w_i = \frac{1}{se_i^2} \qquad (22.4)$$

$$w_i = \frac{1}{se_i^2 + \tau^2} \qquad (22.5)$$

22.1.3　メタ分析を歪める要因

　このように，数多くの研究を体系的にまとめて評価できるメタ分析だが，注意すべき点もある．第 1 に，知見が信頼できないような質の悪い論文が数多く含まれているとメタ分析結果の信頼性は低下する．それゆえ，メタ分析に取り入れる際，対象研究が実証手続きを十分にそなえているかどうかをチェックする必要がある．一般には，定評のある雑誌に掲載されているとか審査付きであ

るとかであれば，論文の質が担保されているとみなすことができる．そうした研究評価ではハダッド・スコア (Jadad Score: Jadad *et al.* (1996)) などが参考になる．

　第 2 に注意すべきは，出版バイアス (publication bias) である．これは「引き出し問題 (file drawer problem)」とも呼ばれる．通常，学術雑誌では有意な差や有意な関連性が「あった」とする研究以外は掲載されにくく，知見が消極的な研究は論文として目に触れることが少ない．つまり，メタ分析で有意差が確認されたとしても，それは有意差の「なかった」研究が研究者たちの机の引き出しに数多く眠っていたからそうなったということも有り得る．そこで，メタ分析では，ファネルプロット (funnel plot) というグラフや Egger の回帰直線を活用してこのバイアスを検出し，メタ分析結果の解釈において考慮する．この方法については 22.2.4 項で述べる．

　第 3 に，選択バイアスも注意が必要である．メタ分析では公表されている論文を研究者が網羅的に集めなければならないが，その収集過程で何らかの偏りが生じることがある．たとえば，特定のデータベースだけを検索に利用したり，特定言語で書かれた論文のみを対象にしたりするとメタ分析の対象研究が偏ってしまう．これを防ぐためには，同じテーマについて複数の研究者が独立に文献収集し，その後，照合するといったやり方が勧められる．

22.2　SPSS によるメタ分析の実際例

22.2.1　分析例：「排斥と暴力」

　1999 年に米国コロラド州で起きたコロンバイン高校銃乱射事件をきっかけに，研究者たちは社会的排斥と暴力の関連性に強い関心を抱くようになった．コロンバイン高校で惨劇を引き起こした 2 人の高校生は，普段から周囲の生徒たちのいじめの対象になっており，銃乱射はこれに対する反発から生じたと考えられたからである (Leary *et al.*, 2003)．排斥と攻撃性というテーマについては，これまで数多くの研究者たちが実験室研究などを用いて取り組み，排斥された参加者たちが実際に攻撃的になる様子が繰り返し観察されてきた．そこで本節では，排斥が攻撃性に対してどのくらい強い影響力を持つものなのか，SPSS を

使ったメタ分析によって検討してみる．

22.2.2 情報収集とデータファイルの作成

表 22.1 は，排斥と攻撃性を扱った実験的研究 20 個の基本情報と分析情報をリスト化した架空の SPSS データファイルである．これらの研究は，社会心理学分野の著名な国際的研究誌にある一定期間に掲載されたものと想定されている．情報として，ここでは，メタ分析の基本となる出版年，雑誌，独立変数，従属変数だけを取り上げている．

図 22.1 の「雑誌」列には雑誌名（これらは実在のものである）が示されているが，データファイルでは

1. J Pers Soc Psychol (Journal of Personality and Social Psychology)
2. Pers Soc Psychol Bull (Personality and Social Psychology Bulletin)
3. Soc Psychol Pers Sci (Social Psychological and Personality Science)
4. J Res Pers (Journal of Research in Personality)
5. Psychol Sci (Psychological Science)
6. Pers Individ Differ (Personality and Individual differences)
7. PLoS One

として数値が入力されている．

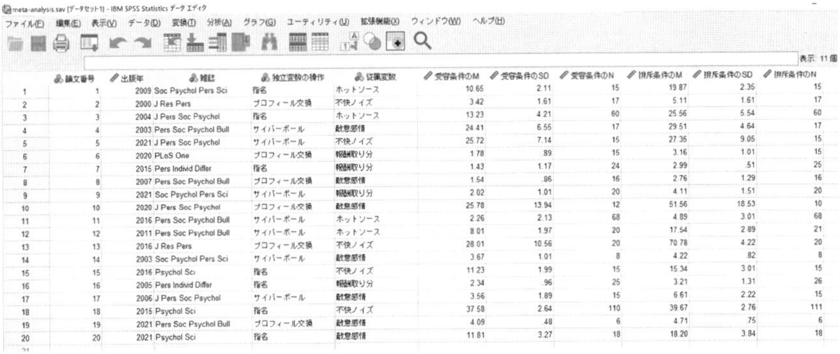
meta-analysis.sav [データセット1] - IBM SPSS Statistics データ エディタ
ファイル(F) 編集(E) 表示(V) データ(D) 変換(T) 分析(A) グラフ(G) ユーティリティ(U) 拡張機能(X) ウィンドウ(W) ヘルプ(H)
表示 11 個

	論文番号	出版年	雑誌	独立変数の操作	従属変数	受容条件のM	受容条件のSD	受容条件のN	排斥条件のM	排斥条件のSD	排斥条件のN
1	1	2009	Soc Psychol Pers Sci	指名	ホットソース	10.65	2.11	15	19.87	2.35	15
2	2	2000	J Res Pers	プロフィール交換	不快ノイズ	3.42	1.61	17	5.11	1.61	17
3	3	2004	J Pers Soc Psychol	指名	ホットソース	13.23	4.21	60	25.56	5.54	60
4	4	2003	Pers Soc Psychol Bull	サイバーボール	敵意感情	24.41	6.55	17	29.51	4.64	17
5	5	2021	J Pers Soc Psychol	サイバーボール	不快ノイズ	25.72	7.14	15	27.35	9.05	15
6	6	2020	PLoS One	プロフィール交換	報酬取り分	1.78	.89	15	3.16	1.01	15
7	7	2015	Pers Individ Differ	指名	報酬取り分	1.43	1.17	24	2.99	.51	25
8	8	2007	Pers Soc Psychol Bull	プロフィール交換	敵意感情	1.54	.86	16	2.76	1.29	16
9	9	2021	Soc Psychol Pers Sci	サイバーボール	報酬取り分	2.02	1.01	20	4.11	1.51	20
10	10	2020	J Pers Soc Psychol	プロフィール交換	敵意感情	25.78	13.94	12	51.56	18.53	10
11	11	2016	Pers Soc Psychol Bull	サイバーボール	ホットソース	2.26	2.13	68	4.89	3.01	68
12	12	2011	Pers Soc Psychol Bull	サイバーボール	ホットソース	8.01	1.97	20	17.54	2.89	21
13	13	2016	J Res Pers	プロフィール交換	不快ノイズ	28.01	10.56	20	70.78	4.22	20
14	14	2003	Soc Psychol Pers Sci	サイバーボール	敵意感情	3.67	1.01	8	4.22	.82	8
15	15	2016	Psychol Sci	指名	不快ノイズ	11.23	1.99	15	15.34	3.01	15
16	16	2005	Pers Individ Differ	指名	報酬取り分	2.34	.96	25	3.21	1.31	26
17	17	2006	J Pers Soc Psychol	サイバーボール	敵意感情	3.56	1.89	15	6.61	2.22	15
18	18	2015	Psychol Sci	指名	不快ノイズ	37.58	2.64	110	39.67	2.76	111
19	19	2021	Pers Soc Psychol Bull	プロフィール交換	敵意感情	4.09	.48	6	4.71	.75	6
20	20	2021	Psychol Sci	指名	敵意感情	11.81	3.27	18	18.20	3.84	18

図 **22.1**　メタ分析のための SPSS データファイル

　独立変数は排斥だが，その実験操作は研究によって様々である．他の参加者から作業パートナーとして指名されなかったという「指名」には 1，プロフィールを交換した際に「相性がよくない」と実験パートナーから酷評された「プロフィール交換」には 2，オンライン上のキャッチボール課題で 1 人だけ除け者にされる「サイバーボール」には 3 という数値を与えた．いずれの実験操作においても，参加者が他の参加者から仲間として受容されるものを受容条件（統制群），仲間外れにされるものを排斥条件（実験群）とした．

　従属変数は，受容か排斥を受けた後の参加者の攻撃性測定だが，これにも数種類ある．受容あるいは排斥を行なった他の参加者の飲み物に辛い香辛料（単位はグラム）を入れる「ホットソース」には 1，他の参加者に対する敵対心を質問紙で尋ねた「敵意感情」には 2，他の参加者に不快ノイズ音を与える「不快ノイズ」には 3，実験報酬（ドル）を自分に多めに分ける「報酬取り分」には 4 を与えてコード化した．

　6 列目以降の分析情報では，受容条件（統制群）と排斥条件（実験群）それぞれにおける従属変数の平均値 (M)，標準偏差 (SD)，サンプル数 (N) を入力した．この平均値は，数値が大きくなるほど参加者が他の参加者に対して攻撃的であったことを意味する．

22.2.3　メタ分析実行の指定

　データファイルが完成したら，メタ分析を実行する．SPSS メインメニューの「分析 (A)」を選び，図 22.2 のようなドロップダウンリストから「メタ分析」→「連続型アウトカム」→「生データ」へ進む．この分析では対象論文の従属変数が量的変数なので，「連続型アウトカム」を選ぶ．本書では取り上げないが，従属変数が質的変数である場合には「2 値アウトカム」を選ぶことになる．その際に開くダイアログボックスでは，「連続型アウトカム」を選んだ場合と若干異なるメニューが表示されるが，分析の設定については基本的にこれ以降と同じものを選択しておくとよい．

　「生データ」をクリックすると，図 22.3 に示す「メタ分析：連続型」のダイアログボックスが開くので，「処置グループ」枠内の「調査サイズ (S)」には排斥条件の N を，「平均 (M)」には排斥条件の M を，それぞれ「変数 (V)」のボッ

図 **22.2**　ドロップダウンリストにおける従属変数のタイプ選択

図 **22.3**　メタ分析：連続型　変数投入，効果量指定，統計モデル選択

クスから右向き矢印のアイコンをクリックして移動させる．排斥条件の SD は
標準偏差を表す変数なので，「標準偏差 (D)」を選択してから移動させる．この
「処置グループ」の枠はいわゆる実験群にあたる．一方，統制群にあたる「制御
グループ」の枠では受容条件の変数名をそれぞれ選択する．「調査 ID (U)」に
は論文番号という変数名を充てる．

　この図の「効果サイズ」の枠を見ると，デフォルトで「Cohen の d (H)」にチェックが付いているので，ここでは「Hedges の g (E)」に変え，また「調整済み標準誤差 (J)」にチェックを入れる．

　「モデル」枠には「変量効果 (R)」と「固定効果 (X)」の選択肢がある．研究間で効果の大きさに元々ばらつき（異質性）があると仮定するときは「変量効果」を，仮定しないときは「固定効果」を選択する．異質性が大きい場合には変量効果を選択しておいた方が無難だが，信頼区間が広がるので効果量の推定精度は低くなる．ここでは「変量効果」を選択しておくことにする．

　SPSS では全体のメタ分析だけでなく，ある分類変数で研究を選抜してサブグループを作り，それだけでメタ分析を行うことも可能である．図 22.3 の「メタ分析：連続型」ダイアログボックスの右上の「分析 (Y)」ボタンをクリックすると，図 22.4 のダイアログボックス「メタ分析連続型：分析」が現れる．左上の「変数 (V)」から右上「サブグループ分析 (S)」に分類のための変数を移動させ，「続行」をクリックして戻る．ここでは，「独立変数の操作」という変数によってサブグループを作るよう指示する．

　図 22.3「メタ分析：連続型」のダイアログボックスに戻ったら，今度は計算方法の指定に移る．右上の「推論 (F)」をクリックして図 22.5 のボックスを表

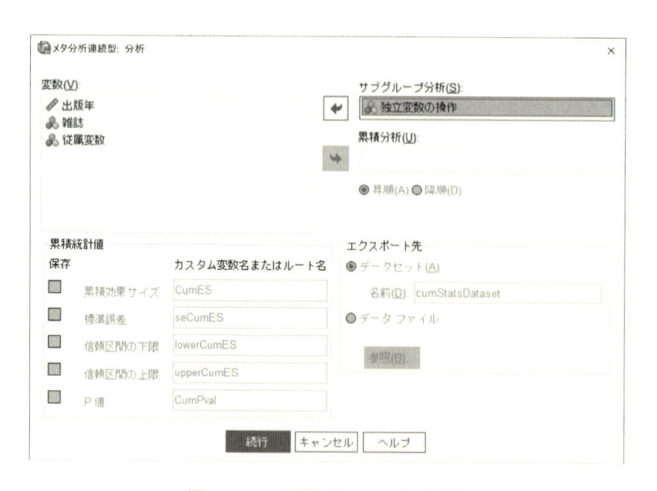

図 **22.4**　下位グループの指定

示させたら，「推定量」の枠では「制限された最尤法 (REML) (R)」を，「標準誤差の調整」の枠では「切り捨て Knapp-Hartung 調整を適用 (T)」を選んで「続行」ボタンをクリックする.

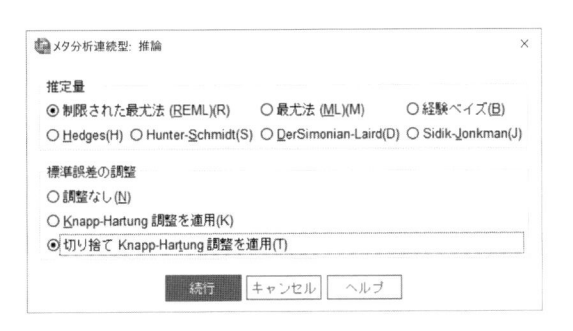

図 **22.5**　推定量と標準誤差の推定

22.2.4　出版バイアスへの対処指定

　前節で述べたように，学術雑誌に刊行された研究論文には出版バイアスと呼ばれる偏りが含まれていることがある．SPSS のメタ分析には，これらに対する対処方法がいくつか準備されている．その一つは出版バイアスの有無を回帰式によって検出するもので，バイアスなく研究が公刊されているのなら効果量を標準偏差の逆数に回帰させた直線の切片は原点を通るはずとの仮定にもとづいている (Egger *et al.*, 1997)．「メタ分析：連続型」のダイアログボックス（図22.3）の右上から「バイアス (B)」ボタンをクリックすると，図 22.6 のダイアログボックスが現れるので，「Egger の回帰ベーステスト (E)」にチェックを入れて「続行」をクリックする.

　もう一つは出版バイアスによって歪められた効果量の補正で，「メタ分析：連続型」(図22.3) のダイアログボックスから「トリムと補充 (T)」ボタンをクリックし，図22.7 のボックス内の「欠損している調査の推定数 (M)」にチェックを入れ，「調査を代入する側」枠では「Egger のテストの傾きによって決定 (S)」，「方法」枠では「1 次 (L)」，「推定量」枠では「制限された最尤法 (REML) (R)」，

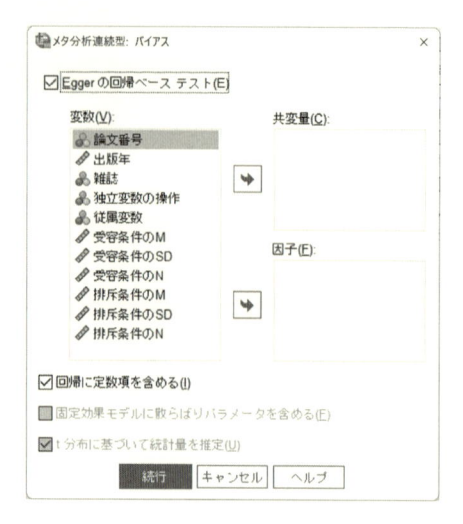

図 **22.6**　回帰分析による出版バイアスの検出

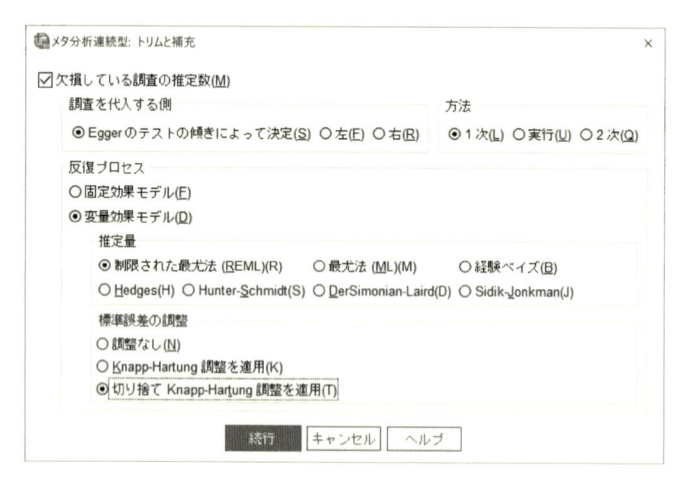

図 **22.7**　トリム補充法による出版バイアスの調整

「標準誤差の調整」枠では「切り捨て Knapp-Hartung 調整を適用 (T)」にそれ
ぞれチェックを入れる．これにより，出版バイアスが検出された場合には，ト
リム補充 (trim-fill) 法によって出版されなかったであろう研究の結果を推定し，
真の効果を予測する補正的分析が可能となる．以上の選択を終えたら，「続行」

ボタンをクリックする.

22.2.5 メタ分析出力の指定

　出版バイアスへの対処をし終わって図 22.3「メタ分析：連続型」のダイアログボックスに再び戻ったら，最後に，分析結果の出力設定をするため「出力 (R)」をクリックする．図 22.8 のダイアログボックスが現れたら，異質性の検定結果を出力させるため「等分散性/不均性」枠の中の「等分散性の検定 (H)」と「不均性の測定 (T)」にチェックを入れる．研究ごとの効果量も出力させるため，「効果サイズ」の枠内にある「個別の調査 (I)」にもチェックを入れる．以上の作業を終えたら，「続行」をクリックする．

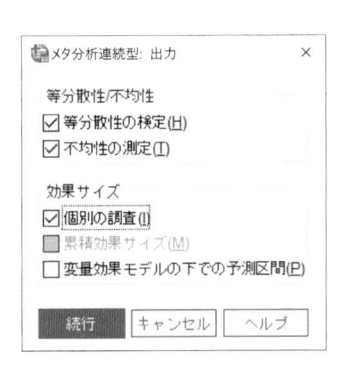

図 **22.8**　出力追加の設定

　図 22.3 のダイアログボックス「メタ分析：連続型」に戻ったら，SPSS データファイルに追加する変数を設定するため「保存 (V)」をクリックし，図 22.9 のように「個別の調査」枠の中の「個別の効果サイズ」と「標準誤差」にチェックを入れて「続行」をクリックする．メタ分析を実行するとわかるが，この「保存 (V)」の設定をすると，分析実行後にデータファイルに各研究の効果量（効果サイズの予測値 [ES]）と標準誤差（効果サイズの予測値の推定標準誤差 [seES]）がそれぞれ変数に追加される．このように各研究の効果量と標準誤差を保存しておけば，今後再分析をする際には，SPSS のメインメニューから「分析 (A)」→「メタ分析」→「連続型アウトカム」→「事前計算された効果サイズ」に進

図 **22.9**　データファイルへの変数追加

み，図 22.10 のダイアログボックスが登場したら，「効果サイズ (S)」には効果
サイズの予測値 [ES] を，「標準誤差 (D)」には効果サイズの予測値の推定標準誤
差 [seES] を，「調査 ID(X)」には論文番号を移動させるだけで今回と同じ計算を
することができる.

　分析結果を視覚的に理解するために，種々の図の出力を指定することもでき
る．図 22.3 のダイアログボックス「メタ分析：連続型」の「作図 (O)」をクリッ
クし，図 22.11 のダイアログボックスが開いたら，「フォレストプロット」タブ

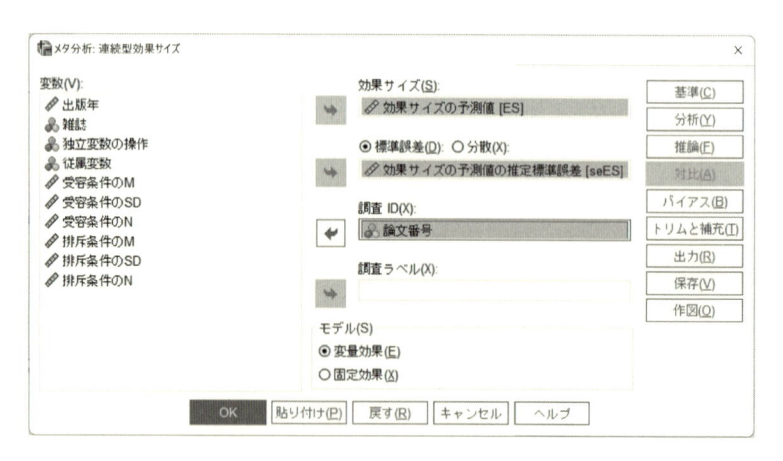

図 **22.10**　各研究の効果量と標準誤差によるメタ分析

を開いて「フォレストプロット」にチェックを入れ，「列の表示」の枠内の「効果サイズ」，「標準誤差 (N)」，「信頼区間限界」，「P 値」，「重み」にそれぞれチェックを入れる．また，「注釈」枠内の「均等性」，「不均性」，「検定」と，「参照線」枠内の「全体の効果サイズ」にもチェックを入れておく．

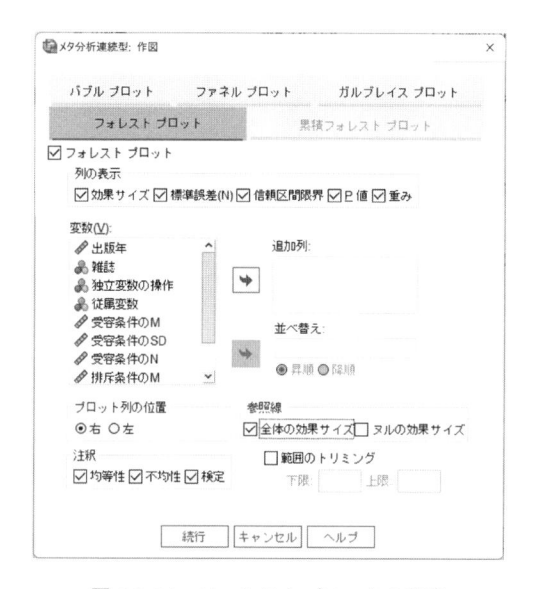

図 **22.11**　フォレストプロットの設定

　出版バイアスも視覚化可能である．図 22.11 の中の「ファネルプロット」タブを開いたら，図 22.12 のように「ファネルプロット」にチェックを入れ，「トリムと補充を行った代入済み調査を含める」と，その下位に設けられている「観測された調査の全体的な効果サイズを表示」にチェックを入れる．「続行」ボタンをクリックしてダイアログを閉じ，図 22.3 の「メタ分析：連続型」ダイアログボックスに戻ったら，「OK」ボタンをクリックしてメタ分析を実行する．

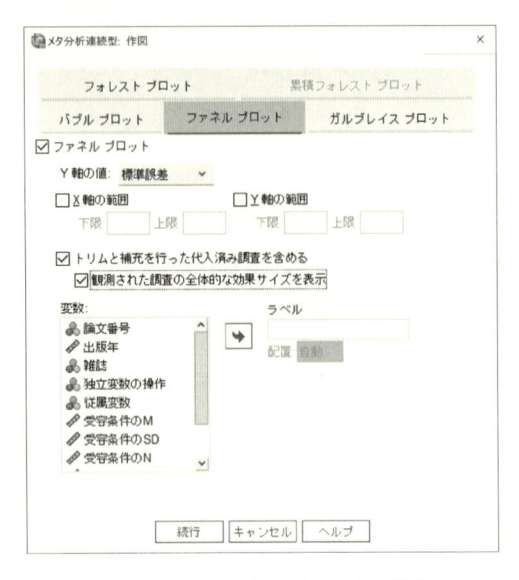

図 **22.12**　ファネルプロットの設定

22.3　SPSS メタ分析の結果出力とその見方

22.3.1　効果量の判定

　初めに出力されるのが図 22.13 と図 22.14 のメタ分析に関する基礎情報である．次いで，図 22.15 には，下位グループ別と全体の効果量が出力される．こ

メタ分析要約

データの型	事前計算
結果タイプ	連続
効果サイズ尺度	効果サイズの予測値
モデル	変量効果
重み	逆分散[a]
推定方法	REML
標準誤差の調整	切り捨て Knapp-Hartung
サブグループ分析	独立変数の操作

a. 研究内分散および研究間分散の両方を
含む変量効果の重み。

図 **22.13**　メタ分析の要約

処理したケースの要約

	度数	パーセント
含む	20	100.0%
欠損	0	0.0%
無効[a]	0	0.0%
合計	20	100.0%

a. 分散または標準誤差が正
でありません。

図 **22.14**　対象となる研究のケース
数と欠損値

サブグループ分析の効果サイズ推定値

	効果サイズ	標準誤差[a]	t 値	有意確率(両側)	95% 信頼区間 下限	上限
指名	1.773	.4002	4.431	.004	.794	2.753
プロフィール交換	1.807	.6532	2.766	.040	.128	3.486
サイバーボール	1.312	.4253	3.086	.022	.272	2.353
全体	1.615	.2681	6.022	<.001	1.054	2.176

a. 切り捨て Knapp-Hartung 手法は SE 調整に使用されます。

図 **22.15** 下位グループと全体の効果量

の「効果サイズ」とは Hedges の g だが,この分析例では全体の効果量は有意だった.ここで有意性が確認されなければ,これ以降分析は行われず,その後の出力はない.

上述した通り,この効果量 Hedges の g とは実験群と統制群の平均の差が標準偏差何個分あるかを示すものである.Cohen (1988) は,d について,おおよその目安として 0.2 程度で効果小,0.5 前後で中,0.8 以上で大としているが,Hedges の g は不偏 d なので,同じ目安が適用可能である.今回の分析結果を見ると,全体の効果量は 1.615 となり 0.8 のベンチ・マークを超えていることから,排斥には人の攻撃性を高める上で大きな効果があるとみなすことができる.また,独立変数の操作別で対象研究をサブグループに分けた場合でも効果量はすべて有意でかつ 0.8 を超えていることから,実験操作が違っても排斥の効果はあったと確認される.

また,図 22.16 のように「個別の調査の効果サイズ推定値」の出力から対象研究ごとの効果量を調べることも可能である.なお,本書の例題では実験群(排斥条件)から統制群(受容条件)の平均差をとったため効果サイズの符号はプラスだが,群を入れ換えればマイナス符号になる.

22.3.2 異質性指標

全体の効果量が有意であったとしても,対象研究を個別に見ると,大抵,効果量にはばらつきがある.ばらつきが大きすぎる場合は,異質な研究が入り込んでいるとか,効果は特定条件のもとでしか起こらないといった制約があることを示唆している.効果量のばらつきの大きさは,図 22.15 の標準誤差からも

個別の調査の効果サイズ推定値

	ID	効果サイズ	標準誤差[a]	t 値	有意確率 (両側)	95% 信頼区間 下限	上限	重み	重み (%)
指名	1	4.017	.6655	6.036	<.001	2.712	5.321	.643	4.1
	3	2.490	.2450	10.162	.000	2.010	2.970	.853	5.5
	7	1.713	.3380	5.069	<.001	1.051	2.376	.816	5.3
	15	1.567	.4248	3.689	<.001	.735	2.400	.774	5.0
	16	.744	.2904	2.561	.010	.174	1.313	.836	5.4
	18	.771	.1395	5.527	<.001	.498	1.045	.884	5.7
	20	1.752	.3987	4.394	<.001	.970	2.533	.787	5.1
プロフィール交換	2	1.025	.3676	2.788	.005	.304	1.745	.802	5.2
	6	1.411	.4141	3.406	<.001	.599	2.222	.779	5.0
	8	1.085	.3821	2.839	.005	.336	1.834	.795	5.1
	10	1.534	.4985	3.077	.002	.557	2.511	.735	4.7
	13	5.213	.6905	7.549	<.001	3.860	6.566	.630	4.1
	19	.909	.6201	1.465	.143	-.307	2.124	.668	4.3
サイバーボール	4	.877	.3612	2.429	.015	.169	1.585	.805	5.2
	5	.195	.3661	.531	.595	-.523	.912	.803	5.2
	9	1.595	.3678	4.336	<.001	.874	2.315	.802	5.2
	11	1.003	.1823	5.503	<.001	.646	1.360	.873	5.6
	12	3.761	.5371	7.003	<.001	2.708	4.814	.714	4.6
	14	.565	.5131	1.102	.271	-.440	1.571	.727	4.7
	17	1.439	.4160	3.460	<.001	.624	2.255	.778	5.0

a. 切り捨て Knapp-Hartung 手法は SE 調整に使用されます.

図 **22.16**　対象研究ごとの効果量

推定できるが，異質性 (heterogeneity) を判断する上で重要ないくつかの指標も
提案されている.

　その一つは χ^2 分布に近似した Cochran の Q であり，図 22.17 を見ると，研究
全体ではその値は 131.883 となり，これは有意であった．これに従うなら，「研
究間で効果量は等しい」という帰無仮説は棄却され，測定誤差では説明しきれ
ないほど母集団において真の効果の大きさが異なっている，すなわち異質性が
あると判断することになる.

　ただし，Cochran の Q の有意性はサンプル数の多寡に影響を受けるので，これ
を補うために，異質性尺度 I^2 による評価も試みるのがよい (Higgins & Thomp-
son, 2002)．これは効果量における研究間のばらつき度合いを割合で表現したも
ので，25%程度であれば異質性は低く，50%程度は中くらい，75%以上は高いと
みなす (Higgins *et al.*, 2003)．図 22.18 の中の研究全体の「I2 乗 (%)」を見ると
91.1%となっており，これもやはり異質性を疑わなければならない高い値とい

不均性の測定

指名	タウ 2 乗	.879
	H 2 乗	11.474
	I 2 乗 (%)	91.3
プロフィール交換	タウ 2 乗	2.132
	H 2 乗	10.867
	I 2 乗 (%)	90.8
サイバーボール	タウ 2 乗	1.020
	H 2 乗	9.222
	I 2 乗 (%)	89.2
全体	タウ 2 乗	1.112
	H 2 乗	11.200
	I 2 乗 (%)	91.1

等分散性の検定

	カイ 2 乗 (Q 統計)	自由度	有意確率
指名	61.461	6	<.001
プロフィール交換	32.719	5	<.001
サイバーボール	34.857	6	<.001
全体	131.883	19	.000

図 **22.17** Cochran の Q による異質性の検定

図 **22.18** 種々の異質性指標

える.

　なお，図 22.18 には，全体効果量を算出する際，重みづけ（式 (22.5)）に用いられた τ^2 が含まれている．これは対象研究間に本来あると仮定された効果量の分散推定量である．これが 0 とはみなせないことは Cochran の Q 検定結果からも明らかであり，効果量推定において変量効果モデルを選択したのは，結果として適切だったと判断することができる.

　このように，メタ分析の結果，効果量に異質性があると判断された場合には，性質の異なる研究が混在している可能性を考えなければならない．たとえば，リンゴとオレンジの本質的違いを無視して同じフルーツという概念で括ってしまうように（リンゴとオレンジ問題：Sharpe (1997)），異質性が疑われる場合，メタ分析の全体的効果量だけを取り上げて結果を解釈するなら，それは研究の異質性を無視したもので，その解釈は信憑性が低いと評価されるであろう.

　この分析例では，異質性の原因を探るために，独立変数の操作別のメタ分析も試みた．しかし，図 22.18 に見られるように，どの下位グループにおいても異質性指標は依然として高かったことから，効果量の変動は独立変数の操作の違いに起因するものではないこと，それ以外に効果量を左右する要因が存在することを示唆している．このことは，リンゴやオレンジといった更に多様な観点から下位グループを作ってメタ分析を繰り返し，異質性を生み出している要因を探る必要があることを示している．そうした分析によって調整要因のような

ものを特定できるなら，より精緻な理論モデルの構築が可能となるであろうが，しかし，質の悪い論文が含まれていることが効果量のばらつきを生じさせている可能性もあるので，次に述べるフォレストプロットなどを使って外れ値にあたる研究を特定し（例題であれば論文番号 1, 12, 13），それらの研究評価を再度行い，それらをメタ分析に含めてよいかどうかを検討することも必要であろう．

　図 22.19 は異質性を視覚的に検討するためのフォレストプロット (forest plot) である．図の左上には全研究のメタ分析結果が出力されて，その中には，Cochran の Q による χ^2 検定結果や異質性尺度 I^2 も含まれている．この図では，各研究結果は四角形で表示され，その大きさはサンプルの大きさに対応しており，四角形から左右に伸びた髭は 95％信頼区間を表す．また，この四角形の中心は，点推定された効果量の値に相当する．菱形は下位グループおよび研究全体の総合結果を表しており，菱形の中心が点推定による効果量の値にあたる．この菱形の左右の髭もまた 95％信頼区間を示している．一般に，対象研究間で点推定

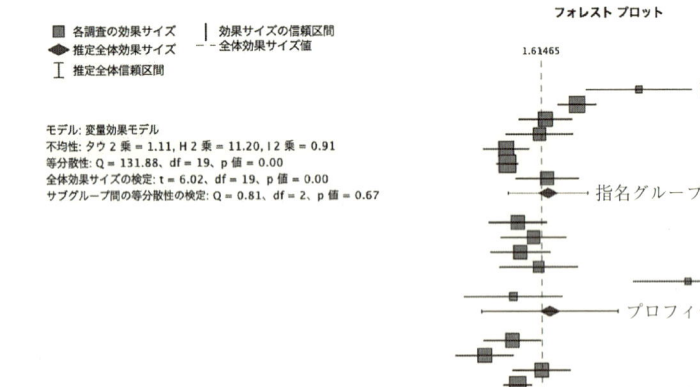

図 22.19　フォレストプロットによる異質性の検討

注）IBM SPSS v.28 では，フォレストプロットの左側に図 22.16 と同じ効果量が表示されるが，紙面の都合上省略した．髭箱図のラベルは追記したものである．

値や信頼区間が重なるほど異質性は低いと判断されるが，図 22.18 のフォレストプロットを見ると重なりは小さいので，この図からも，今回のメタ分析では効果量の異質性が高いとみなして結果を解釈すべきであろう．

22.3.3　出版バイアス

　次に，出版バイアスについての検定結果を見てみる．このバイアスを視覚的に検討するため，「ファネルプロット‐すべての調査」の出力をチェックする．ファネルプロット (funnel plot) とは，図 22.20 のように，横軸に効果量 (ES)，縦軸に精度（標準誤差）を設け，これら両方の軸の値を満たす交差箇所に各々の研究をプロットしたものである．出版バイアスが小さければ，各研究は全体

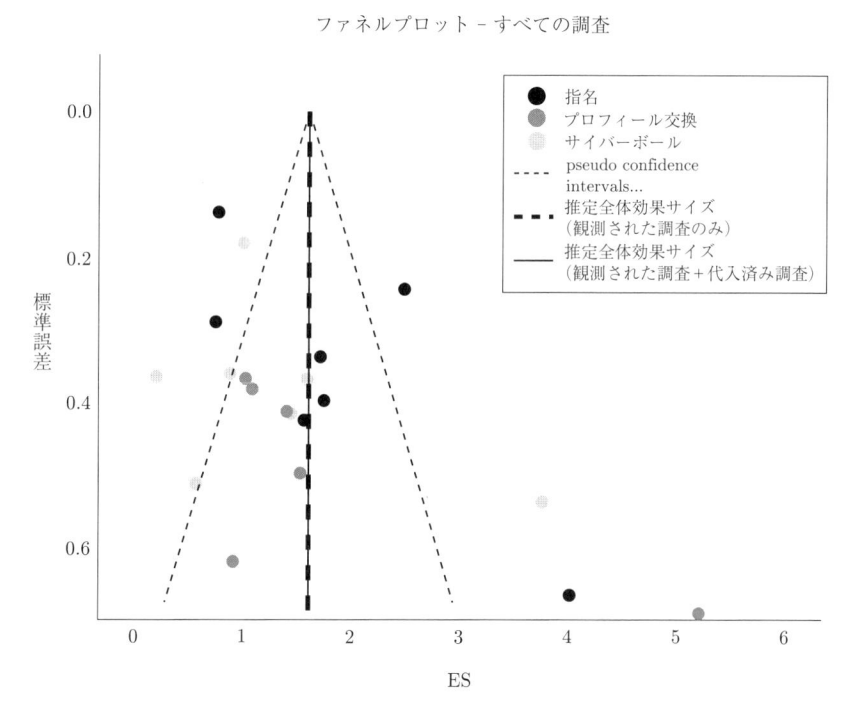

図 **22.20**　ファネルプロットによる出版バイアスの視覚的表現
注）IBM SPSS v.28 では，凡例の一部が欧文のまま出力される．

効果量（「推定全体効果サイズ（観測された調査のみ）」の縦破線）を中心として
左右対称に散らばるが，それらが全体効果量から見て右側に偏っていれば，効
果量が 0 に近い研究が著しく少ないということで，出版バイアスの可能性が疑
われる．しかし，例題の図 22.20 を見ると，対象研究は全体効果量を表す縦破線
（縦実線と重なっているので見にくいが）を軸にほぼ左右対称に散布している．

　図 22.20 だけではバイアスの有無を判定しにくいので，図 22.21 の「Egger の
回帰ベーステスト」の出力も確認する．この「（切片）」の行の「有意確率（両
側）」を見ると，研究全体の切片は有意ではない．つまり，「切片は 0 である」
という帰無仮説は棄却されず，ファネルプロットは左右非対称形とはいえない
ことになる．このことから，この例題に関しては出版バイアスの可能性は低い
と判断することができる．実際，出版バイアスが検出されたときに，出版され
なかったであろう研究の結果を推定して効果量を予測し直すトリム補充法でも，
図 22.22 の通り，補充前の「観測」に示されている効果量は補充後の「観測＋代
入済み」の効果量と同じ 1.615 で変化は見られていない．これは，図 22.20 の
ファネルプロットにおいて，研究補充後の効果量を表す縦実線が補充前の縦破
線と重なっていることにも示されている．このことも，このメタ分析における
出版バイアスの低さを示唆している．

Egger の回帰ベース テスト[a]

	パラメータ	係数	標準誤差	t 値	有意確率 (両側)	95% 信頼区間 下限	95% 信頼区間 上限
指名	(切片)	.117	.7506	.156	.882	-1.812	2.047
	標準誤差[b]	4.856	2.0796	2.335	.067	-.490	10.202
プロフィール交換	(切片)	-2.216	2.1776	-1.018	.366	-8.262	3.830
	標準誤差[b]	8.224	4.3590	1.887	.132	-3.879	20.326
サイバーボール	(切片)	-.282	1.5274	-.185	.861	-4.208	3.644
	標準誤差[b]	4.145	3.8199	1.085	.327	-5.675	13.964
全体	(切片)	-.225	.6747	-.333	.743	-1.642	1.192
	標準誤差[b]	4.613	1.6166	2.854	.011	1.217	8.010

a. 切り捨て Knapp-Hartung の SE 調整による変量効果メタ回帰。
b. 効果サイズの標準誤差

図 22.21　Egger の回帰モデルによる出版バイアスの検出

トリムと補充分析の効果サイズ推定値

	数値	効果サイズ	標準誤差[a]	t 値	有意確率 (両側)	95% 信頼区間 下限	上限
観測	20	1.615	.2681	6.022	<.001	1.054	2.176
観測 + 代入済み[b]	20	1.615	.2681	6.022	<.001	1.054	2.176

a. 切り捨て Knapp-Hartung 手法は SE 調整に使用されます。

b. 代入済み調査の数: 0

図 **22.22**　トリム補充法による出版されなかったであろう研究結果を含めた効果量推定

22.3.4　結果の記述の仕方

メタ分析結果の示し方について特に決められたフォーマットはないが，表 22.1 のように，論文数 (k)，サンプルサイズの合計 (N)，効果量，95%信頼区間，2 種類の異質性指標などを表示しておけばよいであろう．独立変数操作の違いから異質性が生じたと考えられる場合には，表 22.1 のようにサブグループの分析結果を先に記した方がよい．研究者の中にはフォレストプロットやファネルプロットを図示する人もいる．

メタ分析結果の標準的な記述方法としては，表 22.1 を示しながら，

「攻撃性に対する社会的排斥の効果を検討した 20 個の研究をメタ分析したところ，全体の効果量は 1.62 となり有意であった ($p < 0.001; 95\%$CL : $1.05, 2.18$)．出版バイアスは認められなかったものの (Egger test, $p = 0.74$)，研究間における異質性が疑われたため (Cochran の $Q = 131.88, p < 0.001; I^2 = 91.1\%$)，3 種類の独立変数操作の違いが異質性を生み出している可能性を考慮し，独立変数操作別にメタ分析をやり直した．しかし，

表 **22.1**　排斥の効果に関するメタ分析結果

独立変数の操作	k	N	効果量	95%信頼区間	Cochran の Q	I^2
指　名	7	537	1.77**	.79, 2.75	61.46***	91.3
プロフィール交換	6	170	1.81*	.13, 3.49	32.72***	90.8
サイバーボール	7	327	1.31*	.27, 2.35	34.86***	89.2
全　体	20	1,034	1.62***	1.05, 2.18	131.88***	91.1

注) k は対象研究数；効果量は Hedges の g；$*p < .05, **p < .01, ***p < .001$．

表 22.1 に示すように，それらにおいても Cochran の Q の有意性や I^2 の値は異質性の高さを示していた．このことは，異質性は独立変数の操作の違いによるものではなく，それ以外の要因に起因するものと考えられる．」

などと表現する．

引用文献

[1] Cohen, J., *"Statistical power analysis for the behavioral sciences* (2nd ed.)"*, Hillsdale, NJ: Lawrence Erlbaum Associates (1988).

[2] Egger, M., Smith, G. D., Schneider, M., & Minder, C. (1997), "Bias in meta-analysis detected by a simple, graphical test", *British Medical Journal*, **315**, 629–634.

[3] Higgins, J. P. T., & Thompson, S. G. (2002), "Quantifying heterogeneity in a meta-analysis", *Statistics in Medicine*, **21**, 1539–1558.

[4] Higgins, J.P.T., Thompson, S.G., Deeks, J.J. & Altman, D.G. (2003), "Measuring inconsistency in meta-analyses", *British Medical Journal*, **327**, 557–560.

[5] Jadad, A. R., Moore, R. A., Carroll, D., Jenkinson, C., Reynolds, J. M., Gavaghan, D. J., & McQuay, H. J. (1996), "Assessing the quality of reports of randomized clinical trials: Is blinding necessary?", *Controlled Clinical Trials*, **17**, 1–12.

[6] Kline, R. B., *"Beyond significance testing: Reforming data analysis methods in behavioral research"*, Washington, DC: American Psychological Association (2004).

[7] Leary, M. R., Kowalski, R. M., Smith, L., & Phillips, S. (2003), "Teasing, rejection, and violence: Case studies of the school shootings", *Aggressive Behavior*, **29**, 202–214.

[8] Sharpe, D. (1997), "Of apples and oranges, file drawers and garbage: Why validity issues in meta-analysis will not go away", *Clinical Psychology Review*, **17**, 881–901.

[9] 丹後俊郎，『新版メタ・アナリシス入門：エビデンスの統合をめざす統計手法』 医学統計学シリーズ 4，朝倉書店 (2022).

参考文献

[1] グリム，L. G. & ヤーノルド，P. R.（小杉考司 監訳），『研究論文を読み解くための多変量解析入門 基礎篇：重回帰分析からメタ分析まで』，北大路書房 (2016).

[2] 岡田涼・小野寺孝義，『実践的メタ分析入門』，ナカニシヤ出版 (2018).

[3] 山田剛史・井上俊哉，『メタ分析入門：心理・教育研究の系統的レビューのために』，東京大学出版会 (2012).

索　引

Memorandum

Memorandum

[著者紹介]

塩谷　芳也（しおたに　よしや）
2011 年　東北大学大学院文学研究科博士後期課程修了
現　在　京都産業大学現代社会学部 准教授，博士（文学）
専　門　計量社会学，社会階層論
主　著　『こころを科学する：心理学と統計学のコラボレーション』共立出版（分担執筆，2019）

上原　俊介（うえはら　しゅんすけ）
2012 年　東北大学大学院文学研究科博士後期課程修了
現　在　鈴鹿医療科学大学保健衛生学部 准教授，博士（文学）
専　門　社会心理学
主　著　『絶対役立つ社会心理学』ミネルヴァ書房（分担執筆，2018）, *"Advances in Psychology Research: Vol 126"*, Nova Science Publishers（分担執筆，2017）

大渕　憲一（おおぶち　けんいち）
1977 年　東北大学大学院文学研究科博士後期課程中退
現　在　東北大学名誉教授，博士（文学）
専　門　社会心理学
主　著　『紛争と葛藤の心理学』サイエンス社 (2015)

クロスセクショナル統計シリーズ 11

心理学・社会学のための データ分析入門
SPSS マスターガイド

Series on Cross-disciplinary
Statistics: Vol.11
Introduction to Data Analysis for
Psychological/Sociological Research:
With a SPSS Master Guide

2024 年 9 月 15 日　初版 1 刷発行

検印廃止
NDC 417, 361.9, 140.7

ISBN 978–4–320–11127–1

著　者　塩谷芳也・上原俊介　　© 2024
　　　　大渕憲一

発行者　南條光章

発行所　**共立出版株式会社**

〒112–0006
東京都文京区小日向4丁目6番19号
電話　(03) 3947–2511　(代表)
振替口座 00110–2–57035
URL www.kyoritsu-pub.co.jp

印　刷　藤原印刷
製　本

一般社団法人
自然科学書協会
会員

Printed in Japan

クロスセクショナル 統計シリーズ

照井伸彦・小谷元子・赤間陽二・花輪公雄 [編]

文系から理系まで最新の統計分析を「クロスセクショナル」に紹介！

統計学の基礎から最先端の理論・適用例まで幅広くカバーしながら，その分野固有の事例について丁寧に解説する。【各巻：A5判・並製・税込価格】

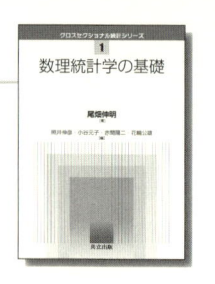

（価格は変更される場合がございます）

共立出版